위대한
파리

The
secret
life
of
flies

▲ 파리매 *robber fly*과의 페게시말루스 테라토데스 *Pegesimallus teratodes*는 작은 브러쉬 형태의 놀라운 뒷다리를 가지고 있다. 이 멋진 뒷다리는 암컷을 유인하기 위한 수컷의 춤에 사용된다.

위대한
파리

The secret life of flies

에리카 맥앨리스터 지음 | 이동훈 옮김

《위대한 파리》를 읽고 난 후의 당신이라면
파리에 대한 수많은 오해와 혐오를 거두게 될 것이다!

일러두기

· 이 책은 학술 문서의 관례대로, 학명을 비롯한 라틴어 학술 용어를 원문 그대로 표기하고 있다.
  라틴어의 한글 발음을 표기했으며, 표기법은 고전 라틴어식을 사용하여 기울임체로 처리했다.

· 생물들의 분류명은 가급적 한글화된 표현을 사용했으나, 한글화되지 않은 분류명은
  라틴 문자 원어를 그대로 표기했다.

· 이 책에 나오는 각종 생물학 용어는 한국생물과학협회 편 《생물학 용어집》 제3판, 환경부 국립생물자원관,
  한국응용곤충학회, 한국곤충학회 공저 《국가생물종목록집》을 기준으로 했다.

· 단행본은 《 》로 신문, 논문, 간행물, 영화는 〈 〉로 표기했다.

목차

머리말_7

1장	성체가 되기 전	…………………………	31
2장	수분매개 파리목	…………………………	65
3장	부식성 파리목	…………………………	97
4장	분식성 파리목	…………………………	133
5장	시식 파리목	…………………………	163
6장	채식 파리목	…………………………	191
7장	진균식 파리목	…………………………	221
8장	포식 파리목	…………………………	251
9장	기생 파리목	…………………………	283
10장	흡혈 파리목	…………………………	325

맺는말_359
감사의 말_368
추가 참고 도서_370
사진 출처_376
찾아보기_377

sericata Meigen

머리말

> 인간이 정신력을 아무리 발휘해도
> 파리 한 마리도 못 죽인다.
>
> **토마스 아퀴나스**Thomas Aquinas

파리는 아무리 잘 봐줘도 짜증 나고, 최악의 경우는 죽음의 사자로 여겨지는 생물이다. 많은 사람들은 파리를 음식에 구토를 해대는 질병매개체로 여긴다. 그러니 인간이 파리에게 갖는 감정은 혐오감뿐이다.

확실히 인간은 파리를 좋아하지 않는다. 그래서인지 파리에 대해 아는 것도 별로 없다. 나 역시 파리를 보면 두 번 생각할 것

◀ 금파리green bottle 루킬리아 세리카타*Lucilia sericata*의 표본들이다. 다 똑같아 보이지만 DNA가 다르다. 그 덕분에 개체군에 발생한 변화를 연구할 수 있다.

도 없이 때려잡는 사람들을, 다른 동물들을 죽이는 사람들보다 월등히 많이 봐왔다.

그러나 파리에게는 다른 이면도 있다. 내게 파리는 자연의 걸작품 중 하나다. 나는 어린 시절부터 파리에게 푹 빠진 채 살아왔다. 나는 언제나 자연과 작은 생물들에게 관심이 많았으며 이 덕분에 정원에서 찾아낸 썩어가는 사체를 보는 것도 큰 즐거움이었다. 사체 위에는 몸을 뒤틀며 살점을 열심히 뜯어먹는 작은 곤충들이 잔뜩 있었고, 나는 그 모습에 매혹되었다. 그때의 감동은 아직도 내 가슴 속에서 퇴색되지 않고 남아 있다.

나는 파리야말로 지구상에서 가장 복잡하고 중요하며, 적응력이 뛰어난 생명체라고 생각한다. 이 책을 읽으면 파리가 사라질 경우 그 어떤 생명체도 존재할 수 없음을 알게 될 것이다. 이러한 관점에서 볼 때, 과연 인간이 파리만큼 중요한 생명체라고 자신 있게 말할 수 있을까?

한번 시간을 들여 파리를 관찰해보라. 가만 살펴보면 아름다움을 발견하게 된다. 파리의 형상은 극도로 다양하다. 그 작은 몸들은 빛을 받으면 다채로운 금속색으로 현란하게 빛나고 날개는 진줏빛의 베일에 싸여 있다. 일부 종의 눈에는 화려한 색의 띠 또한 들어가 있다. 심지어 일부 파리는 특이한 벌처럼 생겨, 적들을 속여 내쫓기까지 한다. 이러한 특징들 때문에, 지금도 나는 파리를 채집하고 관찰하거나 런던 자연사 박물관의 표본 모음들을 찾아볼 때마다 어린애처럼 환호성을 지르곤 한다.

이 작고 아름다운 생명체들은 어디에나 있다. 모든 대륙은 물론이요, 극소수의 곤충만이 가본 영역인 바다에도 있다. 해안의 비말대飛沫帶(파도가 칠 때 물방울이 미치는 범위—옮긴이)는 말할 것도 없고, 열대 환초 인근의 해수면 바로 아래에도 파리가 살고 있다. 물론 현재까지 해양 환경에서 사는 파리종이 그리 많이 발견되지는 않았다. 단 네 종만이 발견되었다. 그러나 그곳은 다른 어떤 곤충도 살지 않는 곳이다. 그렇기에 파리는 어디에나 산다고 할 수 있는 것이다. 그리고 파리는 결코 혼자서 다니지 않는다.

이번엔 파리의 숫자를 따져보자. 추산에 따르면 지구상에는 늘 1,000경 마리의 곤충이 살고 있다고 한다. 인간 1인당 곤충 2억 마리꼴이다. 이 곤충 중 파리목의 비율은 8.5퍼센트나 된다. 바꿔 말하면 인간 1인당 파리목 곤충이 1,700만 마리나 된다는 이야기다. 소름 돋지 않는가? 그리고 파리는 현재까지 기록된 생물종 중에서도 상당한 비율(10퍼센트)을 차지하고 있다. 그러나 여전히 답을 내야 하는 문제가 있다. 바로 '이렇게 많은 파리들이 우리 인간에게 어떤 영향을 미치고 있는가?'이다.

파리가 환경에 끼치는 영향은 아무리 강조해도 지나침이 없다. 중요하다는 말로는 부족해도 한참 부족하다. 파리는 건강한 생태계 유지에 필수적인 역할을 하고 있다. 한 가지 예를 들면 파리는 꽃들을 수분시킨다. 만약 파리가 카카오나무 테오브로마 카카오_Theobroma cacao_를 수분시키지 않는다면, 우리에게서 초콜릿은 사라질 것이다.

또한 파리는 해충을 구제하는 능력이 매우 뛰어나다. 예를 들어 떠돌이파리hover fly의 유충은, 정원의 꽃을 망치는 진딧물을 잡아먹는다. 파리는 다른 여러 동물들(특히 새)의 주식이 되기도 한다. 또한 폐기물을 분해하는 능력도 매우 뛰어나다. 누구도 하지 않으려는 일이다. 이뿐인가. 파리는 수질의 지표도 되어준다. 이렇게 가치 있는 일을 많이 해주는 곤충이 방방곡곡에서 발견되지 않는다면 그게 더 이상한 일 아닐까?

파리는 매우 가치 있는 생물이다. 내가 그 가치를 몸소 체험한 사례 하나를 말해보고자 한다. 나는 얼마 전에 남미 페루 중부를 여행했다. 정확히 말하면 우아레스라는 곳이다. 그곳에서 나는 최상급 라테를 에너지 공급원으로 삼고 등에는 배낭형 흡입기를 메고 있었다(영화 〈고스트버스터즈Ghostbusters〉의 주인공처

현재까지 기록된 생물종 중 10퍼센트가 파리다. 생선 대가리를 뜯어먹고 있는 검정파리blow fly들.

림). 그렇게 방충망과 소형 흡입기를 가지고 몇 주 동안 파리를 채집하며 지냈다. 지나가던 사람들은 그런 내 모습을 보고 다들 놀라워했다.

당시 나는 특히 야생 가지과 식물 위나 그 주변에 있는 파리를 열심히 찾아 헤맸다. 가지과 식물에는 인간에게 가장 중요한 작물 중 하나인 감자와 토마토가 있으며, 페루는 이 작물들의 고향이다. 안데스산맥 높은 곳에서는 200여 종의 야생종 및 아종이 자연 그대로 살고 있다. 현재 인구가 꾸준히 늘어남에 따라 갈수록 먹거리에 대한 고민이 커지고 있다. 이에 과학자들은 야생 가지과 식물종을 조사하여, 수확량이 많고 병충해에도 강하며 무엇보다도 기후 변화에서도 살아남을 수 있는 품종을 개발하려 하고 있다. 그렇기에 가지과 식물을 수분매개하고 포식하는 곤충종(파리가 이에 포함된다) 및 이러한 곤충들의 지역별 분포를 알아내는 것은 매우 중요한 일이다.

전 세계 식량 공급의 미래는 다양한 식물을 수분매개하는 곤충 관련 지식을 얼마나 확보하느냐에 달려 있다고 해도 과언이 아니다. 그러나 파리가 수분매개에 얼마나 기여하는지는 너무나도 적게 알려져 있다. 이 때문에 우리는 종종 불편을 무릅쓰고 직접 가서 관찰하고 알아낸 것들을 기록해야 했다. 새로 발견되는 종들, 그리고 박물관이 소장한 표본 중 기록된 것과 기록되지 않은 것은 기주식물寄主植物(주로 초식성 곤충이나 그 애벌레의 먹이가 되는 식물—옮긴이) 범위의 변화에 따른 병충해 및 수분매개 개체군 변화를 예측하는 데 도움이 될 수도 있을 것이다.

유감스럽게도, 곤충들의 실체를 제대로 아는 길은 멀고도 힘든 경우가 많다. 파리의 경우는 특히 더 그렇다. 분류학적인, 그리고 더욱 중요한 재정적인 관심은 총애받는 동물들인 포유류와 조류가 모조리 차지하고 있다. 연구하는 생물학자의 수도 그

쪽이 압도적으로 많다! 나는 영장류학자(개인적으로는 그들을 '원숭이 성애자'로 부른다)들과 여러 차례 논쟁을 했다. 내가 그들에게 계속 따지는 것은 바로 '원숭이 똥을 곤충을 꾀는 미끼로 쓰는 것도 아니면서, 왜 원숭이가 배변 등의 특이 행동을 할 때까지 나무 밑에서 기다리고 있느냐'이다.

많은 사람들은 영장류의 행동이 더욱 흥미롭고, 인간 사회를 이해하는 유일한 모델이라고 믿고 있다. 그러나 이것은 진실이 아니다. 파리들의 행동 양식 역시 영장류 못지않게 몹시 복잡하다. 덩치가 훨씬 큰 포유류와 마찬가지로 그들도 이성에게 구애하기 위해 고난이도의 춤을 춘다. 파리의 행동을 연구하면 인간의 행동 중 일부도 이해할 수 있다.

어느 매우 작은 파리에 대한 연구가 가장 좋은 사례다. 이 파리는 몸길이가 3밀리미터에 불과하지만 그 중요성은 엄청나게 크다. 흔한 과실파리fruit fly인 드로소필리아 멜라노가스테르*Drosophila melanogaster*는 지난 100여 년간 현대 유전학을 좌지우지했다(단, 엄밀히 말하면 이 파리는 과실파리과가 아니라 초파리vinegar fly과다). 이 작은 파리의 유전자를 연구하지 않으면 알츠하이머병이나 파킨슨병과 같은 인간 질병의 연관 유전자를 제대

드로소필리아 멜라노가스테르는 흔한 과실파리이지만 연구적 가치는 어마어마하다. 인간의 질병 유발 유전자 일부를 이해하는 데 도움을 주기 때문이다. 이 파리는 인간의 유전자 중 무려 75퍼센트를 가지고 있다.

로 알 수 없다.

　DNA는 모든 생명체의 성장과 발달, 기능과 번식에 관한 유전 정보를 담은 긴 분자다. 유전자는 DNA를 이루는 구간들이다. 각 유전자에는 줄지어 연결된 염기쌍이 있다. 인간의 DNA의 길이는 32억 염기쌍으로, 1억 3천만 염기쌍인 드로소필리아 멜라노가스테르보다 훨씬 길다. 그러나 유전자의 수는 생각만큼 크게 차이 나지 않는다. 인간이 20,000개인 데 비해 드로소필리아 멜라노가스테르는 13,600개다. 그리고 이 종과 인간은 질병 유발 유전자의 75퍼센트를 동일하게 보유하고 있다. 또한 이 파리는 번식력이 왕성하고 유전자의 발현과 억제를 제어하기가 쉽다. 즉 유전병, 약물, 유전자 조작, 환경 스트레스의 충격과 영향을 평가하기에 이상적인 모델인 것이다. 이 파리는 게놈 서열이 처음으로(2000년) 해독된 동물이 되었고, 이 덕택에 3년 후 인간의 게놈 서열도 해독할 수 있었다.

한편, 인간은 이 종을 지구에서만 연구하지 않았다. 이 파리는 인간이 우주로 쏘아 올린 최초의 생명체이기도 하다. 현재도 이 파리는 우주비행사 노릇을 하고 있다. 국제우주정거장에는 과실파리 연구소가 있다. 이 연구소에서는 무중력이 파리의 건강에 주는 영향을 연구한다. 과학자들은 그 연구 결과를 통해 우주여행이 인간의 건강에 주는 영향을 예측할 수 있다.

그럼에도 불구하고 파리에 대한 인간의 지식은, 다른 동물들, 심지어 다른 곤충에 대한 지식에 비교해봐도 심각하게 부족하다. 스웨덴의 분류학자인 칼 린네Carl Linnaeus는 현재까지도 생물종 분류에 쓰이는 과학적 명명 체계를 만들어냈다. 그가 1758년에 출간한 동물 분류학 서적인 《자연계 Systema naturæ per regna tria naturæ, secundum classes, ordines, genera, species, cum characteribus, differentiis, synonymis, locis》는 매우 뛰어난 서적이다. 그러나 이 책에도 파리는 10속 191종만 실려 있다.

린네는 두 단어로 이루어진 속과 종 명명 체계, 이명법=名法을 고안했다. 속은 유사성이 매우 높은 생물들의 모임이다. 예를 들어 드로소필리아속이 그렇다. 하지만 같은 드로소필리아속이더라도 서로 교배가 되지 않는 것으로 여겨진다면 종이 다른 것으로 분류한다. 과는 속보다 더 넓은 범주다. 현재까지 과학적으로 기록된 파리의 종수는 약 16만 종이다. 그리고 아직 발견되지 않은 종수도 최소한 이 정도는 될 것으로 여겨진다. 캐나다 쌍시류 연구자인 스티브 마셜Steve Marshall은 현존하는 파리 종수가 40~80만 종일 거라고 생각한다. 파리 종수가 수백만 종은 될 거라고 주장하는 연구들도 있다.

파리의 가장 오래된 화석 기록은 지금으로부터 2억 6천만 년 전인 트라이아스기 초중기의 것이다. 파리는 이제까지 크게 세 번의 진화적 격변기를 거쳤다. 긴뿔파리아목은 진화사에 처음으로 기록된 가장 원시적인 파리다. 그 원어 명칭인 네마토케라Nematocera는 그리스어로 '긴 뿔'을 의미한다. 이 파리들의 아름다운 긴 더듬이가 마치 기다란 뿔처럼 생겼다고 그렇게 이름 지은 것이다. 이 파리들은 더듬이만 긴 게 아니다. 몸통과 다리도 길고 날씬하다.

긴뿔파리아목은 2억 2천만 년 전에 첫 번째 진화적 격변기를 맞이했다. 이에 따라 신종이 다수 등장했다. 신종이 형성된 후, 이 파리들은 두 번째 진화적 격변기를 겪었다. 이때 일부 종이

뚱뚱해지기 시작했다. 그리고 2억 년~1억 8천만 년 전쯤 짧은 뿔파리류라는 파리들이 처음으로 나타났다. 원어 명칭인 브라퀴케라Brachycera는 그리스어로 '짧은 뿔'을 의미한다. 이 파리들의 더듬이가 긴뿔파리아목에 비해 훨씬 짧기 때문이다. 물리적인 측면에서 볼 때 파리는 원래 섬세한 생물이었지만 진화할수록 단단해졌다고 할 수 있다.

세 번째이자 마지막 격변기는 지금으로부터 6천5백만 년 전에 왔다. 이 격변으로 인해 짧은뿔파리류에서 원열이마무리가 나온다. 원어 이름인 스키조포라Schizophora는 '분열과 출산'을 의미하는 그리스어 단어에서 파생되었다. 이들이 번데기 껍질을 탈피하는 방식 때문에 이런 이름이 붙여졌다.

번데기 껍질은 번데기 시기의 파리를 보호하는 단단한 외피다. 원열이마무리는 파리는 물론 곤충들 전체를 놓고 봐도 매우 독특한 방법을 사용한다. 이들의 번데기 외피는 애벌레 시기의 마지막 표피에서 발달한다. 어리상수리혹벌의 번데기 시기만큼이나 독특하다. 원열이마무리 성체는 번데기 껍질에서 나오기 위해 머리로 자동차 에어백을 연상시키는 큰 풍선을 들이받는다. 그러면 번데기 껍질이 미리 정해진 개봉선을 따라 열린다.

사실 이 풍선 속에는 공기 대신 혈림프가 차 있는데, 이는 곤충의 몸속으로 다시 흡수된다. 이 풍선이 쪼그라들고 나면, 풍선을 들이받은 파리의 머리 부위가 경화되어 전두낭前頭囊, ptilinial suture이라는 눈에 띄는 특유의 융기부를 만든다. 이는 파리 식별의 주요 특징이 된다.

원열이마무리 내에 나타난 마지막 종 분화기로 인해, 집파리house fly를 포함해 쉽게 알아볼 수 있는 파리종이 나타났다. 유판류아집단calyptrate 또는 껍질파리sheathed fly라고 불리는 종이다. 그런 이름이 붙은 것은 몸통 측면에 두꺼운 막질이 붙어 있기 때문이다. 이 파리는 전 세계로 퍼져나갔다. 유판류아집단이라는 이름은 몰라도, 집파리, 쇠파리bot fly, 쉬파리flesh fly 등은 다들 알 텐데 이들이 모두 여기 속해 있다. 크고 힘이 세며 털이 많은 파리들이 사실상 다 이 종류다.

영국은 세계에서 파리를 가장 철저히 연구한 나라 중 하나다. 영국은 수백 년 동안 파리를 연구했고 그동안 발견한 모든 것을 기록했다. 찰스 다윈Charles Darwin, 알프레드 러셀 월리스Alfred Russel Wallace 등 세계적인 박물학자들의 고향이기도 하다. 물론 이들 외에도 많은 곤충학자들이 있었다. 심지어 수상 윈스턴 처칠

Winston Churchill도 아마추어 곤충학자였다. 군대의 대령이나 교회의 대수도원장 같은 사람들도 파리를 채집해다가 박물관에 기증한다. 영국의 육상과 담수, 해수에 사는 무척추동물 32,000여 종 중 7,000여 종이 파리다. 즉 영국의 무척추동물 종수 중 1/5은 파리라는 것이다. 지구상의 포유동물 종수가 5,400종밖에 안 되는 것을 감안하면, 이는 정말 대단한 수치다.

사람들은 포유동물에 대한 지식 부족과 그들의 보전 상태를 걱정한다. 그러나 영국에서 발견된 파리종들의 애벌레 시기에 대해서는 잘 모른다. 대부분의 파리 애벌레들은 식별하기가 매우 어렵고, 형태적 구조를 알아보기도 어렵다. 그래서 많은 생물학자들에게 무시당한다. 어떤 애벌레가 어떤 성충이 되는지를 왜 알아야 하냐고 말이다. 하지만, 어떠한 종류의 파리 애벌레가 식물을 먹는지 동물을 먹는지 알면, 파리 성충을 연구하는 것보다 환경에 대해 더 많은 것을 알 수 있다.

그렇다면 파리는 정확히 무엇인가? 파리는 쌍시류diptera라는 이름의 동물군이다. 여기에는 흔히 볼 수 있는 집파리, 청파리bluebottle는 물론 장님거미daddy long leg, 각다귀midge, 모기까지도 포함한다. Diptera라는 명칭은 그리스어로 '2'를 의미하는 di,

'날개'를 의미하는 ptera의 합성어다. 쌍시류는 날개가 두 장만 나기 때문이다. 반면 나비, 벌, 잠자리 등 다른 비행 곤충들은 날개가 모두 네 장이다.

이 놀라운 생명체들은 알에서 부화한 후 죽을 때까지 세 단계를 거친다. 유충기, 번데기 시기, 성체기다. 성체가 되기 전, 특히 유충기는 외부 환경 변화에 가장 큰 영향을 받는다. 또한 성체에 비해 기동력이 크게 떨어지기 때문에 환경 변화에 따른 영향을 쉽게 관찰할 수 있다. 번데기 시기는 곤충의 수명주기 중에서도 특별히 놀라운 단계다. 이 시기에는 유충의 몸이 해체되고, 구조가 완전히 다른 성체로 재조립되기 때문이다. 유충 때는 없던 날개와 생식기도 생긴다. 이는 충분히 주의를 기울여야 하는 단계로서, 곤충의 몸이 해체되어 재조립되는 이 단계는 곤충 중에서도 일부에게만 나타난다. 번데기에서 탈피한 성체 파리들은 죽을 때까지 음식을 먹지 않는 경우도 많다. 그들은 성체기를 짝을 찾고 가장 좋은 환경을 찾아 알을 낳는 데 쓴다.

다양한 파리들은 일단 성장하면 경이로운 생물군을 이룬다. 나는 그중에서도 특히 크레인파리Crane fly를 좋아한다. 크레인파리는 장님거미라고도 불린다. 모두에게 잘 알려진 곤충이고 또한 가장 섬세한 축에 든다. 길고 날씬한 다리를 지닌 성체는 덤

크레인파리는 다리가 길고 날씬해 포식자에게 쉽게 발견된다.
그러나 다리가 없어져도 생존할 수는 있다.

불이나 풀밭에서 쉬면서 이성異性을 염탐하는 모습으로 곧잘 발견된다. 이들이 사는 풀밭 잔디는 약간만 바람이 불어도 구부러지지만 크레인파리는 다리가 길기 때문에 어렵잖게 헤쳐 나갈 수 있다.

그러나 덤불에서 휴식을 취하는 파리들은 새 등의 포식자들에게 쉽게 발견된다. 크레인파리는 적들의 항공 공격에서 살아남기 위해, 포식자가 다리를 붙들면 붙들린 다리를 떼어버리는 능력을 길렀다. 새에게 다리를 내주고 도망쳐서 목숨을 건지는 것이다. 다만 이렇게 잘린 다리는 일부 생물들과는 달리 재생되지 않는다. 완벽한 해피 엔딩은 아닌 셈이다. 그래도 크레인파리가 생존과 번식을 위해 엄청난 노력을 한다는 점은 높게 살 만하다.

몇 년 전 나는 런던 자연사 박물관의 파리 학예사로서, 동 박물관의 크레인파리 소장품 개편에 참가했고, 지난 수백 년간 세계 각국에서 채집한 표본 서랍 300여 개를 다 들여다봐야 했다. 핀으로 고정된 이 표본들은 지난 세월 동안 수백 명의 연구자들의 손을 거쳤다. 개중에는 박물관을 떠나 타지 연구자들의 손을 거쳤다가 돌아온 것도 있다. 그리고 이 표본들 아래, 그러니까 서랍 안쪽에는 이 민감한 크레인파리 표본에서 떨어져 나간 다리들의 무덤이 있었다. 이것은 다리 특징만 가지고 종을 식별하는 데 필요한 근거를 찾는 연구자들에게 보여줄 풍부한 표본이다. 그러나 안타깝게도 그런 연구자들을 만나려면 오랜 세월을 기다려야 할지도 모른다.

이 머리말을 통해 사랑스러운 파리 소장품에 대해 알리고 싶은 이야기가 하나 있다. 그 소장품들은 과학자들이 파리 연구에 품었던 열정을 보여준다. 증거를 찾아내고자 하고, 지식을 쌓아 나가고 혁신적인 생각을 하고자 하는 열정 말이다. 그러나 다른 한편으로 지나친 열정은 늘 경계해야 한다. 이 이야기는 우연히 발견된 진실이 전국지에까지 소개된 흥미로운 사례다. 심지어 영국의 타블로이드지 〈더 선The Sun〉도 유명인들의 가십 대신 이 사건을 보도할 정도였다.

이 이야기는 요한 파브리치우스Johan Fabricius가 처음으로 묘사한 어느 파리로부터 시작된다. 파브리치우스는 덴마크 출신의 저명한 곤충학자로, 그의 특기 분야는 곤충 명명이었다. 1792년부터 1799년까지 파브리치우스는 《분류 곤충학 개정 증보판 Entomologia Systematica Emendata et Aucta》 여러 권을 집필했다. 이 책은 여러 곤충들의 이름과 특징을 묘사한 권위 있는 학술서였다.

1794년 판에는 판니아 스칼라리스Fannia scalaris라는 이름의 파리가 나와 있었다. 이 파리는 변소파리latrine fly라는 이름으로 더 잘 알려져 있는데, 어디에서 삶의 대부분을 지내는지 짐작이 가고도 남게 하는 이름이다. 개인적으로는 판니아라는 속명도 그리 마음에 들지 않는다는 점 역시 밝혀둬야만 하겠다.

아무튼 중요한 건 명칭이 아니라 호박 속에 보존된 파리니 거기에 집중해보자. 이 파리는 뛰어난 독일 과학자 프리드리히 헤르만 뢰베Friedrich Hermann Loew가 런던 자연사 박물관에 기증한 것이다. 그는 매우 자기 통제가 강한 사람이었다. 예를 들어 그는 학생 시절 돈을 빌리게 되자, 다 갚을 때까지는 뜨거운 음식을 입에 대지 않았다. 글씨도 마치 인쇄기로 뽑아낸 것처럼 또박또박 정자로 썼다. 이 때문에 뢰베가 기록한 라벨은 읽기가 전혀 어렵지 않다. 특유의 깨끗한 정자가 라벨에 크게 적혀 있기 때문이다.

뢰베는 이 호박 속에 든 파리 표본과 함께, 자신이 가지고 있던 발틱 호박 전체도 1800년대 중반에 런던 자연사 박물관에 기증했다. 발틱 호박의 생성 연도는 약 4,400만 년 전이었고, 처음에 뢰베는 파리 표본을 감싼 호박은 3,800만 년 전의 것이라고 기록했다.

1922년 그 호박 속 파리 표본이 런던 자연사 박물관에 입수되자, 이 표본은 다시금 철저한 조사를 받았다. 조사관은 분기학의 창시자인 독일 생물학자 빌리 헤니히Willi Hennig였다. 분기학이란 종간의 종족 간(진화적) 관계를 다룬다. 더 간단히 말하자면 종간의 유사성을 찾아내는 과학 분야다. 그는 호박 속 파리 표본이 판니아 스칼라리스임을 확인하고 놀랐다. 그것이 사실이라면 이 종은 이 표본이 만들어진 이후 현재까지 전혀 변하지 않았다는 얘기이기 때문이다. 헤니히는 자신의 발견 내용을 발표했고, 이 호박 속 파리는 곧 정적 종static specie의 사례로 잘 알려졌다. 정적 종이란 진화를 일으키지 않은 종이다. 다르게 말하면, 불과 수십 년 전 다윈이 제창한 진화론에 들어맞지 않는 사례인 것이다.

그 후 폭로가 있었다. 폭로가 적절한 표현인지는 모르겠으나 그것 외에는 이 일을 뭐라고 해야 할지 모르겠다. 아무튼 시점을 1993년으로 옮겨보자. 박물관의 어느 젊은 학예사가 좀 믿을 수 없던 조명 기구를 가지고 현미경으로 파리 표본들을 관찰하고 있었다. 그러다가 조명 기구의 광원이 과열되었다. 자칫하면 박물관의 '보물'들에게 돌이킬 수 없는 손상을 입힐 수도 있던 이 상황에서 엄청난 사기극이 밝혀지게 된다.

화석 곤충학자인 앤디 로스Andy Ross 박사는 과열된 조명 때문에 호박에 균열이 생기는 것을 보았다. 모르긴 몰라도 로스는 이게 왜 이래? 하면서 아마 좀 놀랍고 무서웠을 것이다. 원래 호박은 매우 강도가 높아 현대의 전열 기구 따위로는 손상을 입히기가 어렵기 때문이다. 좀 더 자세히 관찰한 끝에 로스는 그 균열이 인공적인 것임을 알았다. 그리고 그 균열이 호박을 반 토막으로 가르고 있음도 알았다. 더구나 자세히 살펴보니 호박이 약간 파여 있었다. 짐작하다시피 파리가 들어갈 공간을 내기 위해서였다. 이 표본을 만든 사기꾼은 파리를 넣은 다음 틈새를 메우고 이걸 특이한 발견물인 양 내놓은 것이다. 간단하지만 똑똑한 수였고, 오랫동안 모두를 속인 수였다!

자연계를 탐구하는 과학계의 기호가 이렇다. 이 가짜 표본이 어떻게 이렇게나 오래 사람들을 속일 수 있었는가? 과학자들은 어떤 표본이 주어지면 확실한 증거가 부족하더라도, 그걸 누군가가 의도적으로 사기를 치기 위해 만들었다고 생각하기보다는, 매우 오래된 진짜로 믿으려는 경향이 강한 사람들이다. 이 가짜

▶ 호박 속에 보존된 필트다운파리Piltdown fly 판니아 스칼라리스. 무려 100년 동안이나 계속된 과학 사기의 주인공이다.

표본을 누가, 왜 만들었는지는 아직도 알려져 있지 않다.

마지막으로 한 가지 더 밝히고 싶은 것이 있다. 헤니히의 논문은 하필이면 4월 1일에 발표되었다.

나는 이 이야기를 접하고, 아직도 우리가 모르는 것이 많다는 것을 깨달았다. 그러니 연구를 계속해야 하고, 따지는 책임을 계속 져야 하고, 모든 증거를 인정하고 숙고해야만 지구의 역사를 진정으로 이해할 수 있고 지구의 미래를 지킬 기회를 얻을 수 있는 것이다.

원숭이만 신경 쓰고 영광스러운 파리를 무시하는 것이 매우 무책임한 짓이란 게 잘 설명되었길 바란다. 그러한 이해를 기반으로 나는 이 책에서 여러분들에게 그동안 무시되어왔던 파리의 경이로움을 깨닫는 기쁨을 선사할까 한다. 비행 중에 알을 낳고, 형체와 생활 방식을 유충기에 완전히 바꾸는 종에서부터, 꿀벌들은 갈 수 없는 고도에 살면서 꽃들의 세계에 필수적인 역할을 하는 수분매개종, 중고도에서 잠자리를 잡아 내장을 먹고 똥을 싸는 포식종에 이르기까지 많은 것을 소개할 것이다.

이 책을 통해 독자들이 파리를 보는 시각이 바뀌고, 파리를 잡는 행동에 대해 두 번 생각하게 되기를 바란다.

런던 자연사 박물관에서 일하는 덕택에 나는 세계 최고의 파리 소장품들을 가지고 놀 수 있었다. 사실 엄밀히 말하자면 그 역시 일이기는 하다. 그러나 그걸 일이라고 부르는 것은 내 마음을 속이는 것일지도 모른다. 그 '일' 덕분에 파리를 연구하는 가장 흥미롭고 괴짜 같은 사람들을 만났을뿐더러 세계 각국의 오지를 다니면서 파리를 채집하고 관찰할 수도 있었기에 더욱 그러하다.

파리, 이 흥미로운 생명체에 대해서는 아직도 밝혀지지 않은 것투성이다. 그러나 나 외에도 파리를 연구하는 사람들은 많다. 그렇기에 이 책은 파리를 분류학적으로 다루지 않았다. 즉, 동물계를 이루는 다른 생물들과의 관계를 따지지 않는다는 것이다. 파리의 신체 구조나 작용을 중요하게 다루지도 않는다. 그러니 이 책은 내가 파리 세계를 어정어정 돌아다니며 쓴 기행문이라 해야 옳을 것 같다. 다만 그럼에도 다른 모든 환경적 요소와 파리 간의 상호 작용은 다룬다. 물론 그 상호 작용의 결과 인간에게 해가 돌아가는 경우도 있다. 그러나 인간에게 도움이 되는 상호 작용이 더욱 많다.

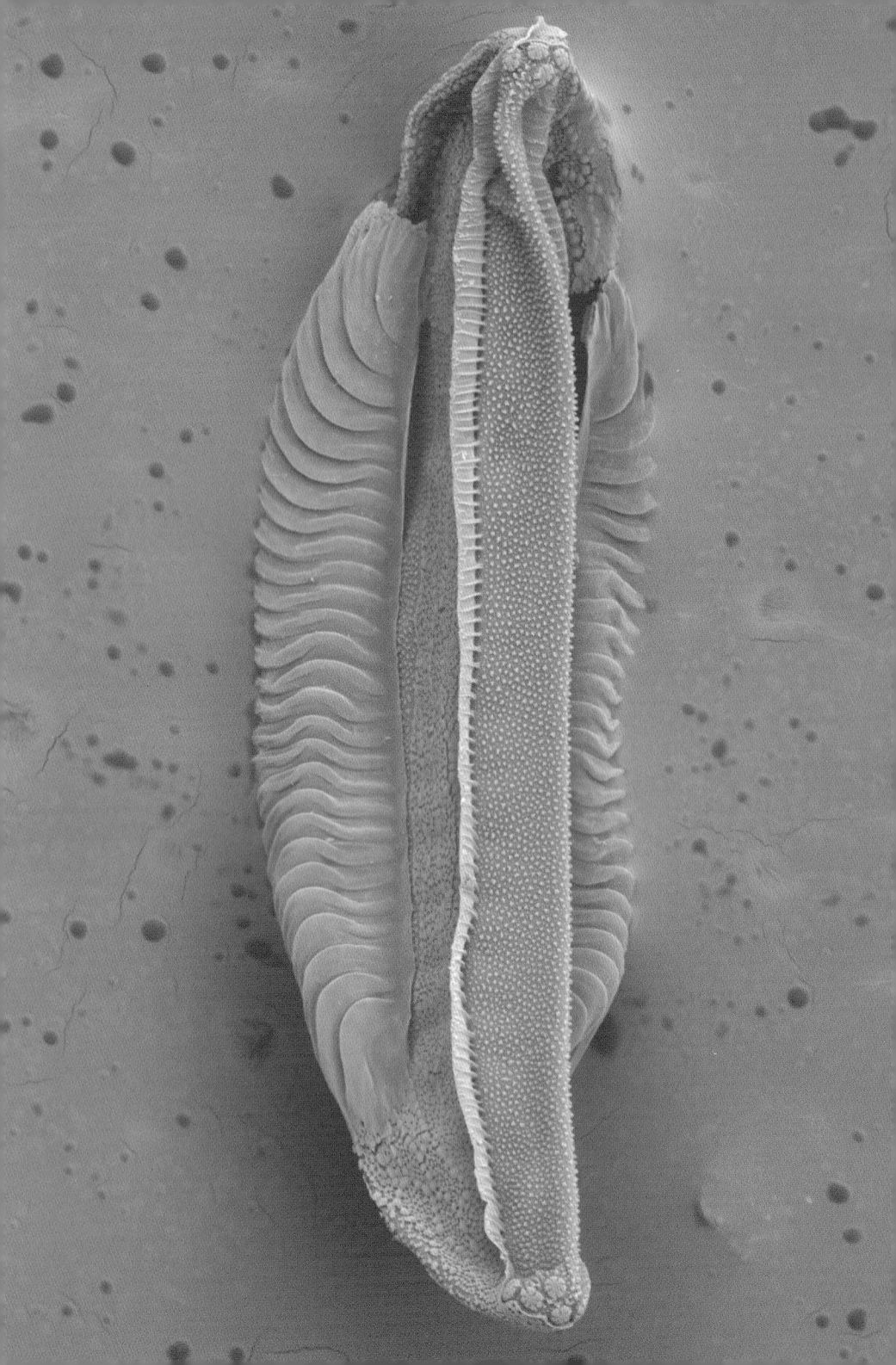

1장

성체가 되기 전

잘 들어라, 구더기들아. 너희는 특별한 존재가 아니야.
눈의 결정체처럼 아름답지도 독특하지도 않아.
다른 모든 것과 마찬가지로 썩어가는 유기체일 뿐이라고.

타일러 더든 Tyler Durden, **영화 〈파이트 클럽**Fight Club〉

친구로부터 어느 표본을 조사해달라는 부탁을 받은 적이 있었다. 그 친구는 수의사였는데, 경찰견 핸들러로부터 문제 해결을 의뢰받았다. 해당 건은 곤충 관련 조사에 익숙한 나에게도 익숙하지 않은, 꽤 특이한 요청이었다. 내 친구는 경찰견 한 마리가 꽤 큰 구더기를 배설했다고 얘기해주면서 그 구더기의 정체가 정확히 무엇인지, 경찰견에게 해롭지는 않은지를 알고 싶다

◀ 아노펠레스 아라비엔시스 *Anopheles arabiensis* 알의 전자현미경 영상, 물결 모양의 부낭과 호흡 낱꽃이 잘 보인다.

고 했다.

그런데 나는 개의 항문에서 구더기가 나오리라고는 생각해 본 적이 거의 없었다. 개의 항문에서 나오는 벌레는 보통은 기생충이기 때문이다. 그러나 이번에 일을 맡긴 사람이 수의사였기 때문에 나도 좀 호기심이 일었다. 포장을 풀어 헤치고 나서는 호기심이 더욱 커졌다. 표본이 진짜 구더기였던 것이다! 다만 예상했던 유형은 아니었다.

물론 다른 동물의 체내에서 살 수 있게 특화된 유충들은 많다. 그러나 이 표본은 식도락을 즐기는 유충이었다. 이름은 각다귀애벌레leatherjacket로, 여러 종류의 크레인파리 유충을 부르는 통칭이다. 이 긴 원통형의 유충들은, 엉덩이에 달린 매우 훌륭한 호흡관을 제외하면 아무 특징이 없다! 뭔가 매우 이상하다는 생각이 들었다. 엉뚱한 곳에서 나온 것도 그렇고, 또 손상이 전혀 없이 멀쩡했기 때문이다. 소화관에서 나온 표본이 어떻게 이리 멀쩡할 수 있다는 말인가?

물론 구더기들은 가장 적대적인 환경에서도 버틸 수 있을 만큼 생존력이 강하고 그러한 생존력은 잘 기록되어 있다. 그러나 그 점을 감안해도, 구더기가 이렇게 손상 없는 상태로(물론 죽기는 했지만) 개의 소화관을 입부터 항문까지 완주할 수는 없다. 개의 소화관은 인간의 것보다 더욱 산도가 높기 때문이다. 그러니 그보다는 개가 잔디 같은 곳에 앉아 있을 때 항문을 통해 들어갔을 확률이 높다고 봐야 했다.

이는 그저 우연한 일화일 수도 있다. 그러나 난 구더기가 어디에나 있을 수 있다는 점을 강조하고 싶다. 구더기는 생존력이 매우 뛰어나 생각지도 못한 곳에서도 나올 수 있다. 이는 파리가 세계 어디에서나 성공적으로 정착한 이유 중 하나다.

한편, 우리는 파리의 일생 중에서 성체기에만 너무 관심을 많이 가지곤 한다. 파리의 성체기는 짧으면 수 시간밖에 되지 않는데도 말이다. 반면 파리의 유충기(구더기)는 파리의 일생에서 가장 길고 자유로운 시기이다. 이 사랑스러운 유충들 중에는 무려 수년 동안이나 유충으로 지내는 것도 있다. 그 긴 시간 동안 오직 먹기만 한다. 유충 생활을 영원히 이어나가기라도 할 것처럼 말이다!

머리말에서도 이야기했듯이, 파리의 수명주기는 네 단계로 나뉜다. 알, 유충(구더기), 번데기, 성충이다. 파리는 완전 변태 곤충이다. 또한 유충과 성충의 형태가 완전히 다르다. 유충기에는 오직 먹기만 한다. 먹성도 실로 엄청나서 동물의 똥, 썩은 고기, 즙 많은 당근 등 무엇이든 가리지 않고 잘 먹는다. 반면 성충기에는 교미와 산란에만 전념한다.

　모든 구더기는 알에서 태어난다. 보통 파리는 산란관이라는 간단한 기관을 통해 알을 낳는다. 일부 종의 산란관은 숙주의 몸을 뚫고 숙주의 체내에 산란을 할 수 있도록 변형되어 있기도 하다.

　파리 수컷의 생식기 구조는 매우 크고 복잡하다. 놀랍도록 큰 부속 기관을 지탱해주는 경우에는 쌍시류 연구가들의 논의가 한층 활기를 띠고는 한다. 반면 쌍시류 채집 여행을 갔는데 파리 암컷들의 생식기가 안으로 말려 들어간 관처럼 너무 단순하게 생겨서 같은 종의 개체 간 구분조차 어려울 경우, 연구자들은 실망스러운 어투로 툴툴거리곤 한다. 그러나 파리 암컷들의 산란관 역시 알고 보면 매우 잘 꾸며져 있으며 그 부속 기관 역시 수컷의 그것만큼이나 크고 복잡하다.

　일반인들은 이런 기관들 중 일부가 꿀벌과 말벌의 침과 매우 비슷하다는 것을 알고 놀란다. 알고 보면 침도 변형된 산란관이다. 그러나 꿀벌 및 말벌과는 달리, 파리의 산란관은 표적에 독을 주입하는 데 쓰이지는 않는다.

　쌍시류의 산란관은 보통 과실파리나 그 친족에서도 그렇듯이 끝으로 갈수록 가늘어진다. 맨 끝은 빨대처럼 생겼다. 앞서도 말했듯이 이들의 산란관은 침으로 쓰이지 않는다. 나 역시 파리의 머리에 공격 당한 사례라면 모를까, 파리의 꽁무니에 달린 침으로 공격을 당했다는 사례는 듣도 보도 못했다. 다만 엄밀히 말하자면, 이 산란관도 다른 방식의 공격 도구로 쓰일 수는 있다. 인간을 비롯한 여러 생명체의 체내에 이 산란관으로 알을 낳으면, 태어난 구더기가 성장하면서 숙주를 뜯어먹어 죽일 수 있는 것이다.

여러 파리종의 유충은 기생성 또는 포식 기생성이다. 기생성 유충은 숙주에게 손상을 입히기는 하지만, 숙주를 죽이는 경우는 거의 없다. 반면 포식 기생성 유충은 숙주를 죽이는 경우가 거의 대부분이다. 포식 기생성 유충의 경우 파리가 숙주의 체내 또는 피부 표면에 알을 낳는다.

벌붙이파리Conopidae과로도 불리는 굵은머리파리thick-headed fly의 유충도 포식 기생성이다. 이들의 암컷은 엉덩이에 조임쇠 같은 기관이 있다. 이 조임쇠를 사용해서 숙주의 피부 표면에 들러붙은 다음, 깡통을 열 듯이 피부를 절개한다.

또 다른 파리과인 기생파리Tachinidae과는 모든 종이 다 기생성이다. 이 때문에 기생파리parasitic fly라고 불린다. 기생파리과의 암컷은 숙주가 먹는 식물에 알을 낳기도 하지만 넓은 지역에 알을 흩뿌리기도 한다. 또는 엄청난 모성애를 발휘해, 알을 숙주의 몸에 접착하기도 한다. 숙주는 몸에 알을 단 채로 며칠 동안 돌아다니게 되고 그러다가 알에서 유충이 부화, 발달하면 숙주의 몸속으로 침투한다.

알 시기는 정확히 말하면 알이 낱개, 또는 여러 개의 묶음으로 산란되어 있는 시기다. 한 묶음을 이루는 알의 숫자는 파리의 종에 따라 최대 수백 개까지도 이른다. 말파리등에horse fly Tabanidae과에 속하는 타바누스Tabanus, 휘보미트라Hybomitra속의 경우 약 500개의 알을 여러 겹으로 쌓아 낳는다. 초콜릿 색 젠가(블록 놀이–옮긴이) 같은 이 알을 시냇물 위나 젖은 땅 위의 나뭇가지 등에서 볼 수 있다. 엄청난 다산력이야말로 과실파리가 연구에 매우 적합한 생물종인 이유 중 하나다(그러나 그런 과실파리도 암컷이 낳는 알의 수가 400개 정도밖에 되지 않으므로, 말파리보다는 낳는 알의 수가 적다). 또한 과실파리는 성장 속도가 매우 빠르다. 즉 빠른 속도로 변하는 유전자를 관찰할 수 있다.

많은 포식 기생성 파리들은 한 번에 엄청난 수의 알을 낳아 주변의 식생에 뿌린다. 유충이 숙주 근처에서 부화할 확률을 극대화하기 위해서다. 이 알 중 일부는 전혀 발달되지 않은 채로

말파리과 타바누스종의 알 500여 개가 여러 층으로 가지런히 쌓여 있다.

상황을 전혀 모르는 다른 곤충의 유충 등 포식자에게 잡아먹히기도 한다. 이 유충, 즉 숙주가 이 알을 소화하면서 알의 발달이 시작된다. 알에서 부화해 나온 파리 유충은 숙주의 내장을 먹기 시작한다. 다른 생물의 체내는 갓 태어난 파리 유충이 성장하기에 최적의 장소다. 따뜻하고 안전할 뿐 아니라, 신선한 먹이가 손 닿는 곳에 지천으로 있다.

다른 종들은 물속, 물 주위, 또는 기타 습도 높은 환경에 알을 낳는다. 알의 모양과 구조, 숫자도 산란장의 환경에 맞게 다양하다. 대부분의 알은 표면에 구멍, 이랑, 구덩이가 많이 나 있다. 이렇게 표면의 파인 곳들은 공기 주머니 역할을 한다. 공기 주머니 덕택에 알 내부에 산소가 공급되고, 알이 물속에 가라앉지 않을 수 있다. 우리 연구자들에게는 다행스럽게도, 종마다 알 표면의 파인 자국이 다르기 때문에 파리의 종을 식별하는 특징으로 쓸 수 있다.

모기과 쌍시류는 목초지의 습지에서부터 염전, 해안의 웅덩이에서부터 나무 구멍에 이르기까지 다양한 수중 산란장에 알을 낳는다. 그리고 작은 물웅덩이같이 임시적인 환경을 이용하는 편이다. 최근 인간들은 본의 아니게 이들에게 이상적인 산란장을 만들어주고 있다. 대량으로 쌓아 올린 타이어 더미를 통해서다.

대부분의 암컷 쌍시류들은 산란하면 바로 산란장을 떠나는 전략을 쓰는데, 모기도 예외는 아니다. 그러나 낳는 알의 수와 산란 방식은 같은 모기과 내에서도 큰 차이를 보인다. 모기는 두

가지의 아군亞群으로 나뉜다. 얼룩날개모기Anopheline속과 집모기 Culicine속이다. 얼룩날개모기속의 암컷들은 말라리아 등의 질병을 전파한다. 집모기속 역시 뎅기열이나 황열병 등의 질병을 매개하는 동물들이다.

얼룩날개모기속의 암컷은 한 번에 50~200개의 알을 낳는다. 이 알들은 물에 잠기면 질식하므로, 내부에 부낭이 있다. 핫도그 빵 속에 매우 큰 크기의 소시지가 들어 있는 것과 같은 형태다. 이 알들의 표면도 매우 섬세하게 조각되어 있으며 양 끝에는 브로콜리꽃을 닮은 여러 개의 세관이 달려 있다.

집모기의 산란 전략은 좀 다르다. 집모기 속의 암컷은 여러 알을 한 덩어리로 묶어 낳는데, 이 알은 물속에 들어가면 수면에 수평으로 뜨는 게 아니라 수면과 직각을 이루어 뜬다. 그래야 수백 개의 작은 볼링 핀을 합쳐 만든 것 같은 이 알 덩어리가 부력 구조를 이룰 수 있기 때문이다. 하나의 알 덩어리에는 최대 300개의 알이 들어간다. 집모기의 알은 보통 수면에 산란되지만, 아닌 경우도 있다. 만소니아Mansonia속은 알을 식물 잎사귀 뒤편이나 나무뿌리, 습지 삼림의 야자에 접착해 놓는다.

알의 발달에 걸리는 시간 역시 종마다 다르다. 어떤 종의 알은 환경이 너무 적대적일 경우(동계 등) 휴면을 취하고 발달을 정

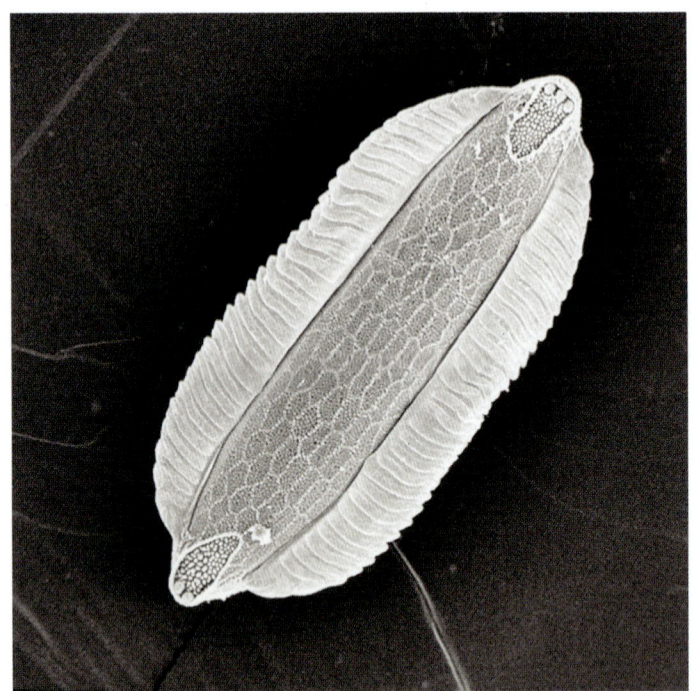

아노펠레스 코스타이 Anopheles costai 모기는 물에 산란한다. 알이 가라앉는 것을 막기 위해 알 덩어리로 이루어진 뗏목을 만든다.

만소니아종의 모기는 최대 300개의 알로 이루어진 알 덩어리를 식물 뒤편에 낳는다.

지하기도 한다. 어떤 쌍시류는 알을 암컷의 몸 안에서 발달시킴으로써 외부 환경에 산란하는 데서 오는 위험을 완전히 없앤다.

암컷 크레인파리의 경우 번데기에서 탈피한 때부터 이미 수태 준비가 완료된 성숙된 알을 잔뜩 지니고 있다. 수컷 또한 멀리 떨어지지 않은 곳에 있기 때문에 교미를 하고 나면 신속하게 알을 낳는다. 그런데 공중에서 그냥 산란한다.

재니등에Bombyliidae과의 꿀벌파리bee fly의 산란은 더욱 장관이다. 이들 역시 공중에서 산란한다. 그리고 그 알들은 꿀벌, 말벌, 딱정벌레 유충, 메뚜기, 개미 등 다른 곤충의 입 안이나 그 근처로 정확히 떨어진다. 거의 산란 직후에 알들이 그 곤충들의 몸 안으로 들어가 발달, 부화하게 되는 것이다.

알 시기가 가장 짧다. 어떤 유충은 산란 이후 불과 수 시간 만에 부화한다. 종에 따라서는 야외에서 알로 지내는 시기를 생략해버리기도 한다. 쉬파리의 유충은 영양가가 조금이라도 있는 소재라면 무엇이든 먹는다. 동물의 배설물이나 썩은 사체, 심지어는 살아 있는 동물의 개방 환부까지도 물어뜯는다. 쉬파리라는 이름은 그러한 생태를 감안할 때 정말로 적절하지 않을 수 없다(영문 통속명이 'flesh fly'인데 'flesh'는 살점을 의미한다―옮긴이).

이 때문에 이들 파리들이 의존하는 무언가는 그리 오래가지 못한다.

얼마 전 나는 동료와 함께 어떤 조사를 하게 되었다. 소똥과 말똥에 사는 파리의 종류를 기록하고, 이들의 섭식 습성에 대한 이해를 높이는 것이 조사의 목적이었다. 연구실에 가져다 놓은 소똥과 말똥은 두어 달 만에 완전 분해되어버리고 말았다. 무척추동물과 미생물의 활동 때문이었다.

당연히 자연 속에서는 훨씬 더 빨리 분해될 것이다. 환경이 더 유리하고, 제한된 자원을 더 많이 차지하기 위한 똥 섭식 생물들 사이의 경쟁이 강화되기 때문이다. 이렇게 식량 공급원이 일시적인 경우, 그것을 먹는 동물들은 새끼의 발달이 빠를수록 유리하다. 그래서 쉬파리는 태생으로 번식한다.

물론 쉬파리 외에도 태생으로 번식하는 파리들은 많이 있다. 특히 근관根冠 내에서 태생이 많이 일어난다. 그리고 이렇게 태생으로 낳은 새끼들은 썩어가는 고기나 배설물 등 인간의 시각에서 보면 밥맛 떨어지는 먹이를 먹는다. 알 대신 새끼를 낳는 것은 현명한 선택이다. 썩어가는 고기나 배설물 등을 임시 주거지 겸 먹이로 바로 활용할 수 있기 때문이다.

어미 안에서 자라난 유충이 영양분을 섭취하는 방식 또한 매력적이다.

쌍시류 중 상과上科 이파리Hippoboscidae과에 속하는 4~5개 과는 서로 밀접하게 연관되어 있으며, 그 모든 과의 성충이 흡혈을 하고, 유충은 어미의 체내에서 발달한다. 유충은 어미 체내의 유선을 통해 영양분을 공급받는다. 이 유선은 두 종류의 유단백질과 세포 내 상리 공생 박테리아를 생성한다. 이러한 첨단 양육 기법은 선양태생으로 불린다. 알이 한 번에 하나씩 생산되어 어미의 체내에 머물면서, 보유하고 있는 충분한 난황을 이용해 유충으로 발달한다.

내가 이 군에서 특히 좋아하는 과는 거미파리Nycteribiidae과다. 이 과는 박쥐이파리bat lice fly가 대표적이다. 정말 괴상하게 생긴 파리다. 성충은 날개가 없다. 파리보다는 날씬한 거미에 더 가까운 형태다. 정확히는 다투다가 다리 두 개를 잃은 거미라고 해야 할까.

박쥐이파리라는 이름에서도 알 수 있듯이, 성충은 박쥐에게서 식량을 얻는다. 성충기 대부분의 시간 동안 박쥐의 몸에 들러붙어 있다. 다만 임신한 암컷은 박쥐의 몸에서 이탈한 다음, 다 발달한 유충을 동굴 벽에 낳는다. 태어난 유충은 태어나자마자 거의 즉시 반구형의 번데기가 된다. 그러면 어미는 그 번데기를 뒤집은 다음 등으로 납작하게 눌러서 동굴 벽에 더 잘 달라붙어 있도록 한다.

이파리과만이 태생을 하는 것은 아니다. 총 22과의 쌍시류가 태생을 한다. 묘하게도 파리의 태생은 한 번에 한 개의 알을 낳거나 매우 많은 수를 낳아 기르는 경우가 많고, 2~12개 수준의 중간 규모의 알을 낳는 경우는 드물다. 휘보티다이Hybotidae과의 오퀴드로미아 글라브리쿨라Ocydromia glabricula는 다수의 대규모 태생을 하는 종이다. 이 파리들은 배설물 위를 비행하면서 다수의 유충을 떨어뜨리는 모습을 관찰할 수 있다.

그러나 태생 파리의 수는 난생 파리의 수에 비하면 적다. 일반적인 집파리는 평생 동안 최대 500개의 알을 낳는다. 그러나 이들조차도 수천 개의 알을 낳는 일부 기생파리 앞에서는 명함을 못 내민다. 물론 기생파리들도 이 많은 알을 한 번에 낳지는 않지만 말이다. 여하간에 인간이 파리들에 압도되지 않는 건 워낙 많은 파리 알이 다른 생물에게 포식당하거나 말라 죽는 탓이다.

일단 부화한 유충은 같은 목目 내에서도 큰 차이를 보인다. 특히 긴뿔파리아목과 같은 원시적인 파리와, 짧은뿔파리와 같이 가장 진화된 파리 간에는 유충의 형태가 매우 크게 차이가 난다. 원시적인 파리는 비교적 잘 정의된 형태를 하고 있으며, 정상 머리라고 불린다. 특유의 두피 head capsule와 씹는형 구기 때문이다. 또한 모기형(각다귀형)도 있다. 짧은뿔파리의 유충은 두피가 작거나 없다. 구기도 갈고리 수준으로 줄어들었다. 그래서 이들은 벌레형으로 불린다.

벌레형 종은 두 집단으로 나눌 수 있다. 첫 번째는 반두형 hemicephalic 유충이다. 이들은 두피가 불완전하고, 턱의 일부를 접어 넣을 수 있다. 두 번째는 무두형 acephalic 유충이다. 이들은 두피가 없다. 그리고 구기가 머리인두 골격을 이루고 있다. 혹시나 해서 다시 말하지만 머리인두 골격이다! 이는 유충의 머리에 있는 내골격 구조로 인간의 턱과 유사하게 작동한다. 우리가 보통 구더기라고 부르는 것들이 이 무두형 유충이다.

유충기는 종에 따른 형태적 특징이 없는 경우가 많기 때문에, 종을 식별하기가 가장 어려운 시기다. 완전한 두피를 지닌 종은 식별하기가 쉽다. 치아나 척주 같은 특징이 있기 때문이다. 그러나 더욱 진화된 종의 유충은 쉽게 설명할 수 없는 머리인두 골격을 지니고 있다. 그런 유충들의 모습은 딱 끝에 구부러진 옷걸이가 달린 시스루 침낭과도 같다.

물론 그렇다고 분류학자들이 절망할 필요는 없다. 머리 외의 부분에 종 식별에 도움이 되는 다른 특징들이 있기 때문이다. 예를 들어 유충들은 기문氣門이라는 호흡관을 지니고 있다. 기문은 호흡기의 일부를 구성하며, 쌍시류 내에서도 그 구조에 따라 일곱 가지 종류가 있다.

가장 흔한 구조는 양수표식amphinuestic이다. 머리 근처에 한 쌍의 기문이 있고, 복부 정상에 또 한 쌍의 기문이 있는 유충들이다. 일부 종에 따라서는 복부의 기문이 더욱 눈에 띄는 것도 있다. 일부 진균각다귀fungus gnat에서만 보이는 전수표식도 있다. 이는 더욱 특화된 형태다.

반면 다른 유충들은 간단한 기문 형태를 지니고 있으며, 그것을 가지고 생활한다. 떠돌이파리의 일종인 꽃등에drone fly의 유충은 쥐꼬리구더기rat-tailed maggot로 불리는데, 거기에는 그럴 만한 이유가 있다. 그들의 꼬리에 달린 기문은 매우 길다. 그 때문에 그들은 똥 구덩이 같은 더러운 곳에 몸을 담그다시피 하여 영양분을 섭취하는 중에도 기문을 밖으로 내밀어 신선한 공기를 빨아들일 수 있는 것이다. 기문의 구조가 가장 멋진 것은 크레인파리다. 꽁무니에 붙은 기문 덕택에 이들은 작은 털북숭이 괴물처럼 보인다.

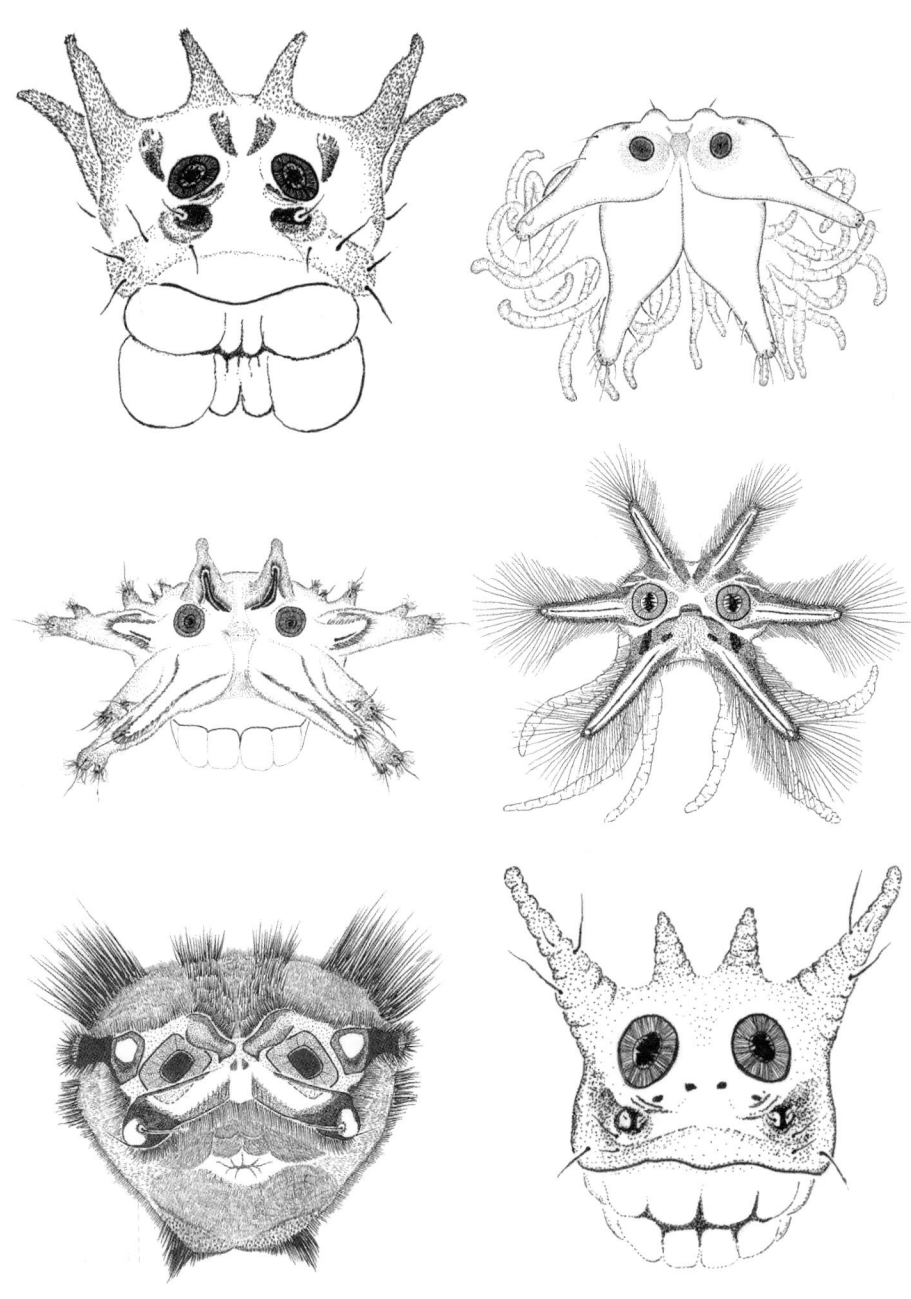

미친 다마고치? 여섯번째의 크레인파리 유충은 그 특유의 기문(호흡관) 때문에 마치 못된 다마고치 캐릭터처럼 보인다.

잠깐 모기로 시선을 돌려보자. 집모기 유충은 복부에서 뻗어 나온 매우 섬세하고 큰 호흡관을 가지고 있다. 이 호흡관은 사이펀siphon(수관)이라고도 불린다. 집모기 유충들은 물속에 거꾸로 서서, 사이펀 끝을 수면 밖으로 내민다. 이로써 대기 중의 공기를 직접 들이마실 수 있다. 이것은 쥐꼬리구더기와 마찬가지로, 수중 용존 산소가 매우 희박한 더러운 환경에서 사는 이런 종들에게 필수적이다.

이들이 살고 있는 곳의 수면을 휘저으면, 모두가 바닥으로 도망간다. 나는 이러한 도피 행동을 관찰하기 위해 몇 시간 동안이나 물웅덩이를 휘저은 적이 있었다. 집모기 유충은 포식당하지 않기 위해 매우 불규칙하고 빠르게 도피 행동을 한다.

얼룩날개모기 유충은 다른 모기아과亞科에서 볼 수 있는 호흡관이 없다. 따라서 복부 끝에 달려 있는 훨씬 작은 기문에 의존해야 한다. 그들이 충분한 산소를 확보하려면, 수면에 수평으로 누워서 공기와 닿는 면적을 최대한으로 늘려야 한다. 그리고 이것이 유충기의 두 아과를 구분할 수 있는 가장 간단한 방법이다. 자세가 수면과 수직인지 수평인지, 또는 사이펀이 있는지 없는지만 보면 된다. 재미있는 것은, 이들은 성체가 되어도 서로 앉는 자세가 다르다는 것이다. 한술 더 떠 앉는 자세가 유충 때와는 반대로 바뀐다. 집모기는 지면에 몸통을 평행으로 하고 앉는데, 얼룩날개모기는 마치 물구나무를 서듯이 배와 뒷다리를 하늘로 쳐들고 앉는다.

　모기의 삶에서 다음 단계는, 다른 모든 쌍시류와 마찬가지로 번데기 시기다. 모기의 번데기들은 애정을 담아 오뚝이라고도 불리는데, 다른 쌍시류들과는 달리 번데기 상태에서도 활동적이다. 즉 번데기 껍질에 싸인 채로도 움직인다. 번데기는 보통 수면 바로 아래 위치하고, 트럼펫 모양의 호흡관을 수면 밖의 대기로 뻗어 숨을 쉰다.

　18세기 잉글랜드의 박물학자이자 화가인 제임스 바벗James Barbut은 칼 린네가 《자연계》에서 설명한 생물종들의 모습을 담은 화집을 만들었다. 그가 그린 그림은 완벽히 정확하지는 않았지만, 그 대신 매우 보기 좋았다. 또한 그는 생물종들에 대해 열정적으로 설명했다. 번데기에서 우화하는 모기 성충에 대한 그의 설명은 그야말로 한 편의 시였다.

　"그가 입고 있던 망토(번데기 껍질)는 배가 된다. 그리고 그는 그 배의 돛대이자 돛이 된다."

우화를 보는 것은 정말 영광스러운 일이다. 그러나 다른 한편으로 우화 시기는 매우 위험한 시기이고 많은 것들이 잘못될 수 있는 시기이기도 하다. 가정과 직장에서 나는 많은 모기들의 삶을 부화 시부터 함께했다. 심지어는 크리스마스에조차 이 '아기' 들을 돌보러 직장으로 출근해야 했다. 그러던 중 몇 마리의 성체가 우화 중에 번데기 껍질에 걸려 죽는 것을 보았다. 특히 암컷이 더 위험하다. 모기는 수컷이 먼저 우화해서 기다리고 있다가 암컷이 우화를 완전히 끝내기도 전에 날아와 덮치는 경우가 많기 때문이다.

최근까지 모기는 얼룩날개모기, 집모기, 왕모기 세 개 아과로 분류되었다.

왕모기아과에는 속이 왕모기(톡소르휜키테스*Toxorhynchites*)속 하나뿐이다. 그러나 현재는 왕모기아과가 집모기아과로 통합 분류된다. 왕모기들은 다른 모기와는 생활 방식이 다르다. 나는 대부분의 사람들도 이 점은 인정할 거라고 생각한다. 왕모기 성체는 암수를 막론하고 채식성이다. 따라서 인간의 피를 먹지 않는다. 밤에 표적을 찾아 끊임없이 사람 주변을 윙윙거리며 날아다니지 않는다. 사람을 물지도 않고, 며칠씩이나 가는 부어오른

자국을 남기지도 않는다. 그뿐만 아니라 왕모기의 유충은 다른 모기를 포식한다! 왕모기는 유충과 성충 모두가 크다. 왕모기 유충을 다른 모기 유충과 함께 채집할 경우, 즉시 왕모기 유충만 따로 골라내어 격리해야 한다.

나는 그 사실을 몇 년 전 남아프리카공화국에서 힘들게 배웠다. 당시 나는 멋진 습지 서식처에서 모기 표본을 채집하고 있었다. 물론 그 멋지다는 표현은 모기의 관점에서고, 인간의 관점에서는 불쾌한 곳들이었다. 장시간 방치돼 물이 썩어가는 수영장 같은 곳도 있었으니까 말이다.

어쨌든 나는 다양한 종류의 모기 유충을 채집했다. 연구소로 데려가서 성체로 키워볼 요량이었다. 그러나 그날 밤, 부주의로 왕모기 유충과 다른 모기의 유충을 분리하지 않았다. 다음 날 아침 채집했던 모기 유충들의 수가 확 줄어 있었다. 남은 소수는 왕모기 유충뿐이었고 어제보다 더욱 덩치가 커져 있었다. 왕모기 유충이 다른 모기 유충을 모두 잡아먹어 버린 것이었다.

이렇듯 포식성 왕모기 유충은 다른 모기 유충을 대량으로 먹어 치울 수 있다. 이 때문에 사람들은 이들의 생물적 방제로서의 효율성을 연구했다. 연구는 아직 초기 단계지만, 왕모기를 이용해 다른 위험한 모기를 구제한다는 것은 매우 매력적인 발상이다. 무엇보다도 유독 화학 물질이나, 해충과 익충을 가리지 않고 잡아먹는 다른 생물적 방제를 사용할 필요를 줄여주기 때문이다.

그러나 유익한 유충을 해충(질병 전파의 관점에서)이 사는 곳에 투입하는 것은 또 다른 문제를 불러올 수 있다. 원래 물웅덩이나 구덩이, 도랑, 연못 등 개방된 서식처에 살던 유충일 경우에는 비교적 쉽지만, 나무 구멍이나 타이어 속에 생긴 물웅덩이처럼 은폐된 환경을 선호하는 모기종 유충도 있다. 심지어 런던 시내 지하철의 환경을 선호하는 모기종도 있다.

이런 아종들은 오랫동안 문제를 일으켜 왔다. 제2차 세계대전 중에도 지하철에서 생활하던 피난민들을 물어뜯어 유명해졌다. 이 종의 학명은 쿨렉스 피피엔스 에프. 몰레스투스 $_{Culex\ pipiens\ f.\ molestus}$로, 이 종은 쿨렉스 피피엔스 $_{Culex\ pipiens}$군종에 속한다. 몰레스투스와 피피엔스는 매우 비슷하기 때문에 형태적 구분이 어렵다. 학명 중간의 f는 형상 $_{form}$을 의미한다. 두 종을 구분할 수 있는 특징이 크건 작건 행동적 차이라는 얘기다.

몰레스투스형은 지하에서만 살지만, 런던 지하철 외의 다른 곳에서도 볼 수 있다. 자연적이건 인공적이건 전 세계의 지하 공간에서 생활하고 있는데 왜 지하에 사는지는 아직 알아내지 못했다. 이들 중 암컷이 사람을 악랄하게 물어뜯는다는 것 외에는, 사실상 이들에 대해 아는 게 없는 수준이다. 어찌나 악랄한지 '블리츠Blitz(독일의 대영 공습-옮긴이)' 당시 이들에게 물린 사람들의 이야기는 듣기만 해도 무시무시하다. 물론, 아직도 야외에서 자는 사람들의 모기 피해담에 견줄 바는 아니다.

믿기 어렵겠지만, 모기는 자체의 아름다움, 생물적 방제 외에도 인간에게 도움이 되는 구석이 많다. 우선 높은 밀도로 모여 사는 모기 유충과 성충은 물고기와 새에게 귀중한 식량 공급원이 된다. 모기들은 7,900만 년 동안 진화하며 환경에 적응하는 법을 배웠다. 그동안 모기의 포식자들은 모기로 연명하는 법을 배웠다. 모기를 멸종시킨다면 모기를 먹고 사는 다른 종들도 멸종되는 것이다.

해당 종들은 언론에서 '카리스마적'이라고까지 표현하는 대형 동물군이다. 모기를 먹고 사는 이들 대형 철새나 담수어는 생물학적 다양성 및 식량 안보에 중요한 역할을 하는데, 모기가 없어지면 이들도 전멸하는 것이다. 예를 들어 송어 하나만 보더라도 곤충 유충을 엄청나게 많이 잡아먹는데 그중 상당한 비중

이 모기 유충이다. 한 생물종을 환경에서 절멸해버리면 의도하지 않았던 결과와 예상외의 큰 피해가 초래되는 경우가 많다.

모기 유충은 불편한 환경에서 생존하기 위해 멋지게 진화했다. 호흡기와 소화기를 분리한 것도 그중 하나다. 모기 유충은 입과는 반대 방향에 기다란 기문을 갖추고 있다. 이 때문에 모기 유충의 입은 호흡과는 전혀 상관이 없게 되었다. 따라서 입을 하루 종일 쉬지 않고 섭식에 투입할 수 있다.

사실 모기 외에도 곤충들은 유충의 몸이 섭식에 최적화된 구조인 경우가 많다. 인간의 수명주기가 태어나서 먹고 교미하고 죽는 것이라면, 대부분의 곤충의 수명주기는 태어나서 먹고 먹고 먹고 먹고 교미하고 죽는다.

쌍시류 유충은 교미도 비행도 다른 종류의 기동도 하지 않으므로, 몸의 구조가 매우 간단하다. 다리조차 없기 때문에 무각유충으로 불린다(내게는 매우 사랑스러운 표현이다). 일부 유충은 위족偽足, 즉 가짜 다리가 있다. 다른 동물을 물지 않는 각다귀 유충 중 일부는 앞뒤에 한 쌍의 통통한 발이 있다. 또는 멧모기 Blephariceridae과의 그물날개각다귀 net-winged midge의 유충처럼 몸 아래쪽에 복지腹肢가 달린 것도 있다. 하지만 이것들 모두 진정한 다리라고는 볼 수 없다.

멧모기과 그물날개각다귀 유충의 표본. 몸을 따라 복지가 달려 있다.

    다른 곤충 유충들과는 달리 쌍시류 유충이 보통 다리가 없는 것은, 이들이 조숙한 유충의 매우 극명한 사례이기 때문이다. 즉 다른 유충에 비해 덜 발달된 상태에서 더 빨리 부화한다는 것이다. 그리고 이는 쌍시류가 그 어떤 곤충보다도 다양한 서식처에서 살 수 있는 이유다. 몸이 훨씬 탄력 높은 상태로 부화하기 때문에 어떤 표면이나 작은 구멍에도 달라붙어 살 수 있고, 그만큼 다양한 식량을 이용할 기회도 많은 것이다.

모든 쌍시류 유충 중에서 가장 놀라운 적응력을 보여주는 것은 소금물 속에 사는 종류들이다. 곤충은 소금물을 서식처로 삼아 살 수 없다는 것이 상식이다. 그러나 그 상식에 어긋나는 곤충들이 발견되었다. 클루니오 Clunio, 탈라소뮈아 Thalassomyia, 폰토뮈아 Pontomyia 등 12속이 바다에서 살고 있다. 이들에 대해서는 알려진 것이 그리 많지 않다. 폰토뮈아속에는 현재까지 묘사된 종이 네 개뿐이다. 심지어 이 중 한 종은 유충과 번데기의 껍질만이 이제껏 발견된 유일한 자료다.

유충과 번데기의 껍질만으로 종을 묘사하는 일은 드물지는 않다. 특히 각다귀와 모기를 다룰 때는 말이다. 그러나 가급적이면 시도하지 않는 편이다. 혼란을 줄이기 위해서다. 그런 식이다 보니 몇 년이 지나서야 기존에 알려져 있던 그 종의 성충을 이제껏 유충과는 별개의 종으로 잘못 알고 있었던 것을 깨닫는 경우도 있다.

쌍시류 세계에는 그에 버금가는 놀라운 진화를 이룬 막강한 경쟁자가 있다. 그 경쟁자의 이름은 석유파리 petroleum fly다.

학명은 헬라이오뮈아 페트롤라이 *Helaeomyia petrolei*로, 물가파리 Ephydridae과다. 사실 이 종은 이름과는 달리 물가에서 꽤 멀리 떨어진 곳에 산다. 이들이 선호하는 서식처는 극한 환경인 미국 캘리포니아주의 석유 구덩이로, 석유파리의 유충은 석유와 아스팔트를 먹어 치워 그것들로 배를 볼록하게 부풀린다. 엄밀히 말하면 섭취하는 것은 석유가 아니라, 석유 위에 떨어진 입자들이지만 말이다.

석유 구덩이는 앞서도 말했듯이 극한의 쌍시류 서식처다. 생명체가 살기 어렵고 위험할 뿐 아니라 매우 뜨겁다. 그러나 해안파리 shore fly 유충은 무려 섭씨 영상 38도의 온도를 견딘다. 그런데 이보다도 더 지독한 환경이 있다. 연구자들은 폴뤼페딜룸 완데르플란키 *Polypedilum vanderplanki*종의 유충을 산 채로 건조한 후, 액체 헬륨(섭씨 영하 270도)에 5분 동안 집어넣었다 빼내도 생존 가능하다는 것을 알아냈다.

쌍시류는 종류에 따라 알을 다발로 낳는 것도 있고, 어미의 몸 안에서 알을 발달·부화하여 유충이 되는 것도 있다. 또 공동체 생활을 하는 유충들도 있다.

나는 예전에 우리 박물관의 식물학자로부터 담자균, 가노데르마 아플라나툼Ganoderma applanatum의 아주 놀라운 표본을 받은 적이 있다. 사실 엄밀히 말하면 내가 보고 놀란 것은 담자균이 아니라, 거기 붙어 있는 것이었다. 거기에는 충영蟲癭(식물체에 곤충이 알을 낳거나 기생하여 이상 발육한 부분—옮긴이)이라고 불리는 비정상적인 성장 흔적이 수백 개나 있었다. 그것들은 아가토뮈아 완코위크지Agathomyia wankowiczii의 유충들이 만들어놓은 것이었다. 여담이지만 이 학명은 지금으로부터 100년도 넘는 옛날에 지어졌는데, 그때는 지금처럼 우스운 어감은 아니었을 듯하다.

아무튼 이 파리는 평발파리Platypezidae과에 속한 평발파리flat-footed fly의 일종이다. 이들의 뒷발이 매우 크다는 점을 감안하면 적절한 이름이다. 이 종들은 노란평발파리yellow flat-footed fly라는 이름으로 불린다. 영국에만 이 과의 파리가 약 33종이 있는데, 이 문제의 종은 영국에 온 지 얼마 되지 않았다. 그리고 영국에서 진균에 충영을 만드는 곤충은 이 종을 포함해 단 세 종뿐이다. 정말 특별한 파리다.

충영을 만드는 대부분의 곤충종은 진균이 너무 빨리 분해되는 탓에 진균에서는 살지 않기 때문이다. 그러나 담자균은 느리게 자란다. 성장하면서 단단한 받침대를 만드는데, 이 받침대는 유충의 발달이 완료될 때까지는 분해되지 않는다. 유충이 완전히 성장하고 나면, 충영 맨 꼭대기에 구멍을 낸다. 그런데 담자균은 거꾸로 뒤집힌 채로 살기 때문에 이 구멍은 사실은 담자균의 맨 밑바닥에 있는 셈이다. 구멍이 나면 지구 중력에 의해 유충이 땅으로 떨어진다. 유충은 땅을 파고 들어가 번데기가 된 후, 성충으로 우화한다.

담자균, 가노데르마 아플라나툼에 생긴 충영. 노란평발파리, 아가토뮈아 완코위크지의 유충이 만들었다. 영국에서 진균에 충영을 만드는 세 종의 곤충 중 하나다.

쌍시류의 유충은 어디에서나 살 수 있을 뿐 아니라, 엄청난 일을 해낸다. 요즘 내 어머니는 여행을 즐겨 다니신다. 당신이 여행 중에 본 것 중에는 지금까지 내가 간절하게 보고 싶어 하는 것도 있다. 당신이 뉴질랜드 북도의 와이토모 글로웜 동굴에 가셨을 때 얘기다. 글로웜은 보통 발광하는 딱정벌레(반딧불이)에게 많이 쓰이는 이름이다. 그러나 쌍시류의 두 각다귀과의 유충들도 빛을 낼 수 있다. 반딧불이가 발광하는 이유는 교미를 하기 위해서일 뿐, 다른 생물에게 해를 끼치려고 발광하는 것이 아니다. 그러나 이 쌍시류 유충들은 자신들이 생성한 줄로 덫을 만들고 그 덫에 먹이를 유인해 잡아먹기 위해 발광한다. 이 유충들의 능력에는 경의를 표해야 한다. 자신의 몸을 미끼로 사용해 먹이를 유인하고 있지 않은가.

오르펠리아 풀토니*Orfelia fultoni*는 진균각다귀과 뮈케토필리다이$_{\text{Mycetophilidae}}$에 속한 생물발광종으로 북미에서 발견된다. 이들은 몸 양 끝에 달린 두 개의 생물발광 랜턴을 사용해 파란 불빛을 만들어내고 그 빛으로 다른 곤충을 냇물가에서 꾀여낸다. 오르펠리아 풀토니의 빛은 발광곤충들이 만드는 빛 중에서 가장 푸르다.

메리 호윗Mary Howitt이 지은 고전 시 〈거미와 파리The Spider And The Fly〉의 내용을 뒤집으면, 딱 이들의 생태가 된다. 아래쪽에 줄로 덫을 만들어 놓고, 그 위에 올라가서 빛을 발해 먹이를 유인하는 파리 유충 말이다. 오르펠리아 풀토니는 마치 거미가 거미집을 짓는 것과 대단히 유사한 방식으로 덫을 만들고, 그 위에 올라가 눕는다. 그러나 그들의 덫은 레오나르도 다 빈치처럼 정밀하기보다는, 피카소처럼 개성이 넘친다.

이렇듯 유충기는 파리의 생애주기 중에서도 매우 흥미롭고 활동적인 시기다. 유충은 살아가고자 하는 의지가 너무나도 충만하다. 예를 들어 진균각다귀 유충은 번데기가 되고 우화하여 성충이 될 때까지 무려 6~12개월간을 포식하며 보낸다. 정확한 기간은 그동안 먹는 먹이의 양과 질에 따라 달라진다.

나는 어떻게든 고기를 찾아내 먹고야 말겠다는 엄청난 의지를 보이는 쇠파리 유충에게 늘 매료되어 있다. 이들 중 어떤 종의 학명은 코르딜로비아 안트로포파가Cordylobia anthropophaga다. 안트로포파가는 '식인 생물'이라는 뜻이다. 이 작은 파리들은 산란 장소로 젖은 옷감과 아마포를 선호한다. 동아프리카에 살았던 한 친구의 말에 따르면, 그곳 사람들은 어떤 옷이든 간에 세

탁, 건조한 다음에는 반드시 다림질해 입는다고 한다. 코르딜로비아 안트로포파가의 유충이 두려워서다.

내 친구의 어머니 역시 옷 다림질에 열심이었고 친구의 교복 치마도 정성스럽게 다림질했다. 그런데 허리 고무줄을 늘여서 다림질하는 것은 깜빡 잊고 말았다. 그러자 그곳에 숨어 있던 코르딜로비아 안트로포파가의 알들이 기다렸단 듯이 부화했고 그 유충들은 친구의 허리 속으로 파고 들어갔다. 다른 많은 기생파리 유충들이 그렇듯이, 이들은 사람을 포함한 포유류의 피부 속에 숨어 있다가 번데기가 되기 직전에야 밖으로 나간다.

이들은 열대 아프리카에서 큰 문제가 되고 있다. 가장 흔한 구더기증의 유형이기 때문이다. 구더기증은 파리에 의해 발생하는 기생충 감염으로, 환자를 쇠약하게 한다. 그러나 코르딜로비아 안트로포파가는 물론이요, 그 밖에도 수많은 파리 유충들과 함께 살았던 내 친구는 여전히 건강하고 이 작은 생명체들에게 별다른 악감정이 없다. 반면 그녀의 어머니에게는 딸이 구더기증에 걸린 게 몹시도 나쁜 기억으로 남아 있다고 한다.

해럴드 올드로이드Harold Oldroyd가 명저 《파리의 자연사The Natural History of FLIES》에서도 밝혔듯이, 파리 유충과 성충 간의 차이는 다른 어떤 곤충의 유충 및 성충 간 차이보다도 크다. 파리의 유충과 성충은 형태뿐 아니라 생활 방식 면에서도 사실상 다른 생명체라고 봐야 할 지경이며 그 증거 또한 매우 다양하다.

  파리 유충은 미성숙한 개체일지도 모른다. 그러나 끝없는 매혹을 자아내는 존재다.

2장
수분매개 파리목

어떤 괴물이 감히 초콜릿을 싫어하랴?

카산드라 클레어Cassandra Clare 《시계 장치 천사Clockwork Angel》

초콜릿을 싫어하는 사람도 있냐고? 나는 싫어한다. 이렇다 할 이유는 없다. 그러나 싫어진 지는 오래되었다. 초콜릿의 질감도 싫고 목을 타고 넘어가는 그 느낌도 싫다. 제일 마음에 안 드는 부분은 냄새다. 초콜릿 냄새를 떠올리기만 해도 토할 것 같다. 물론 이것이 일반적인 혐오의 기준과 동떨어져 있다는 점은 나 역시 인정한다.

◀ 포르키포뮈아*Forcipomyia*종 수컷 초콜릿각다귀chocolate midge는 보다시피 털이 무척 많다. 털은 코코아 수분에 없어서는 안 되는 요소다. 핀 때문에 다리 하나가 잘 보이지 않는다.

그런데 내가 쌍시류를 매우 사랑한다는 점을 생각하면 초콜릿 혐오는 참 아이러니한 일이다. 무슨 말이냐고? 쌍시류가 초콜릿을 생산하는 카카오(나무), 테오브로마 카카오 Theobroma Cacao 의 유일한 수분매개 생물이기 때문이다. 이 식물종은 매우 복잡한 생식기 구조를 갖추고 있다. 너무 복잡하기 때문에 '노씨음 No See Ums'이라는 이름의 매우 작은 쌍시류만이 들어가서 수분시킬 수 있다.

이 생물은 등에모기 biting midge 과 케라토포고니다이 Ceratopogonidae 의 포르키포뮈아속에 속해 있다. 이 과의 생물들은 전 세계인의 미움을 받고 있다 해도 과언이 아니다. 이들이 교외에 나간 사람들의 하루를 완전히 망쳐버리기 때문이다. 영국 스코틀랜드에 많이 사는 악명 높은 하이랜드각다귀 Highland midge 도 여기에 속한다. 1872년 빅토리아 여왕이 쓴 일기에도 서덜랜드 숲으로 소풍을 갔다가 하이랜드각다귀들에게 잡아먹힐 뻔했다는 기록이 남아 있다.

여러 등에모기의 암컷 성체는 사람을 문다. 그것도 매우 아프게 문다. 심지어 이 녀석들에게 물려 죽은 사람도 있다. 물론 고통 때문은 아니고 이들이 옮기는 질병 때문이다. 이들은 떼 지어 몰려다니며 표적의 피를 대량으로 빨아 먹기도 한다. 그러나 이렇게 분노를 유발하는 만행을 저지르긴 해도, 막상 이들 쌍시류가 없어지면 사람들의 삶은 극도로 무의미해질지도 모른다. 이들과 인간 삶의 의미가 어떤 관계에 있는지 논하려면 다시 카카오 얘기로 돌아가야 한다.

카카오 생산자들은 카카오 공급량 현황에 늘 주의를 기울이고 있다. 사람들의(물론, 나는 빼달라) 카카오 수요는 엄청나다. 카카오 생산 업계는 2022년 약 482억 9,000만 달러의 규모로 성장했으며, 생산량은 세계적으로 490만 톤 이상 생산되고 있다. 또 그 규모는 연평균 4.98퍼센트 성장할 것으로 예상된다. 그러나 현재는 카카오 생산의 격변기이다. 예전에는 대개 소규모 농가에서 카카오나무를 재배해왔다. 그러나 최근 극단적인 기후의 발생 빈도가 늘어나고 병충해 피해도 잦아졌다. 또 카카오 재배 지역의 정치적 불안정성도 증가했다. 이러한 요인들은 안 그래도 낮은 카카오의 자연 수분율을 더욱 낮추었다. 여러 문제점들을 극복하고 소득을 높이고자 소규모 카카오 농가들은 개간을 통해 농지 규모를 키우고 있다. 그러나 여기에도 문제가 숨어 있다.

카카오나무는 한 나무에 수꽃과 암꽃이 다 달려 있다. 그러나

자가수분은 불가능하기에 작은 쌍시류에게 전적으로 의존해야 한다. 이는 쌍시류에 대해 알려진, 그리고 쌍시류가 인류에게 도움을 주는 수많은 사소한 것들 중 하나다. 하지만 쌍시류의 노력에도 불구하고, 카카오꽃 중 열매를 맺는 것은 소수다. 이렇듯 카카오 수분은 정말 까다로운 일이다. 카카오 열매가 없으면 '갤럭시', '컬리 울리'(둘 다 영국의 유명 초콜릿 브랜드이다-옮긴이) 같은 초콜릿도 없다. 그리고 수분율의 저하는 작물의 재배와 수익에 모두 악영향을 미친다.

수분매개 쌍시류들은 나무를 정말 좋아한다. 또한 습하고 어두운 곳도 좋아한다. 그 때문에 많은 종의 유충이 수생, 반수생, 습한 토양 환경 중 한 곳에서 자란다. 그런데 개간으로 확장한 농장에서는 카카오나무를 심으려고 기존의 나무를 베어버린다. 이 과정에서 그늘도 적어지고 낙엽들도 적어진다. 쌍시류 성충과 유충들이 살 곳이 없어지는 것이다. 개간된 농장의 수분율은 0.3퍼센트라는 엄청나게 낮은 수치로 떨어진다. 아이러니하게도, 카카오를 증산하기 위해 개간을 한 게 도리어 카카오의 생산량을 격감하고 쌍시류를 죽이는 결과를 낳는 셈이다. 그렇다면, 초콜릿 애호가들에게 있어 이들 쌍시류는 번식 문제를 겪고 있는 또 다른 종 자이언트판다만큼이나 보호할 가치가 큰 동물이지 않겠는가?

　더구나 쌍시류가 수분시키는 식물은 카카오 외에도 존재한다. 포르키포뮈아속의 쌍시류들은 또한 에리카Erica속(진달래과-옮긴이)의 헤더heather종 식물들(파리 때문에 이 식물들도 좋아졌다)도 수분시킨다. 이게 왜 중요하냐고? 헤더는 스코틀랜드의 산악 지대에서 풍부하게 자란다. 픽트족(철기 시대 후기와 중세 초기에 걸쳐 오늘날의 스코틀랜드 동부와 북부에 살았던 민족)은 이 헤더를 가지고 기원전 325년부터 에일을 만들었다. 전설에 따르면 위스키는 지붕이 돌로 된 집에서 헤더 에일을 발효하다가, 발효 과정에서 생긴 증기가 응결되어 컵 안에 고이면서 처음 만들어졌다고 한다.

　물론 이 설화는 100퍼센트 믿을 것은 못 된다. 그러나 곤충과 현화식물 사이의 밀접한 관계를 알려주는 비슷한 이야기는 이외에도 많다. 현화식물은 곤충이 등장한 이후 진화했다 그리고 식물의 생존과 번성은 곤충과의 공생 관계에 매우 크게 좌우된다. 이러한 관계성의 증거가 처음 나타난 것은 지금으로부터 1억 3,000만~1억 4,000만 년 전이다. 그 이후로 파리목을 포함한 많은 곤충들과 식물들은 다른 누구도 끼어들 수 없는 밀접한 관계를 형성, 발전해왔다.

관찰 결과, 등에모기 중 두 종은 에리카종의 긴 꽃을 수분시킨다. 이는 이 곤충들에게 매우 길고 가느다란 구기가 있기에 가능하다. 이 꽃의 꿀 역시 그런 긴 구문부가 있는 곤충만이 먹을 수 있는 구조다. 또 다른 파리목 생물인 르휜코헤테로트리카 스투켄베르가이*Rhynchoheterotricha stuckenbergae*는 크기가 작고 날개 색깔이 짙은 진균각다귀로 검정날개버섯파리Sciaridae과에 속한다. 발음부터 혀가 꼬이지 않는가? 이 생물은 학명에 걸맞게 혀를 배배 꼬거나 마는 게 가능하다. 그도 그럴 것이 구문부 길이가 머리 길이의 세 배나 되기 때문이다. 페린구에요뮈나 바르나르디*Peringueyomyina barnardi*는 어리모기각다귀붙이Tanyderidae과에 속하는 원시적인 크레인파리다. 이 생물 역시 매우 긴 구문부를 지니고 있고, 돌아버릴 정도로 긴 다른 이름도 가지고 있다. 어쩌면 구문부의 길이와 이름의 길이 간에 어떠한 상관관계가 있는 것인지도 모른다.

이 종들은 오직 남아프리카공화국의 케이프 지역에서만 볼 수 있다. 케이프 지역은 특유의 기후와 지리적 조건 때문에, 매우 독특한 식물들이 발달했다. 특히 긴 관 모양 꽃잎 안에 밀선이 숨어 있는 종들이 많다. 앞서 말한 긴 이름 쌍시류들과 긴 관 모양 식물들은 상호 의존 관계다.

파리목의 수분매개 역할은 여러 생태계, 특히 농업 생태계의 전반적 건강 유지에 매우 중요하다. 파리목의 150개 과 중 약 절반에 해당하는 71개 과가 꽃에서 먹이를 얻는다. 즉 이들이 식물들 간에 꽃가루를 전달하는 역할을 담당하는 것이다. 파리목이 중요 수분매개자인 것은 종수가 많아서이기 때문이기도 하지만 그 분포가 워낙 광범위하기 때문이기도 하다.

앞서도 말했듯이 파리목은 이 세상 어디에나 있다. 나와 동료들은 상상도 못한 곳에서도 파리목을 채집한 적이 있다. 그중 제일 환경이 가혹했던 곳은 페루의 산악 지대였다. 통상 우리는 곤충 채집에 수동 흡충기(튜브의 한쪽을 흡입하여 채집물을 수집하며, 주로 곤충 채집에 사용된다—옮긴이), 푸터pooter를 사용하는데, 해발 고도가 약 4,800미터인 그곳에서는 그 물건을 사용하는 것조차도 힘든 일이었다. 이 책의 독자들 중 그만한 고도에 올라가 본 사람이 몇이나 있을지 모르니 좀 더 부언하자면, 고도가 그 정도가 되면 산소 농도가 너무 낮아져 숨 쉬는 것은 물론 기어다니기도 힘들 지경이다.

그런 가혹한 환경 속에서 우리는 식물 위에 앉아 있는 파리목을 시험관 안으로 빨아들이려고 여러 차례 시도했다. 성공한 시도는 극소수에 불과했다. 여기서 중요한 점은 내가 요령 부족으로 파리 채집에 실패한 게 아니라, 그 가혹한 고도에서도 파리목이 살고 있다는 점이다. 심지어 대단히 다양한 종류가 살고 있었다. 그중 하나가 꽃등에과의 떠돌이파리였다.

떠돌이파리들은 말 그대로 어디에나 있다. 그 종수도 엄청나다. 현재까지 6,000여 종이 보고되었다. 이들은 현재 가장 중요한 쌍시류 수분매개자로 여겨진다. 그러나 파리목에 관한 생물학적 지식이 늘어나면 그 부분은 바뀌게 될지도 모른다. 여하간 이름에도 나타나 있듯이 이들은 떠돌이다. 떠돌이파리의 라틴어 과명을 배울 때 정말 외우기 쉽다고 생각했다. 과명에 들어가는 '쉬르핑Syrphing'이라는 말이 영어의 서핑surfing과 비슷하지 않은가. 바람을 타고 서핑을 하는 파리라고 생각했다. 한편 미국에서는 이들을 꽃파리라고도 부른다. 이들이 식물과 맺고 있는 관계, 그리고 수분매개자로서의 중요성을 반영한 명칭이다.

  이 무리의 많은 종들은 그 외관이 개성 넘치면서도 친근하다. 다만 이들은 전형적인 쌍시류와는 닮지 않았다. 오히려 꿀벌, 나나니벌, 말벌과 매우 비슷하다. 더욱 위험한 생물로 위장하면 잠재적인 포식자가 이들을 포기하고 덜 위험한 먹잇감을 선택할 것이므로, 이는 타당한 생존 전략이라 할 수 있다.

꿀벌을 기가 막히게 모방한 떠돌이파리 월루켈라 봄빌란스 *Volucella bombylans*. 위장을 통해 포식자의 공격을 예방하는 효과를 거둔다.

이들 수분매개자들은 벌을 모방하기는 하지만 독침 등의 독은 보유하지 않았다. 이들은 야외에서 많은 시간을 들여 자신의 영토를 지키고, 이성을 유혹하거나 식사를 한다. 정원에서 고속으로(일부 종은 무려 시속 40킬로미터를 내기도 한다) 날아다니는 노란색과 검은색이 섞인 몸뚱이의 작은 곤충들 중 대다수는 사실 꿀벌이 아니라 파리목인데, 대부분의 사람들은 그 점을 모르고 있다. 수분매개를 위한 이들의 형태학적 적응점 중에는 굵은 털을 많이 기른 점도 있다. 파리목이 꽃에서 꿀을 빨 때면 이 털에 꽃가루가 들러붙는다.

떠돌이파리는 단생벌, 호박벌에 이어 가장 귀중한 수분매개 생물이다. 모든 수분매개 곤충이 작물에 미치는 경제 효과는 약 1,200억 파운드(약 191조 원)로 추산된다. 전 세계 작물 생산액의 35퍼센트에 해당하는 금액이다. 작물 생산에 있어 파리목의 기여도는 꽤 높다. 파리목이 망고, 칠리고추, 후추, 당근, 회향풀, 양파의 주요 수분매개자이기 때문이다. 앞서도 말했듯이 나는 초콜릿을 좋아하지 않는다. 그러나 만약 고추와 후추가 사라진다면 내 삶도 끝장나고 말 것이다.

수분매개 파리목 중 가장 멋진 친구들 중 하나는 어리재니등에Nemestrinidae과의 얽힌무늬파리tangle-veined fly다. 성체는 아름다운 생명체다. 땅딸막하고 강인해 보이는 몸매에, 솜털이 수북한 경우가 많다. 이 과의 곤충들은 그 이름에서도 알 수 있듯이, 날개에 특이한 무늬가 있어 식별하기 쉽다.

한편, 이 과의 성기는 쌍시류 연구자들의 주의를 끈다. 파리목의 수컷 성기는 매우 잘 만들어져 있고, 종마다 그 모양이 확연히 다르다. 근친 관계의 종들끼리도 수컷의 성기 모양은 크게 차이가 난다. 반면 파리목 암컷의 성기 모양은 종간 차이가 별로 없다. 그러나 어리재니등에과의 경우, 암컷의 산란관은 종간 차이가 확연하다. 종간 주요 식별점이 되어주는 것이다.

얽힌무늬파리의 아종은 다섯 종이다. 이 중 히르모네우리나이Hirmoneurinae 및 네메스트리니나이Nemestrininae 아종은 망원경처럼 생긴 산란관이 있다. 이 산란관의 일부 부분은 신축성이 있어, 펌프처럼 움직이면서 산란을 한다. 나머지 세 개 아종인 아트리아도프시나이Atriadopsinae, 트리코프시데이나이Trichopsideinae, 퀴클롭시데이나이Cyclopsideinae는 산란관이 세이버(날이 휜 기병용 칼) 모양이다. 이들의 암컷은 두 개의 길고 날씬한 판막을 이용해 알을 낳는다.

생식기의 모양과 기능 외에도 이들의 암컷을 매우 돋보이게 하는 부분은 또 있다. 이들은 평생 동안 수천 개의 알을 낳는다. 반면 집파리는 평생 동안 알을 500개밖에 못 낳는다. 수천 개라면 꽤 많아 보이지만 유충들이 먹을 식량이 메뚜기나 여치 등 기동성이 뛰어난 생물들이라, 소모율이 매우 높다.

여기저기 분산되어 산란된 알들은 약 10일 후에 부화한다. 여기서 나온 유충은 매우 활동성이 강하며 납작유충planidia이라고 부른다. 이들은 주변 환경으로 산개해 숙주를 찾아가며, 바람을 타고 갈 때도 많다. 선호하는 숙주는 같은 과 내에서도 매우 다양하다. 네메스트리니나이, 트리코프시데이나이아과는 메뚜기를 선택한다. 아트리아도프시나이아과는 여치를, 히르모네우리나이아과는 딱정벌레를 선택한다. 반면 퀴클롭스데이나이는 오스트레일리아에서 채집한 몇 점의 표본이 이제까지 드러난 전부이기 때문에 이들이 선호하는 숙주나 그 밖의 생태에 대해서는 거의 알지 못한다. 앞서도 말했듯이 이 아종에 대해 알 수 있는 자료는 표본 몇 점이 전부인 데다 종도 하나뿐이다.

우울한 얘기지만, 많은 종의 경우 정기준표본이 파괴되어 있다. 정기준표본이란 그 종의 생태를 공식 묘사하는 데 사용되는 표본이다. 그런 파리목에 대해서는 생태를 알 수 없을 뿐 아니라, 박물관에 입고된다 해도 갖고서 할 수 있는 일이 별로 없다.

퀴클롭시데아 하르뒤 *Cyclopsidea hardyi* 정기준표본의 잔해. 분류학자에게는 비극적인 장면이다.

 다른 아과의 유충에 대해 아는 것은, 이들이 활발한 기동성으로 숙주를 찾아다니는 납작유충 상태로 최대 2주간 생활할 수 있다는 것이다. 하지만 숙주 또한 활발하고 기동성이 높기 때문에, 대부분의 유충들이 이 기간 동안 숙주를 만나시 못하고 죽고 만다. 숙주를 만나 체내에 침투하는 데 성공한 개체들은 두 번째 변태 과정을 거친다. 이들은 유충의 일반적인 발달로는 만족을 못하는지, 유충 후반기에 몸의 구조를 크게 바꾼다. 이 과정을 과변태라고 한다. 날씬하고 활발한 숙주찾이 생물이던 이들은, 기생충이 된 다음에는 꾀죄죄한 십 대들처럼 꼼짝도 안하려고 한다.

유충은 흥미로운 존재다. 그러나 유충 단계에서는 수분매개에 전혀 중요한 역할을 하지 않는다. 반면에 성체 얽힌무늬파리는 특별한 수분매개 곤충이다. 이들 중 많은 종이 특정 숙주 식물과 배타적인 상호의존적 관계를 갖고 공진화共進化(여러 개의 종이 서로 영향을 주면서 진화하여 가는 일―옮긴이)를 이룬 끝에, 기다란 관 모양의 꽃 속으로 밀어 넣기에 최적화된 연장식 구기를 갖추게 되었다. 어리재니등에과에 속하는 종은 전 세계에 약 330종이 있다. 이들 중 대부분은 매우 긴 구문부를 갖추고 있다. 이들 구문부 중에는 나비나 나방의 구문부처럼 말 수 없는, 단단한 것도 많다. 이러한 구문부는 얼핏 보기에 매우 불편해 보인다. 그러나 파리목들은 비행 중 이 구문부를 몸 아래쪽에 대충 밀어 넣는 방식으로 그 문제에 대처하고 있다. 구문부를 머릿속으로 얼마나마 밀어 넣을 수 있는 종은 극소수다.

몸길이 약 1센티미터짜리 파리목이 0.5센티미터짜리 구문부를 달고 기동하는 것은 매우 거추장스러워 보인다. 그러나 모에기스트로르휜쿠스 롱기로스트리스*Moegistrorhynchus longirostris*종에 비할 바는 아니다. 이 종은 몸길이의 여덟 배(최대 8센티미터)에 달하는 구문부를 갖추고 있다. 인간으로 치면 혀의 길이가 6미

모든 파리목 생물이 구문부를 깔끔하게 말 수 있는 것은 아니다. 히르모네우라 안트라코이데스 *Hirmoneura anthracoides*의 구문부는 매우 단단하기 때문에, 비행 중에는 몸 아래로 밀어 넣을 수밖에 없다.

터를 훌쩍 넘긴다는 얘기다. 이 종은 곤충 중에서 몸길이 대비 구문부 길이가 제일 길다.

왜 그렇게 긴 것인가? 이들은 붓꽃, 난초, 제라늄 등의 긴 관 꽃과 공진화를 하며, 그 식물들에게서만 먹이를 얻고 그 식물들만을 수분매개하게 되었기 때문이다. 이 식물들 역시 모에기스트로르휜쿠스 롱기로스트리스 및 그와 형태학적으로 유사한 종의 곤충들에 의해서만 수분매개된다. 따라서 모에기스트로르휜쿠스 롱기로스트리스는 대단히 중요한 종이다. 긴 관 식물들의 생존에 필수적인 곤충인 것이다. 물론 긴 관 식물들이 없어지면 이 곤충도 전멸할 것이고 말이다.

이 곤충이 발견된 남아프리카공화국의 케이프 지역은 매우 다양한 식물들이 살고 있어 세계적으로도 손꼽히는 식물상을 이루고 있다. 따라서 이 지역에 사는 파리종들도 그에 걸맞게 다양할 것이다.

이 지역에서 흔하게 볼 수 있는 또 다른 파리목 곤충은 등에 과에 속하는 말파리다. 대부분의 사람들은 말파리를 싫어한다. 그 거대한 덩치와 엄청난 끈기가 특히 짜증스러워하는 이유다. 대부분의 말파리에서 암컷은 피와 꿀을 다 먹어야 비행에 필요한 에너지를 얻는 반면 수컷은 꿀만 먹는다. 속칭 긴주둥이말파리long-tongued horse fly로 불리는 판고니나이Pangoninae아과에는 중요한 수분매개 곤충 사례가 많다.

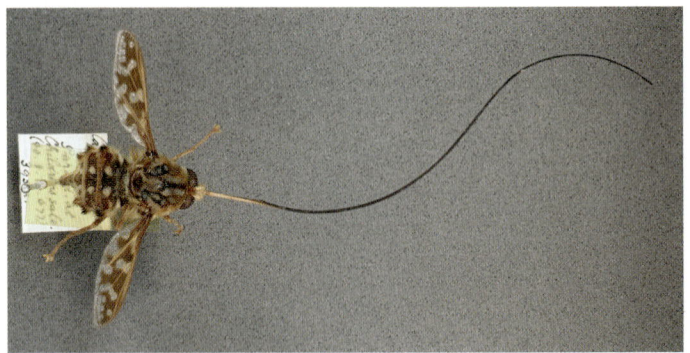

모에기스트로르휨쿠스 롱기로스트리스는 몸길이 대비 구문부의 길이가 제일 긴 동물이다. 구문부의 길이가 몸길이의 여덟 배에 달한다.

케이프 지역은 또 다른 긴 구문부 파리목 곤충인 아르트로텔레스 키네레아Arthroteles cinerea의 고향이다. 이들은 노랑등에snipe fly의 노랑등에Rhagionidae과에 속한다. 관찰에 따르면, 이 종은 다리 모양이 특이한 덕에 아무리 강풍이 불어도 식물에 찰싹 잘 붙어 있다. 하지만 걷는 능력은 영 형편없다. 이들 긴 구문부 파리(다른 과에도 비슷한 사례는 많다)들은 모두 그곳에서만 자라는 식물들에게 매우 중요하다. 유사한 사례는 이외에도 얼마든지 찾을 수 있다.

지역적 편재가 덜한 파리목 곤충 중에는 진균각다귀인 그노리스테 메가르히나Gnoriste megarrhina도 있다. 이 곤충은 편승식물pick-a-back plant인 톨미에아 멘지시Tolmiea menziesii를 수분매개한다. 범의귀과의 이 식물은 북미 삼림이 원산지이지만 현재는 어디에서나 흔하게 볼 수 있다. 대롱대롱 매달린 이 식물의 꽃은 긴 관 모양의 꽃판을 지니고 있다. 그노리스테 메기르히나가 이 꽃의 꿀을 먹으려면 화관 속 깊이 들어가야 한다. 그리고 그 과정에서 곤충은 온몸에 꽃가루를 묻히게 된다. 곤충의 몸에 묻은 꽃가루는 다른 식물로 옮겨갈 수 있다. 이 각다귀의 몸길이는 7밀리미터에 불과하지만 구문부의 길이가 몸길이와 맞먹는다.

그런데 파리목들은 이렇게 구문부가 길어도 별다른 불편을 겪지 않는다. 머릿속에 흡입 펌프가 있기 때문이다. 액체는 모세관 현상을 통해 구문부로 자연스럽게 들어간다. 모세관 현상이란 응집력과 접착력으로 인해 생기는 압력이 액체를 관 속으로 빨아들이는 현상이다. 그러나 모세관 현상은 시간이 많이 소요되기 때문에 파리목 곤충들은 흡입 펌프를 사용해 시간을 단축한다.

이들의 머리에는 여섯 종의 흡입 펌프가 있다는 게 확인되었다. 그 구체적인 펌프의 유형과 숫자는 군마다 다르다. 예를 들어 얽힌무늬파리인 프로소에카*Prosoeca*종은 매우 긴 구문부를 가지고 있으며, 꿀의 흡입을 돕기 위해 두 개의 흡입 펌프를 가지고 있다. 그러나 말파리인 필로리케*Philoliche*종은 흡입 펌프가 한 개뿐이다. 르힌기아*Rhingia*속에 속하는 떠돌이파리는 흡입 펌프가 여러 개 있다. 그중 입술 뿌리 부분에 있는 펌프는 꿀을 먹이관으로 빨아들일 압력을 생성한다.

떠돌이파리는 긴 구문부를 사용하지 않을 때 보호할 방법도 갖고 있다. 머리에서 툭 튀어나온 특유의 부리를 사용하는 것이다. 이들의 구기는 연장 시 그 길이가 부리 길이의 아홉 배나 된다. 그러나 사용하지 않을 때는 부리 아래쪽에 완전히 수납된다.

구문부 끝에는 털이 수북한 입술판 두 장이 있는데, 이 입술판으로 꽃을 두드리거나 긁어서 꽃가루를 얻는다.

따스한 남아프리카를 떠난 파리목 곤충들 중 일부는 가장 자연조건이 가혹한 북극과 남극으로 갔다. 그곳에서 살아남기 위해 파리목 곤충들은 기온과 광량이 최저인 그곳의 극한 환경에 적응해야 했다. 북극의 연 평균 기온은 섭씨 영하 40도다. 여름이 되어도 섭씨 영상 10도까지밖에 안 올라간다. 무엇보다도 이곳에는 거친 바람을 피할 곳이 거의 없다. 식생이 매우 적은 데다 나무는 사실상 없기 때문이다.

극지방에서 발견되어 그 생태가 기록된 곤충은 약 4,000종에 불과한데, 그중 약 절반이 파리목이다. 이들은 이곳에서도 수분매개 활동을 통해, 지역 환경에 매우 중요한 역할을 맡고 있다. 벌들은 이런 극한 환경에서는 살 수 없기 때문에, 파리목이 수분매개를 전담히는 것이다. 힐씬 두꺼운 피부를 지닌 호박벌조차도 이렇게 춥고 강풍이 부는 환경에서는 살기 어려워 그 종수가 확 줄어든다. 그러나 파리목 곤충들은 이런 환경에도 잘 적응하고, 많은 식물들의 진화를 도와왔다.

특히 모기붙이Chironomidae과의 물지 않는 각다귀 성체들은 북극에서 가장 중요한 수분매개 동물이다. 이들 곤충들은 우선 지독한 환경에서 성체가 될 때까지 살아남아야 한다. 냉기와 빛 또는 어둠도 장시간 견뎌야 한다. 스미티아 Smittia 속은 이 모기붙이과에 속해 있으며, 해당 과의 종들은 전 세계에 분포해 있다. 그중에는 극저온 환경에서 살 수 있도록 적응한 주요 수분매개 곤충들도 있다.

스미티아 웰루티나 Smittia velutina 는 북극권에서 볼 수 있는 지배종이다. 그리고 북극권의 지배 식물인 자주범의귀 삭시프라가 오포시티폴리아 Saxifraga oppositifolia 를 포함한 여러 식물의 주요 수분매개 생물이다. 이 식물은 그린란드 북부에 있는 카페클루벤 섬(위도 북위 83도 40분)에서도 발견된다. 세계에서 가장 북쪽에 있는 식물이다. 이 식물은 또한 고도가 4,500미터 이상에 달하는 스위스령 알프스에서도 발견된다. 이쯤이면 극한 환경을 부러 찾아다닌다고 해도 될 것 같다!

이 식물을 수분매개하는 각다귀는 초기 출현종이다. 그리고 흥미롭게도 단성생식을 한다고 추정된다. 이 종에서 수컷이 발견된 적이 아직은 없기 때문이다. 단성생식은 무성생식의 일종으로, 무정란에서 후손이 발생되는 것이다. 단성생식은 풍부하지만 오래가지는 못하는 식량 자원을 활용하기 위해 많은 알을 빨리 낳아야 할 때 특히 유용한 전략이다. 자주범의귀 등의 식물의 개화 기간은 몹시 짧다. 따라서 이 짧은 개화 기간에 맞추려면 파리목 곤충들 역시 빠르게 발달해야 한다. 식량을 구할 시간도 모자라는 판국에 교미를 하고 있을 겨를이 어디 있겠는가. 이들의 난소 발달을 조사한 결과 이들은 불과 3일 만에 성체가 된다. 그래야 환경이 좋은 기간 동안 알을 많이 낳을 수 있기 때문이다.

이들 곤충들은 횡일성이다. 즉 해를 좋아하고 해를 따라 움직인다. 실험에 따르면 이들은 가급적 많은 햇빛을 쐬기 위해 해를 따라 움직인다. 다른 한편, 나는 이들이 혐우성이라는 놀라운 사실을 알아냈다. 이 곤충들은 비를 싫어한다. 그래서 비가 오기 시작하면 꽃을 우산 삼아 비를 피한다.

북극에서 볼 수 있는 파리목 곤충들은 이들 각다귀 외에도 다양하다. 뿌리구더기파리(검정파리과), 춤파리(춤파리과), 프릿파리 frit fly(노랑굴파리과), 똥파리(똥파리과), 치즈파리(피오필라 Piophilidae), 모기, 집파리 등이 북극에 서식하고 있다.

2016년 캐나다, 덴마크, 핀란드, 스웨덴의 연구자들은 그린란드 북동부의 북극 수분매개 곤충들에 대한 발견 내용을 발표했다. 이에 따르면, 이 곤충들 중 수분매개 능력이 가장 우수한 것은 파리목이었으며, 그중에서도 집파리과가 가장 우수했다. 집파리과 중에서도 가장 우수한 수분매개 능력을 지닌 종은 스필로고나 산크티파울리*Spilogona sanctipauli*이다. 이 황갈색의 작은 집파리들은 주요 수분매개 생물이니만큼 최근 이들의 개체수가 감소한 것은 매우 우려스러운 일이다.

수컷 모기(그리고 일부 암컷 모기도) 역시 꽃에서 꿀을 빨아 먹는다. 이들이 주요 수분매개 생물임이 알려진 것은 100여 년 전부터. 그러나 개별 모기종에 대한 연구는 최근에야 시작되었다. 그리고 이들의 역할과 중요성에 대해서는 아직도 가설과 불명확한 추측이 난무하고 있다. 다만 아이데스 콤무니스*Aedes communis*종이 잎이 뭉툭한 습지난인 플라탄테라 오브투사타*Platanthera obtusata*의 수분매개에 중요한 역할을 한다는 점 정도는 확실히 알고 있다. 이 곤충은 다른 파리목 곤충과는 달리, 몸이나 다리를 통해 꽃가루를 옮기지 않는다. 그 대신 꿀을 찾아 식물 속으로 파고 들어가면서 꽃가루 뭉치를 눈에 붙인다.

적대적 환경에서 사는 식물들은 역시 적대적인 환경에 처한 수분매개 곤충들을 돕기 위해 작은 꼼수를 부려왔다. 이 식물들은 곤충들에게 식량뿐 아니라, 보온이 되는 은신처까지 제공한다. 일부 식물들은 체온을 외부 온도보다 15~25도나 높일 수 있다. 파리목 곤충들이 그 식물들 속에 들어오면 체온을 회복하여 다시 비행, 다른 식물들을 수분매개할 수 있다. 이러한 전략을 열발생이라고 하며 10과 이상의 속씨식물에서 볼 수 있다.

앉은부채 쉼플로카르푸스 포에티두스 *Symplocarpus foetidus*는 북미 대륙 전역에서 볼 수 있는 식물이다. 이 식물은 열악한 환경에 처할 경우 체온을 외부 온도보다 35도나 더 높일 수 있다. 이를 통해 땅 위의 눈이 녹지 않을 만큼 추울 때도 꽃을 피울 수 있을 뿐만 아니라 체온으로 얼어붙은 땅과 눈을 녹일 수도 있다. 그렇게 하면 초기 출현 수분매개 곤충들을 이용할 수 있다.

한편, 파리목 곤충들도 길고 춥고 어두운 겨울과 짧고 덜 추운 여름을 나는 독창적인 전략을 고안했다. 여름과 겨울에 유충을 보호하는 고치를 만들기도 했고 또 어떤 종은 추위에 대한 내성을 길렀다. 헬레오뮈자 보레알리스 *Heleomyza borealis*가 그 좋은 사례다. 이 종의 유충은 섭씨 영하 60도에서도 생존한다. 북극 흑파리 Arctic gall midge는 섭씨 영하 62도 이하에서도 생존한다.

남극은 북극보다도 생명체에게 더욱 가혹한 곳이다. 이곳에서 발견된 곤충종은 극소수다. 이 때문에 남극에 사는 식물 대부분은 풍매風媒(바람에 의하여 수분이 이루어지는 일-옮긴이)종이다.

지난 2010년 피터 컨베이Peter Convey 교수와 그의 연구팀은 준남극권 섬인 사우스 조지아에 사는 두 파리목 수분매개 곤충들의 군락에 대한 연구 논문을 발표했다. 그러나 이 곤충들이 여기 온 것은 그리 좋은 소식이라 하기 어렵다. 이들이 여기 왔다는 것은 이전에는 이곳에서 영구 거주하지 못하던 다른 외래 곤충종들도 올 수 있다는 뜻이기 때문이다. 이들의 유충들은 사체나 부패한 유기물을 먹어 분해하고, 토양의 영양분을 높일 수 있다. 따라서 기존의 식물종과 환경 간의 균형에 영향을 줄 수 있는 것이다. 이들이 환경을 변화시켜, 기존 환경에 최적화되었던 토착종 다수가 사라질지도 모른다는 점이 꽤 우려스럽다.

다른 지역에도 충매가 아니라 풍매 방식으로 수분하는 식물들이 있다. 예를 들면, 잔디는 곤충들을 유혹할 만한 화려한 꽃이 없기 때문에 풍매 방식으로 수분한다고 생각하기 쉽다. 그러나 실제로는 꽤 많은 종류의 잔디가 충매 방식을 택한다. 삼림같이 바람이 없거나 적은 곳의 잔디는 씨앗을 멀리 퍼뜨리기 위해 파리목 곤충에게 도움을 요청하곤 한다. 이러한 매개 곤충들 중에는 벼룩파리Phoridae과의 잡동사니파리scuttle fly도 있다.

벼룩파리과는 모든 파리과, 어쩌면 모든 곤충 중에서 생태적으로 가장 다양한 과일 것이다. 이 작은 곤충들을 식별하는 것은 매우 어렵다. 일단 크기가 너무 작다. 최근에 확인된 어느 종의 몸길이는 0.4밀리미터에 불과하다. 그리고 이 과의 여러 속에는 종이 많아도 너무 많다. 메가셀리아*Megaselia*속에는 무려 1,500여 종이 있다. 이들을 식별하고자 하는 쌍시류 연구자들에게 분류학 관련 두통을 선사하는 끔찍한 벼룩들이다. 대부분의 쌍시류 연구자들은 이들을 생각만 해도 소름이 돋을 정도다. 다행히도 이 과를 연구한 극소수의 분류학 전문가들이 있다. 그들의 노력 덕택에 이들이 삼림을 포함한 여러 생태계에서 매우 중요한 역할을 한다는 것이 밝혀졌다.

   오래전 나는 코스타리카의 삼림에 이들을 잡기 위한 함정을 판 적이 있다. 함정은 땅속에 묻은 플라스틱 컵이었다. 그때 잡힌 수많은 곤충들에 대해 이야기해보겠다. 잡힌 곤충들 대부분은 딱정벌레, 그리고 좀 기묘하게 생긴 곤충들이었다. 머리와 몸통, 다리는 일반적인 곤충들과 같았지만 날개가 없었다. 나중에야 그들이 벼룩파리과의 날개 없는 암컷임을 알게 되었다. 벼룩파리들은 삼림을 포함한 여러 생태계의 지배종이지만, 알려진 정보는 적다. 그러나 여러 종이 파리아나*Pariana*종의 삼림 잔디의 수분을 돕는다는 사실은 밝혀져 있다.

현재 우연히, 또는 의도적으로 수분매개자 역할을 하는 파리목 곤충이 갈수록 많이 발견되고 있다. 그중에는 전혀 예상치 못한 종도 포함돼 있다. 여러 집파리종은 꽃가루를 붙여둘 수 있는 털이 나 있다. 그리고 인간들은 그러한 종이 미치는 영향력에 대해서 이제야 간신히 알기 시작했다.

집파리와 쉬파리는 식물의 유혹에 빠져 수분매개를 하기도 한다. 여러 파리종은 꿀을 먹지 않으며, 고기, 그것도 썩은 고기일수록 좋아한다. 이러한 사실을 안 식물들은 썩은 고기의 냄새, 심지어는 외관까지 모방한다. 식물이 썩은 고기 냄새로 파리목 곤충을 유인해 수분매개를 시키는 것을 가리켜 부생 파리목 애호sapromyophily라고 한다. 그리고 이 방법에 의존하는 식물은 꽤 많다.

쥐방울덩굴속 아리스톨로키아*Aristolochia* 식물은 영어로는 속칭 더치맨 파이프라고도 불리는데, 냄새가 참 화끈한 종이 많기 때문이다. 파리목 곤충들에게 이들의 배설물 내지는 사체 냄새는 매혹적인 향수다. 이렇게 꾀여 든 곤충들은 내부에 털이 나 있는 긴 관을 통과해야 하며, 이 과정에서 꽃가루의 운반이 이루어진다.

파리를 유인해 수분에 동원하는 과정이 가장 복잡한 식물은 속칭 '펠리칸 꽃'으로 불리는 아리스톨로키아 그란디플로라 *Aristolochia grandiflora*다. 이 꽃은 곤충들을 위한 큰 착륙장을 보유해, 곤충들이 거대한 생식실로 쉽게 들어올 수 있게 한다. 곤충은 생식실로 가는 동안 트리콤이라고 불리는 강모에 몸이 쓸리게 된다. 이 강모는 곤충을 생식실로 안내하는 동시에, 왔던 길로 나가지 못하게 한다. 그러나 무서워할 필요는 없다. 이 식물은 곤충을 해치지 않기 때문이다.

　트리콤은 3단계 생식 절차의 제1단계다. 우선 이 식물은 동종의 다른 식물의 꽃가루를 곤충의 몸에서 분리해내 수분한다. 그

아리스톨로키아 그란디플로라는 큰 착륙장을 갖추어 곤충들을 생식실로 안내한다. 한번 들어온 곤충은 이 식물의 번식에 필요한 절차가 다 끝나야 다시 밖으로 나갈 수 있다.

다음 1~2일에 걸쳐 자신의 꽃가루 생성 기관을 성숙시킨다. 그리고 곤충을 이 기관에 문질러 곤충의 몸에 꽃가루를 묻힌다. 이 과정을 거친 후에야 곤충은 꽃벽에서 나오는 꿀을 먹을 수 있다. 곤충이 꿀을 먹으면 식물은 강모를 없애고 곤충을 석방해준다. 풀려난 곤충은 몸에 새 꽃가루를 묻힌 채로 번식 욕구에 불타는 또 다른 식물을 향해 날아간다. 참 뛰어난 번식 전략이다.

그것 말고도 속칭 썩은 고기 꽃, 또는 시체꽃이라고 불리는 식물들이 파리를 유인하는 사례는 많다. 그중 하나는 거대한 아모르포팔룸 티타늄 *Amorphophallum titanum*(통속명: 타이탄 아룸)이다. 가지가 없는 꽃 중에서는 세계 최대의 크기다. 높이가 3미터에 이른다. 껍질을 반쯤 벗긴, 색이 이상한 거대한 바나나를 생각하면 틀림없다. 타이탄 아룸의 개화 시기는 예측할 수 없다. 그러나 일단 개화하면 지독한 고기 썩는 냄새를 피운다. 일각에서는 지구상에서 제일 끔찍한 냄새라고 할 지경이다. 그러나 파리, 정확히 말하면 쉬파리는 이 냄새를 참 좋아한다. 쇠똥구리들도 이 냄새를 좋아해 수분을 돕지만 차이가 있다. 쉬파리들은 수분만 돕는 것이 아니다. 이들의 유충은 달팽이에 기생하여 정원사들을 도와준다.

가장 거대한 시체꽃인 타이탄 아룸은 썩은 고기 냄새로 밑바닥쉬파리underworld flesh fly들을 끌어들여 수분매개한다.

이들 식물들, 그리고 유사한 수분 방식을 지닌 식물들은 체온을 높여 수분매개 곤충들에게 더욱 매력적으로 보이게 하는 방식도 쓰고 있다. 자신을 그냥 썩은 고기가 아니라 따뜻한 썩은 고기처럼 보이게 하는 것이다. 얼마 전 나는 런던의 큐 왕립 식물원Royal Botanic Gardens, Kew에서 개화 중이던 타이탄 아룸에서 파리목 곤충들을 채집했다. 그 꽃들의 냄새는 내게도 정말 지독했다.

이런 방식으로 수분매개하는 꽃은 알려진 것만 7,500종이 넘는다. 그중에 2/3가 난초다. 동부 습지 난초, 혹은 희귀 습지 난초로 알려진 에피파크투스 베라트리폴리아 *Epipactus veratrifolia*는 진딧물의 경고 페로몬을 모방 생산한다. 꽃 색도 진딧물과 유사하여, 진딧물을 섭식하는 파리목 곤충 유충들을 유인한다. 이주떠돌이파리migrant hover fly인 에이페오데스 코롤라이*Eipeodes corollae*는 이런 섬세한 속임수에 넘어가는 떠돌이파리 중 한 종이다.

아직도 발견해야 할 것은 많다. 2015년 캐서린 오포드Katherine Orford 연구팀이 발표한 수분매개자에 대한 논문에서는, 인간들의 수분매개자에 대한 지식이 잘 알려진 한두 과에 편중되어 있으며, 우리가 아직 전혀 알지 못하는 수분매개자가 훨씬 더 많다고 지적했다.

수분매개가 벌들만의 영역이 아니라는 점을 인지하는 것 또한 중요한 부분이다. 실제로 캐나다 토론토대학교의 앨리슨 파커Alison Parker 연구팀은 벌과 파리목의 수분매개 효율을 비교하는 컴퓨터 모델을 개발했다. 벌들은 획득한 꽃가루를 저장하는 반면 파리목 곤충은 그렇게 하지 않는다. 따라서 파리목 곤충이 식물을 더욱 자주 찾아가고 수분매개도 더 자주 일으킨다는 것이 이들의 결론이었다.

인간은 파리목의 수분매개 역할에 대해 이제야 재평가하기 시작했다. 후추나 초콜릿을 제공해주는 식물들 외에 대해서도 말이다.

3장

부식성 파리목

어머니는 늘 말씀하셨지. 죽음도 삶의 일부라고 말이야.
나는 그 말씀이 틀렸기를 진심으로 바랐다네.

포레스트 검프, 영화 〈포레스트 검프Forrest Gump〉

죽음은 삶의 중요한 일부분이다. 모든 생물은 죽음으로써 다음 세대에게 길을 내준다. 그 사실을 부인할 수는 없다. 그리고 이 재활용 공정을 돕는 이들도 생각보다 꽤 많이 필요하다. 파리목 중에서도 그런 곤충들이 있다. 3장에서는 그들 부식성 파리목들에 대해 이야기해보자.

시골의 정원사 노릇을 하는 이 곤충들의 유충은 죽은 나뭇

◀ 목재파리timber fly 판토프탈무스Pantophthalmus종의 수컷 성체. 날개를 펼치면 너비가 무려 8.5 센티미터에 달한다. 매우 위협적인 외양이지만 성체가 된 후에는 음식을 먹지 않는 것 같다.

잎과 가지, 또는 이것들을 분해하는 곰팡이를 먹고 산다. 이들 파리목 곤충들은 박테리아, 진균, 기타 절지동물들과 함께, 영양분을 재활용하여 환경으로 돌려보내는 데 엄청나게 중요한 역할을 한다. 이는 삼림이나 정원에서만 일어나는 일이 아니라, 강과 해변을 포함한 지상 전체에서 일어나는 일이다. 부식성 파리목은 썩은 식물이 있는 곳이라면 어디에나 있다.

나는 현장에서 동료 쌍시류 연구가들이 해변에 엎드려 있는 모습을 본 적이 있다. 그들은 옷이며 피부가 전부 모래투성이가 된 채로, 손에는 휴일에 읽는 유익한 책 대신 포충망을 들고 있었다. 해안파리를 잡기 위해, 썩어가는 해초 위로 그 포충망을 열심히 휘둘러 댔다. 파리목 곤충의 비밀을 더 잘 알기 위한 노력의 일환이었다.

그렇다고 해서 독자들이 우리 연구가들을 너무 불쌍히 여길 필요까지는 없다. 이런 해변은 멋진 열대 지역에 있는 경우가 많기 때문이다. 그래서 나 역시 현장에서 해초에 모여드는 파리를 채집 및 연구한다는 명목으로 태양이 눈부시게 빛나는 카리브 해를 거니는 행운을 누릴 수 있었다. 파리목 곤충을 연구해야 할 이유 중 하나다.

2장에서 나는 파리목 곤충들이 수분매개 생물로서 큰 역할을 하고 있음을 밝혔다. 그러나 파리는 분해자로서 더 유명하다. 분해자들은 죽은 동식물들을 분해하여 퇴비로 만든다. 나는 이런 분해자들이 없다면 지구상에 배설물이 사람 무릎 높이까지 쌓였을 거라고 말한 적도 있다. 그러니 이 역겹지만 중요한 일을 대신 해주고 있는 파리목 곤충들에게 감사를 표하자.

　　유기물을 분해해 주는 파리목 생물들을 분해자라고 부른다. 그중에서 식물성 유기물을 분해하는 생물들은 부식성이다(일부에서는 부생성이라고 부르기도 한다). 잔사식생물들이 구체적으로 뭘 먹고 사는지 알아내기는 어렵다. 그러나 아마 인간들이 생각하는 것 이상으로 다양한 음식을 먹는 것 같다. 이런 파리목 곤충들이 영양분을 어디서 얻는지는 아직도 대부분의 경우 확실하지 않다. 식물성 소재 자체에서 얻을 수도 있지만, 식물을 분해하는 미생물에서 얻을지도 모른다. 어쩌면 둘 다에서 얻는지도 모른다. 마지막이 가장 가능성이 높아 보이긴 하지만, 진실이 셋 중 어느 것이건, 이 책의 집필 목적상 부식성 파리목 곤충들의 영양분 출처는 모두 하나로 퉁 치기로 하겠다.

　　육상과 수상의 생태계를 막론하고, 유기체가 지닌 영양분의 대부분은 그 유기체가 죽은 후에도 상당 기간 건재하다. 이 때문에 숲 바닥에서 삶을 마감한 유기체가 유충에 의해 분해되어 그 먹이가 될 수 있는 것이다. 유충은 유기체를 잘게 씹어 분해한다. 식물의 단단한 외벽이 분해되면 그 속에 들어 있는 풍부한 유기물은 유충뿐 아니라 주변 군집 모두의 것이 된다. 식물체가 더 작은 크기로 분해되는 이러한 과정을 통해 미생물들은 질소 등의 유기 세포 물질을 재활용하여 생태계에 돌려줄 수 있다.

많은 곤충들은 성체가 되면 생존에 필요한 것들이 유충일 적과 크게 달라진다. 그래야 식량, 은신처 등의 자원을 둘러싼 경쟁을 최소화할 수 있기 때문이다. 이 때문에 형태학적인 적응도 달라진다. 예를 들어 파리 성체는 넓은 지역으로 신속히 분산하기 위해 날개를 달고 있다(일부 성체의 날개는 얼마 못 가 떨어지는 경우도 있지만). 다른 많은 곤충들과 마찬가지로 파리목의 성체와 유충은 종별 및 세대별로 먹이도 크게 다르게 변해왔다.

곤충들 중 오래된, 즉 진화가 덜 된 원시적인 곤충 성체의 구기는 다음의 다섯 개 구성품으로 나뉜다. 윗입술labrum, 하인두hypopharynx, 아랫입술labium, 큰턱mandibles, 작은턱maxillae이 그것이다. 메뚜기의 구기는 그 구성품을 잘 보여주는 좋은 사례다. 메뚜기는 불완전변태를 한다. 즉, 발달 과정에서 이렇다 할 형태적

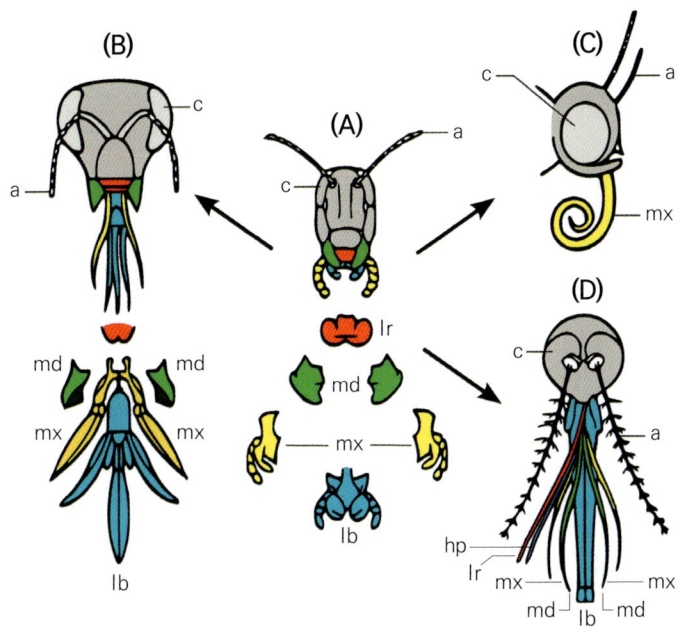

진화 수준이 낮은 곤충의 구기는 (A) 메뚜기와 같이 씹는 형이다. 진화가 잘된 곤충의 구기는 (B) 꿀벌, (C) 나방, (D) 모기와 마찬가지로 흡입식이다.

변화가 없다는 얘기다. 메뚜기의 유충은 날개만 없다 뿐이지 성체와 똑같이 생겼다. 날개는 마지막 탈피 때 생긴다.

 진화가 덜 된 초기의 곤충들은 메뚜기와 마찬가지로 씹는 형 구기를 지니고 있다. 반면 파리목을 비롯한 많은 곤충들의 구기는 여기에서 더욱 변형되어 있다. 이전 장에서 보았듯이, 파리 성체들은 흡입식으로 섭식한다. 그러나 여러 파리목 곤충종들의 유충들은 더욱 원시적인 씹는 형 구기를 유지하고 있다. 이 때문에 많은 종들은 유충 때에는 가장 악랄한 육식성 곤충이다가도, 성체가 되면 가장 소극적인 초식성이 된다.

거미와 마찬가지로, 성체 파리의 흡착식 구기는 고체형 음식을 섭취할 수 없다. 고체형 음식을 분해·액화해서 섭취하거나, 아예 꿀이나 혈액처럼 처음부터 액체형 음식만 먹어야 한다. 이러한 이유에서, 사람들이 모기에게 '물렸다'고 말할 때마다 나는 반사적으로 까다로워진다. 파리목 곤충의 성체가 매우 단단한 구기를 이용해 인간의 살을 자르거나 찌를 수는 있지만, 이들의 구기에는 씹는 기능은 없기 때문에 인간을 '물어뜯을' 수는 없기 때문이다. 물론 이 얘기가 말파리에게 살이 잘려서 피를 빨려본 사람에게 그리 큰 위안이 되지 않을 것은 안다.

성체 파리목도 매우 약소하나마 윗입술, 하인두, 아랫입술이 있다. 대부분의 성체는 단단한 턱과 작은 턱이 없다. 예외는 흡혈실더듬이 bloodsucking nematoceran로, 여기에는 모기와 각다귀, 일부 단각군(말파리 포함)이 포함된다.

대부분의 말파리종의 성체는 구토하는 구기가 있는 게 특징이다. 이들의 구기 끝에는 살로 이루어진 큰 받침이 있고 이 받침의 아래쪽에는 배수관이 있다. 이 배수관을 통해 액체를 흡입한다. 이들이 구토하는 것처럼 보이는 물질은 사실 소화 효소다. 이 소화 효소에는 아밀레이스, 말테이스 등이 포함돼 있다. 이 효소들은 음식을 분해해 액체로 만들어 쉽게 처리하는 데 필수적이다. 이 소화액은 흡혈 파리목 생물의 것과는 다른데, 이 부분은 나중에 다시 다루도록 하자.

유충의 구기도 파리목의 종마다 상당한 차이를 보인다. 앞에서도 언급했듯이, 많은 종들은 원시적인 씹는 형 구기를 유지하고 있다. 씹는 형 구기의 경우, 잘게 부서진 고체형 음식을 섭취할 수 있다. 이 때문에 유충들은 다양한 고체형 음식을 섭취할 수 있다. 이는 생태학적으로 중요한 부분이다. 제한된 먹이를 놓고 성체와 경쟁할 필요가 줄어들기 때문이다.

파리목의 유충은 대부분의 서식처에서 지배적인 부식성 종이자 즐겁게 지내는 작은 덩치의 분해자들이다. 시냇물, 삼림의 땅바닥, 정원의 퇴비에서 이들의 활약은 매우 크다. 파리목의 성체들도 규모는 작지만 활발한 분해 활동을 하고 있다.

이언 맥클린Ian Maclean은 유익한 쌍시류 생물들에 대한 연구서인 《구북구 쌍시류 설명서Manual of Palearctic Diptera》에서 육상 및 수상 생태계에서 파리목 곤충들은 종수와 종별 개체수 면에서 지배적인 위치를 차지하고 있다는 것을 지적했다. 또한 맥클린을 비롯한 쌍시류 연구가들은 대부분의 생물학적 다양성 연구에서 파리목 곤충이 철저히 무시되고 있음도 저서와 토론, 논쟁을 통해 주장했다. 술이 들어가면 소리까지 질러가면서 말이다.

이는 생태학자이기도 한 나에게도 정말 화가 나는 부분이다. 서식처의 생태계에서 가장 크고 중요한 부분을 무시하면서 어찌 그 진실을 정확히 탐구할 수 있단 말인가?

1953년, 영국의 연구가인 클리브 에드워즈Clive Edwards와 G. W. 히스G. W. Heath는 잉글랜드 삼림의 땅속에 있는 유기체의 밀도를 연구했다. 그 결과 1제곱미터의 땅에 약 진드기 20,000마리, 톡토기 15,000마리, 구더기 1,300마리가 있다는 사실을 알아냈다. 구더기가 진드기 및 톡토기에 비해 매우 체격이 크다는 점을 감안해도, 구더기들이 점유하는 면적이 매우 크다는 것을 알 수 있다.

분해자 파리목 곤충들은 우리의 집 안에도 존재한다. 내 집 주방에도 싱크대 옆에 작은 음식물 쓰레기통이 있다. 이들 음식물 쓰레기통은 파리목 곤충들에게 기가 막힌 서식처가 된다. 그 내용물이 싱크대 속으로 엎어지기라도 하면 아주 거대한 서식처가 된다.

이러한 서식처들은 나방파리Psychodidae과, 특히 나방파리아과亞科의 작고 사랑스러운 부식성 곤충들인 올빼미각다귀owl midge 또는 나방파리moth fly들에게는 매우 매력적이다. 이들은 배수구파리drain fly라는 이름으로도 유명하다. 대부분의 사람들은 이 곤충들을 서식처 인근에서 볼 수 있다. 나는 이들이 날아다니거나 걸어 다니는 것을 볼 때마다 조금 움찔하게 된다. 그리고 뭔가 할 일 중 잊은 게 없는지 돌이켜 보게 된다. 조리기구의 불을 켜놓은 채 방치하지는 않았나? 현관문을 제대로 잠가놓은 게 맞을까?

이들 성체의 몸길이는 1~4밀리미터 정도로 작지만, 일상에서 마주칠 수 있는 파리목 곤충 중에 제일 털이 많다. 비늘 모양 가시처럼 보이는 이들의 털은 방수성이 매우 뛰어나다. 이 작은 생물들은 나방과 혼동되는 경우도 많다. 그러나 나는 이들이 나방보다 더욱 매력적으로 느껴진다. 이들의 나뭇잎 모양 날개는 망토를 닮았다. 퇴비 위를 달리는 이들 성체의 모습은, 마치 망토를 두른 슈퍼히어로들 같다.

나방파리과에는 여섯 개 아과가 있다. 그들의 세계는 매우 다양하다. 많은 연구자들이 이들이야말로 형태학적으로는 물론이요, 생물학적으로도 가장 다양한 파리목 생물이라는 점이 밝혀질 것이라고 주장한다. 현재까지 발견된 나방파리과의 종수는 약 3,000종에 달한다. 그중에는 모래파리아과Phlebotominae에 속한 흡혈 곤충처럼 악명 높은 것도 있지만 상당수의 성체는 음식을 먹지 않거나 수액, 꿀만 먹고 산다. 그러나 모든 아종의 유충은 영양소 재활용 업자다. 발견된 나방파리아과의 속한 종 중 최소 2/3의 유충은 하수도 속의 오니汚泥를 좋아한다. 이들 유충은 이러한 서식처에 최적화되어 있다. 속에 따라 차이가 있긴 하지만 이 유충들은 다른 동물의 척추나 깃털 밑에도 숨을 수 있다. 마치 분해되는 폐기물 위에 떠 가는 털북숭이 호버크래프트 같지 않은가?

대부분의 경우 나방파리는 인간에게 해를 끼치지 않는다. 오히려 매우 유익한 생물이다. 끈적거리는 오니를 잘게 분해해 환경 속에 쉽게 퍼지게 해주기 때문이다. 그러나 가끔씩 일이 잘못될 때도 있다. 예를 들어 긴 머리카락이 배수구 마개 구멍에 너무 많이 쌓였다면, 당연히 유충의 밀도도 높아진다.

나방파리 성체의 수명은 20일에 불과하다. 짧은 시간이긴 하나, 그동안 이들이 하고자 하는 것은 번식뿐이고(그조차도 단 한

나방파리과의 털북숭이 배수구파리는 방수성이 매우 뛰어난 털을 가진 덕에 배수구, 하수구, 싱크대에서도 생존할 수 있다.

번만이다), 당연히 적절한 서식처에 안전하게 산란하고자 한다. 알을 낳고 나면 그들은 존엄하게 최후를 맞고자 자리를 뜬다. 그러나 안타깝게도 비행 실력이 대단치 않은 탓에 그 근방에서 죽고 만다. 이렇게 죽는 나방파리 성체의 수가 인간의 건강을 위협할 정도로 엄청나게(100만 단위로) 많아질 수 있다. 일단 죽고 나면, 비늘에 싸인 아름다웠던 털북숭이 날개와 예민한 더듬이는 분해되고, 주변 공기 속으로 커다란 입자 구름이 피어난다. 남아프리카공화국의 하수도 노동자들은 이것 때문에 기관지천식을 비롯한 알레르기 질환을 앓는다고 한다.

전 세계의 주택에서 가장 흔하게 볼 수 있는 나방파리는 아마도 필터파리 filter fly일 것이다. 학명으로는 클로그미아 알비푼크타타 *Clogmia albipunctata*다. 이 종은 별문제를 일으키지 않는다. 물론, 아무 문제도 일으키지 않는다는 뜻은 아니다. 독일과 이집트의 병원에서, 환자들의 소변을 통해 필터파리의 유충이 전파되어 비뇨생식기구더기증이 일어난 사례가 있다. 환자들이 정확히 어디서 이 유충에 감염되었는지는 알 수 없다. 그러나 이 유충은 목욕탕과 화장실 언저리에서 흔하게 볼 수 있기 때문에 아마 목욕탕과 화장실 사용 중 감염되었을 것으로 추정된다.

이들 유충들은 원래는 부식성이었으나, 더욱 다양한 먹이를 먹을 수 있도록 진화된 것으로 보인다. 그 먹이 중에는 인간의 몸에서 나오는 것도 있었다. 기록에 따르면 여성 환자가 배출한 소변 속에서 산 채로 발견된 유충도 있었다. 파리목 곤충의 유충의 생명력이 얼마나 강한지 알 수 있게 해주는 또 다른 사례다.

나무와 같은 자연환경에서는 이 곤충들이 분해하기 좋아하는 식물성 소재가 매우 풍부하다. 파리목 곤충들은 나무껍질이 손상되어 수액이 외부로 흐르는 곳, 일부가 부패하여 구멍이 생긴 곳, 나무껍질 밑과 적목질 속에서 분해자 역할을 할 수 있다.

영국에서 약 400종의 파리목 곤충이 흐르는 수액과 죽은 나무에서 성장한다. 이 수는 영국에서 발견된 파리목 곤충의 종 수 중 6퍼센트에 해당한다. 이 어둡고 습한 환경은 죽어 부패해 가는 식물성 유기물이 풍부한 경우가 많다. 물론 동물성 유기물도 많고 말이다. 이렇게 풍부한 분해된 먹이는 여러 쌍시류 유충은 물론, 복잡한 분해자 군집에게 발달과 성장을 위한 큰 선물이다. 또한 이는 이들을 잡아먹는 육식성 유충에게도 마찬가지로 적용된다. 이곳은 가장 작고 희소하며 일시적인 서식처이다. 그런 곳에서 사는 파리목 생물들은 기록 또한 희귀한 경우가 많다.

상처가 나거나 죽어 쓰러진 낙엽수는 화려한 크테노포라

*Ctenophora*속 크레인파리들의 보금자리가 된다. 현재 전 세계적으로 약 40종이 발견되었으며, 모두가 멋진 모습을 하고 있다. 이들은 나나니벌과 비슷한 모양새를 하고 있으며, 몸에는 적색, 황색, 주황색, 흑색 등의 색상이 다채롭고 눈에 띄게 배색되어 있다. 이들의 성체에서 볼만한 부분은 색상뿐만이 아니다. 수컷 성체는 한쪽에 긴 가로대가 달린 빗살 모양의 더듬이를 갖고 있다. 어떻게 보면 이 더듬이를 펄럭여 하늘을 나는 것처럼 보이기도 한다. 이것이 이들이 속한 종이 빗살뿔크레인파리comb-horned crane fly로 불리기도 하는 까닭이다.

  종이 임시 또는 분산 서식처에서 살 때면, 수컷은 암컷을 만나는 데 온 힘을 기울이게 된다. 더듬이는 파리목 곤충의 주된 감각 기관 중 하나다. 이들은 더듬이를 사용해 촉각, 미각, 청각을 느낀다. 하지만 더듬이의 가장 중요한 기능은 멀리 떨어져 있는 동종의 이성을 찾는 것이다. 더듬이는 민감한 털로 뒤덮여 있는데, 이 털은 기계적·화학적 신호를 포착하는 기능을 수행한다. 수컷의 더듬이는 깃털 또는 나뭇가지 모양인 경우가 많은데, 이는 표면적이 넓고 더 많은 털을 붙일 수 있어 효율이 더욱 우수해지기 때문이다.

  크테노포라속은 보통 과수원이나 오래된 삼림을 벗어나지

나나니벌의 모양새를 모방한 이 크레인파리 크테노포라 플라웨올라타*Ctenophora flaveolata*는 터무니없이 화려한 더듬이를 갖추고 있다. 이 더듬이는 깃털 모양으로 되어 있으므로, 암컷에게서 나오는 화학 신호를 수신하는 민감한 털의 표면적을 늘려준다.

않는다. 이곳들은 죽은 나무가 계속 공급되는 장소, 즉 유충들이 성장하기에 적합한 장소이기 때문이다. 유충들은 매우 튼튼한 턱으로 적목질을 씹어 먹으며 성장해나간다. 그러나 최근 들어 죽은 나무가 일찌감치 치워지는 유감스러운 경우가 많다. 오늘날의 삼림 관리 관행이 그렇기도 하고, 또 여러 소규모 과수원이 문을 닫는 추세 때문이기도 하다. 눈에 띄는 색이 있는 이 종이 어디선가 보인다면, 그곳은 그들이 살 수 있는 서식처임이 분명하다.

송곳파리Xylophagidae과의 라키케루스Rachicerus속의 파리군도 그만큼 화려한 더듬이를 갖고 있다. 라키케루스속은 짧은뿔파리류 중에서 이런 빗살 모양의 더듬이를 지닌 유일한 속이다. 굳이 예외를 들자면 프틸로케라Ptilocera속의 병사파리soldier fly 정도랄까. 이들의 더듬이도 빗살 모양이기는 하지만 라키케루스속만큼 화려하지는 않다.

빗살뿔크레인파리와 마찬가지로, 이들은 죽었거나 죽어가는 나무를 매우 좋아한다. 그러나 이 과에는 이외에도 많은 종이 있다. 왜 이 속의 종 중 단 네 종만 화려한 더듬이가 있고, 나머지 131종은 없는 것일까? 수수께끼다. 개인적으로는, 암컷 파리들이 화려한 더듬이를 지닌 수컷 파리에게 매력을 느끼는 것 같다. 어쩌면 암컷의 기호가 이 화려한 더듬이의 존재 이유일지도 모른다.

크레인파리와 송곳파리 외에도, 썩어가는 나무 주변에서 볼 수 있는 특색 강한 파리는 또 있다. 이 서식처에서 또 잘 보이는 것이 떠돌이파리다. 이들 수컷 중 다수는 스스로 고른 나무 상공을 자신의 영역으로 삼는다. 수컷 파리 근처에 누가 천천히 다가오면 파리는 상대방에게 가서 검문을 한다. 내가 가서 손을 내밀면 그들이 손 위에 앉는 경우가 많았다.

황금떠돌이파리golden hover fly 칼리케라 스피놀라이*Callicera spinolae*의 이름은 꽤 적절하다. 영국의 떠돌이파리 중 가장 크고 화려하지만, 쉽게 볼 수 있지는 않다. 유충은 부식성이다. 너도밤나무의 썩은 구멍에 갇혀 살면서 썩어가는 나무를 먹는다. 유충은 이렇게 썩은 나무에 매여 살지만, 성체는 나무 본체나 그 주변에 사는 담쟁이덩굴의 꽃에서 꿀을 먹는 모습을 볼 수 있다.

성체와 유충은 그리 넓은 지역에 분산되어 살지 않는다. 이 종은 오직 잉글랜드 동부 일부 지역에서만 볼 수 있다. 하지만 북쪽의 스코틀랜드 고지대에 가면 또 다른 떠돌이파리인 포플러떠돌이파리aspen hover fly 함메르스키미드티아 페루기네아 *Hammerschmidtia ferruginea*를 볼 수 있다. 이들의 유충은 포플러나무의 썩어가는 지방층을 서식처 겸 먹이로 삼는다. 포플러나무는 영국 본토 전역에서 볼 수 있지만, 특히 스코틀랜드 북부와 서부에 가장 많다. 그러나 여기서도 죽은 나무를 너무 철저히 치워버리는 데다 포유동물의 과잉 방목으로 어린나무가 심하게 뜯겨 먹혀버리는 바람에, 죽은 포플러나무는 갈수록 귀해졌다. 포플러떠돌이파리가 매우 희귀해졌다는 얘기가 나와도 놀랍지 않다.

그러나 이들 파리목 곤충들과 그들의 생활 환경에 대해 진행 중인 여러 연구 덕택에 우리는 그들의 서식처에 대해 더 잘 알게 되었다. 그리고 놀랍게도 이 곤충들의 수는 현재 늘어나고 있다. 이는 영국에서의 연구 결과지만 전 세계에서도 똑같이 확인되는 현상이다.

악쉬뮈다이Axymyiidae과의 악쉬뮈드Axymyiid를 논하지 않고 희귀 부식성 파리목 곤충을 논할 수는 없다. 이 과에는 종이 여덟 개 밖에 없다. 적은 종수지만, 가장 적은 종수는 아니다. 종이 한 개 밖에 없는 과도 몇 개 있기 때문이다. 오레올로프티다이Oreoloptidae, 에워코이다이Evocoidae, 인비오뮈다이Inbiomyiidae, 아퓌스토뮈다이Apystomyiidae, 모르모토뮈다이Mormotomyiidae가 그들이다.

악쉬뮈다이과의 곤충들은 이렇다 할 통속명도 없다. 이들에 대해 심도 있는 연구를 한 연구자도 없다. 다른 파리과와의 관계에 대해서도 알려진 바가 없다. 어떤 때는 다른 과와 밀접한 연관이 있는 것 같아 보이다가도, 연구자들이 여러 신체 부위의 차이점을 지적하면 연관이 없는 것 같아 보이기도 한다. 이 같은 이유에서 이들은 계통수系統樹(진화에 의한 생물의 유연관계를 나무에 비유하여 나타낸 그림─옮긴이)를 떠돌아다녔다.

일부 연구자들은 이들을 악쉬뮐로모르파Axymlomorpha하목으로 분류한다. 하목이란 유사 과 여러 개를 묶은 개념으로 쓰이지만, 여기서는 단 한 과만을 가진 목을 가리킬 때 쓴다. 또 어떤 연구자들은 이들을 털파리하목 비비오노모르파Bibionomorpha로 분류한다. 이 하목에는 털파리March fly와 진균각다귀가 포함된다. 이들과 가장 비슷하게 생긴 것은 성체 기준으로는 굵고 튼튼하게 생긴 털파리다. 그러나 유충은 털파리 유충과 매우 다르게 생겼다. 성체 악쉬뮈드의 구기는 매우 작기 때문에, 성체가 된 후 식사를 하지 않는 것으로 가정할 정도다. 그러나 이들은 채집은 고사하고 관찰할 기회조차 매우 적기 때문에, 이 가정은 어디까지나 학자들의 추론일 뿐이다.

유충의 서식처는 시냇물이나 샘물 같은 흐르는 물이다. 정확히는 그 속의 나뭇가지 등 물에 일부분 잠긴 나무 속에서 살아간다. 현재는 유충들이 썩어가는 나무와 그 관련 동물군을 먹는다는 것이 가설이다. 이렇게 침수된 환경에서는 가용 공기가 충분치 않으므로, 이들은 사이펀을 개발했다. 이들의 사이펀은 끝에 한 쌍의 기문이 달려 있는 유독 긴 꼬리다. 이 사이펀은 크기를 줄일 수도 있다. 끝이 딱딱하기에 나무를 관통해 바깥 세계로 내밀 수도 있다.

이 유충들은 뒤에서 보면 하얀색 켈프kelp(다시마과에 속하는 대형 갈조류-옮긴이) 숲처럼도 보인다. 최신 연구를 통해 비로소 이 곤충들을 더욱 가까이서 관찰할 수 있게 되었다. 이와 함께 이들이 전용 서식처 내에서는 생각만큼 드문 존재가 아니라는 점도 알게 되었다. 이들의 유충은 꽤 많은 숫자가 발견되고 있다. 따라서 쌍시류 연구자들은 이들의 생명사를 연구하기 위해 그 조상을 추적하려 애쓰고 있다. 이 곤충이 처음으로 발견된 곳은 1921년 미국 애팔래치아산맥이다. 그러나 그 후로 100년이 지났는데도 이들에 대한 연구는 확실한 진전이 없다.

죽은 나무에 사는 파리목 곤충 중, 결코 다른 곤충과 헷갈릴 수 없는 멋진 곤충이 있다. 바로 큰나무파리wood fly, 목재파리, 또는 학명의 일부를 따서 판토panto 등의 이름으로 불리는 판토프탈미다이Pantophthalmidae과가 그들이다. 종수로 볼 때 이들 역시 종수가 20종밖에 안 되는 작은 과다. 그러나 덩치로 놓고 보면 이들은 결코 작지 않다. 오히려 지구상에서 가장 큰 파리목 곤충에 속한다.

판토프탈무스 벨라르디*Pantophthalmus bellardii*는 날개를 펼치면 너비가 8.5센티미터나 된다. 이들을 본 사람들은 다들 놀라서 뭐라고 한마디씩 꼭 한다. 심지어 죽어서 핀으로 고정된 표본을 보다. 해양 서식 파리에 대해서는 앞서도 언급한 바 있다. 그러나 이보다도 더욱 기묘한 환경에서 사는 종도 있는 것 같다. 남극에서 이미 파리목 두 종이 발견 및 기록되었다. 이들은 사실상 남극 대륙의 순수 육상 동물 중 제일 큰 동물이다. 하지만 그런 이들의 몸길이가 2~6밀리미터에 불과하다는 게 참 아이러니하다.

이 종 중 하나인 벨기카 안타르크티카*Belgica antarctica*의 유충은 잡식성이다. 조류도 이끼도, 썩어가는 식물성 물질도 미생물도 먹는다. 그리고 특제 동계용 고치를 지어 그 속에서 따뜻하게 지낸다. 이 튼튼한 유충들은 몸에 트레할로스, 포도당, 에리스리톨을 지니고 있어 세포 내에 얼음이 끼는 것을 막는다. 이들은 수명주기 중 대부분의 시간을 유충으로 보낸다. 유충기가 보통 2년에 달하는 반면 성체로서는 10일도 못 살고 단명한다.

파리들이 견디는 것은 지독한 추위만이 아니다. 엄청난 수심을 견디는 파리도 있다. 러시아 남시베리아의 바이칼 호수(최대 수심 1,741미터)는 세계에서 제일 크고 깊은 민물 호수다. 여기 사는 각다귀속인 세르겐티아*Sergentia*는 이곳 고유종 중 하나다. 특히 가장 깊은 수심에서 사는 수생곤충으로 유명하다.

각다귀 전문가 안나 리네비치Anna Linevich는 오랫동안 이 호수를 연구했다. 그녀는 이미 1970년대 초반에 수심 1,360미터에서 건져 올린 세르겐티아 코스코위*Sergentia koschowi*의 표본을 관찰 묘사했다. 이 유충들은 섭씨 3.4~3.6도에서 성장한다. 산소 농도는 산소 결핍을 일으키기 직전 수준이다. 이들의 몸 색은 눈에 띄는 붉은색인데, 헤모글로빈이 있기 때문이다. 반투명한 몸을 통해 헤모글로빈이 잘 보인다. 헤모글로빈은 산소를 저장하는 호흡 색소다. 이들의 헤모글로빈은 인간의 것보다 더 높은 산소 친화력이 있다. 이 덕분에 인간의 기준에서는 지극히 적대적인 환경에서도 생존할 수 있는 것이다. 파리목 곤충들의 회복력은 그 어떤 생물보다도 뛰어나다.

여러 각다귀 유충들은 식성이 제각각이지만, 대부분은 부식성이다. 유기물의 입자를 먹고 산다. 일부는 물에 떠다니는 입자를 선호한다. 또 일부는 죽은 나무와 잎사귀를 분해해 먹는다. 특정 환경에서 사는 각다귀의 종류를 알면, 그 물의 오염도를 알 수 있다. 각다귀는 물을 정화하는 역할을 하기 때문이다.

그중에서도 특히 눈에 띄는 정화 역할을 하는 키로노무스 플루모수스*Chironomus plumosus*는 오염된 물에서 잘 발견된다. 이들의 유충은 밝은 빨간색이다. 그래서 낚시꾼들은 이 유충을 미끼로 선호한다. 이들은 붉은장구벌레*bloodworms*라고도 불리며, 그 밀도는 제곱미터당 10만 마리에 달할 때도 있다. 즉, 이들이 호수

둑과 바닥의 지배종인 것이다. 이들의 성체들이 떼를 이뤄 나타나면 찌르레기 떼 못지않게 장관을 이룬다.

다만 올빼미각다귀와 마찬가지로, 이렇게 엄청난 밀도로 존재하면 인간에게 호흡기 질환을 일으킬 수도 있다. 비록 인간에게는 짜증 나는 생물들이지만, 호수의 먹이 사슬에서는 없어서는 안 되는 존재다. 많은 물고기들과 새들이 이들을 먹고 살기 때문이다.

각다귀들이 좋지 않은 환경의 서식처에서 생존하기 위해 이루어낸 적응의 산물은 헤모글로빈 외에도 또 있다. 일부는 매우 똑똑한 방식으로 음식을 모은다. 여러 종들이 하천의 바닥이나 변두리에 굴을 파고 살며, 머리만 내놓아 먹이를 먹는다. 그러나 붉은장구벌레를 포함한 여러 종은 동굴에서 끈끈한 그물을 펼쳐 지나가는 먹이 입자를 잡는다. 이들은 타액선에서 비단 같은 재질의 원뿔형 그물을 40초 내에 전개할 수 있다. 체. 플루모수스 *C. plumosus*는 마치 어부처럼 그물을 던져 먹이를 잡는다. 사람 어부와 다른 점은, 그물을 거둬들인 후 먹이와 그물을 함께 먹는다는 점이다.

다시 육상 서식처로 돌아가 보자. 부식성 파리목 중 또 언급해야 할 과가 있다. 초파리Drosophilidae과가 바로 그들이다. 이들은 과실파리라고도 불리지만 사실 초파리와 과실파리는 다른 과에 속해 있다. 아무튼 이들은 지구에서 제일 중요한 생물 중 하나다. 이들은 매우 빠른 속도로 알을 낳고, 실험실에서 살기 좋아한다. 그 덕택에 우리는 이들을 100년 넘게 유전학 연구에 이용하고 있다.

대학원생 시절 나는 얼굴에서 자라난 다리, 다리에 달려 있는 눈알이나 생식기 등의 사진에 매혹되었다. 도저히 있을 법하지 않은 곳에 달려 있는 그 신체 부위는 인공적 유전자 발현 조작의 사례들이었다. 야생의 초파리 유충들은 매우 다양한 먹이를 먹는다. 그러나 주식은 부패 또는 발효한 식물에서 나온 유기질이다. 또한 이 유기질에 딸린 진균과 미생물도 먹는다. 부패 또는 발효한 과일과 효모를 말하는 거냐고? 정답이다. 초파리는 곤충계의 알코올 중독자들이다. 유충이건 성체건 알코올을 매우 좋아하기로 유명하다. 그리고 그 와중에서 대량의 부식 물질을 소모한다.

우리는 이 작은 술꾼들의 기호를 이용해 인간의 행동과 유전자 발현에 대해 더 잘 알고자 한다. 성체 파리들은 술을 마시면 비틀거리며 등을 땅에 대고 구르기 시작한다. 더구나 술을 마시면 마실수록 성욕을 절제하지 못하고 적절한 상대를 고르지도 못한다. 야생에서 이들은 이성애자다. 그러나 실험실에서 술을 먹여놓으면 이성애 외의 어떤 성행위에도 개방적으로 변한다. 그러나 개방적이 될수록 그 실력은 떨어진다. 셰익스피어도 〈맥베스Macbeth〉 제2막 3장에 이런 말을 적어놓지 않았는가.

"그런데 술이란 놈은 세 가지 자극을 주거든요. 뺑코를 만들고, 잠이 잘 오게 하고, 오줌이 술술 나오게 한단 말입니다요. 색이란 놈은요, 그놈이 불을 질러놓기도 하지만 모른 척하고 고개를 숙이게 하기도 하죠. 색정은 일으키지만 어디 제대로 일을 치르게 하나요!"

술꾼들이 보이는 흥미로운 모습은 우리에게 어떤 의미가 있을까? 우리도 알다시피 인간 역시 유사한 영향을 받으면 유사한 방식으로 활동한다. 그리고 파리를 모델로 삼아 우리 역시 이러한 행동의 기작을 이해할 수 있는 것이다. 즉, 파리의 유전자를 발현 또는 억제해보고, 이 중 알코올에 특히 큰 영향을 받는 것을 관찰하여 알코올 중독과 연관 질환에 대한 이해를 높일 수 있다.

전 세계에 존재하는 초파리의 종수는 4,000종을 훌쩍 넘는 것으로 추산된다. 이들을 야생 상태에서 가장 잘 관찰할 수 있는 곳은 하와이다. 하와이 고유종 초파리만 해도 약 700종이 넘을 것이다. 그중 현재까지 그 생태가 기록된 것은 500종을 간신히 넘는다. 최근의 연구에 따르면, 이 모든 종의 시조는 아직 하와이 제도가 활발한 지질 활동을 하던 2,500만 년 전에 나타난 단 한 종이었다고 한다. 드로소필리아속이던 이 종에서 두 번째 속인 스캅토뮈자*Scaptomyza*속이 진화하게 됐다. 드로소필리아속은 모두 부식성으로 이 섬의 고유종 식물 중 최소 40퍼센트와 연관되어 있다. 스캅토뮈자속은 취향이 더욱 다양하다. 부식성, 기생성, 미생물식성 종이 모두 있다.

모든 부식성 종은 장내 미생물에 의존해 썩어가는 식물 조직을 분해한다는 공통점이 있다. 흥미롭게도 이들 미생물들은 곤충에게 분화 압력을 가한다. 곤충들이 더욱 다양한 식물을 먹을 수 있도록 하고, 먹이를 놓고 벌이는 경쟁을 줄여준다는 것이다. 이 때문에 연관 관계가 큰 종끼리도 장내 미생물은 상당한 차이를 보인다. 만약 다윈이 이곳에 사는 파리 군락과 미생물을 관찰할 수 있었다면, 갈라파고스의 되새를 관찰했을 때보다 훨씬 더 위대한 발견을 해냈을 거라고 나는 확신한다.

아름다운 하와이 제도의 해안에도 해초는 널브러져 있다. 갈 기회가 있다면 물가를 따라 놓인 해초 가까이 평행하게 누워 머리를 땅에 댄 후 해초를 살펴보라. 엄청나게 많은 곤충들의 활동을 볼 수 있다.

레이 잉글Ray Ingle이 쓴 《해안 지침서 A Guide to The Seashore》는 이런 유의 책들이 흔히 그렇듯, 해안 환경에 적응한 곤충은 극소수라고 주장하고 있다. 내가 가지고 있는 어떤 책에는 해안에 사는 파리를 단 두 종만 언급하고 있다. 해초파리seaweed fly과, 또는 켈프파리kelp fly과라고도 불리는 코엘로피다이Coelopidae에 속한 코엘로파 프리기다 Coelopa frigida, 코엘로파 필리페스 Coelopa pilipes 종이 그것이다. 물론 이 책은 파리를 완전히 무시한 대부분의 해안 지침서들보다는 그나마 낫다고 할 수 있다. 그러나 켈프파리를 포함해 많은 파리들이 썩어가는 해초와 표류물이 많은 해안에 적응해 살아가고 있다. 해초를 들여다보면 그 파리들이 열심히 해초를 먹어 치우는 모습을 볼 수 있는데, 이 책은 그 사실을 전혀 제대로 묘사하고 있지 않다.

켈프파리과는 좀 이상하게 생겼다. 누군가에게 밟히기라도 한 듯 납작한 모양새에 이들의 다리는 가시로 뒤덮여 있다. 훈련되지 않은 사람은 이 과에 속한 비슷비슷한 40여 종을 구별하기 어려울 것이다. 이들의 기다란 날개는 모두 배와 좀 납작한 머리, 툭 튀어나온 눈 뒤에 꼭꼭 접혀 있다. 이들의 납작한 몸은 해초 줄기들 사이로 쉽게 파고들기 위한 적응의 산물이다. 이들은 부패 중인 끈적끈적한 해초를 먹는다. 해초는 이들의 매우 풍부한 식량 자원이다. 적절한 조건만 갖추어지면 이 파리들의 밀도는 매우 높아질 수 있다. 이들은 또한 매우 열심히 산란을 하기 때문에 초파리와 마찬가지로 실험실에서 배양하여 유전학과 생태학 연구에 활용할 수도 있다.

가용 식량의 양에 따라 수컷 개체의 체격이 변하는 동물종은 많다. 물론 가용 식량의 양은 암컷의 체격에도 영향을 미친다. 하지만 보통 암컷은 전투를 하지 않기 때문에 크고 위엄 있는 체격이 굳이 필요하지 않다. 한편, 유충기의 가용 식량 양의 변화는 대개 성체의 체격에 큰 영향을 주지 않는다. 그러나 해안파리의 경우는 얘기가 다르다.

교미 체계를 전문으로 연구하는 생물학자, 데릭 던Derek Dunn은 이들 파리들의 교미 행위를 쟁탈전이라고 부른다. 잘 먹어 덩치가 커진 수컷일수록 가장 격렬하게 싸워 더 많은 암컷을 차지할 수 있기 때문이다. 그러나 다른 한편으론 덩치가 큰 암컷 역시 마음에 들지 않는 수컷의 접근을 힘으로 막을 수 있다.

이들은 유충 때만 중세식 향연을 즐기는 것이 아니다. 성체 또한 좋은 음식을 찾아다닐 줄 안다. 이 때문에 이들은 좀 특이한 내륙 침공을 한다. 바닷가에 사는 약사, 시계수리공, 조향사, 세탁업자들은 사업장으로 날아드는 이 파리들 때문에 곤욕을 겪었다는 특이한 증언을 많이 하고 있다. 그 원인은 이들 파리 성체가 트리클로로에틸렌을 좋아하기 때문이다. 트리클로로에틸렌은 민감한 물건의 세척 및 향수와 용제의 기반 물질로 쓰인다.

물론 트리클로로에틸렌은 자연적으로 생성되는 물질은 아니다. 그러나 부패하는 해초와 비슷한 달콤한 냄새를 풍기고 파리들은 이 냄새를 좋아한다. 그래서 파리들이 이 물질이 있는 가게로 몰려드는 것이다. 사족을 덧붙이자면 나에게도 썩은 해초의 냄새는 특이하다. 그래서 나는 많은 파리가 썩은 해초를 먹어주는 것에 감사하고 있다.

켈프파리는 그 모두가 해안의 분해 전문가라는 특징이 있다. 자신들의 서식처인 해안에서만 활동하고 다른 곳에서는 활동하지 않는다. 바닷가에 계속 떠밀려온 해초들이 이들의 활약으로 분해되지 않는다면 어떻게 될까. 특이하게도 켈프파리들은 온화한 해안선에 머물러 있는 경향이 있다. 그러나 다른 해안파리과들은 열대 지역의 지배자다. 축축한 해초 속에는 똥파리, 뿌리구더기파리, 검은청소파리(꼭지파리과)가 있다. 이들 파리 군집들은 먹성이 어찌나 좋은지, 켈프를 물에 녹을 만큼 잘게 분해하여 다음 만조 때 파도에 쓸려가 버리게 할 정도다.

물가파리과의 해안파리들은 해안은 물론 호숫가에도 산다. 이들 부식성 속들 중 일부는 소금물파리brine fly(에피드라Ephydra)로 알려져 있다. 염기도나 염도가 매우 높은 환경에서 살기 때문이다. 예를 들어 알칼리파리alkali fly 에피드라 히안스Ephydra hians는 북미 전역에서 볼 수 있다. 그 유충은 염호 밑바닥의 퇴적물이나 조류를 먹고 산다. 이들은 숨을 쉬기 위해 수면 가까이 올라올 필요가 없다. 광합성을 하는 조류로부터 산소를 얻기 때문이다. 더욱 놀랍게도, 물속에서 성체들이 관찰되는 경우도 있다. 이들은 일종의 공기통을 메고 물속으로 잠수한다. 이 공기통은 다름 아닌 다리털에 매달린 공기 방울이다. 떼로 발견되는 경우도 있다. 캘리포니아주 모노 호수는 이들이 떼 지어 사는 곳으로 유명하다. 이들은 공기통 덕분에 수중에서도 먹이를 먹을 수 있다.

마크 트웨인Mark Twain은 1872년에 쓴 책 《유랑Roughing It》에서 이 파리들을 물속에 가둬 놓으면 좋지 못한 결과가 초래될 것이라고 말했다. 또한 그는 파리들이 인간에게 유익한 여흥을 제공하기 위해 특별히 공부라도 한 듯이, 풀어놓으면 태연하게 걸어 나온다고도 지적했다.

쓰레기통에서건 해변에서건, 이들 초식성 분해자들은 엄청난 활약을 하고 있다. 식물 세포벽은 소화하기가 매우 어려워 식물이 죽은 후에도 제대로 분해되지 않는다. 이들 작은 분해자들이 식물 세포벽을 분해해 놓아야 마침내 그 속의 필수 영양소들이 자연으로 돌아갈 수 있는 것이다. 이 위대한 일을 하는 파리목 곤충들에게 영광 있으라!

4장
분식성 파리목

왕도 철학자도 숙녀도 똥은 싼다.

미셸 드 몽테뉴 Michel de Montaigne

식물성 소재의 분해가 너무나 명백한데도 종종 평가절하되는 과정이라면, 동물 배설물의 분해는 좀 재미는 없지만 누구나가 다 언급하는 필수적 과정이다. 프랑스의 괴짜 곤충학자인 장 앙리 파브르Jean Henri Fabre는 현대 곤충학의 아버지로 추앙받는다. 그는 무시받는 야수인 파리목에 관한 글도 많이 썼다. 그 글에서 나타나는 그의 파리목에 대한 시각은 이렇다.

◀ 이 정기준표본은 털북숭이파리terrible hairy fly, 모르모토뮈아 히르수타*Mormotomyia hirsuta*이다. 너무나도 적절한 이름이 아닐 수 없다. 정기준표본이란 새로 발견된 종의 이름과 설명을 정하는 데 쓰이는 표본을 뜻한다.

"사람들은 파리목을 불쾌하고 더러운 곤충으로 생각한다. 그러나 사실은 그렇지 않다. 그들은 이 세계를 인간들이 살 수 있을 만큼 청결하게 만들기 위해 열심히 일하고 있다."

파리목을 포함해 동물 배설물을 먹고 사는 모든 생명체를 분식성 생물이라고 부른다. 영어로는 coprophagous인데, 그 어원은 그리스어로 똥을 의미하는 copros다. 파리목의 성체와 유충 모두 배설물 및 그 주변에서 발견된 기록이 있다. 그러나 보통 진화적으로 더욱 발달된 유충(구더기)이 배설물을 취식하도록 적응한 경우가 많다. 자연 속에 방치된 배설물을 자세히 관찰해보면 그 위를 노니는 파리목 성체들을 관찰할 수 있다. 배설물과 같은 부영양 기질에 그들이 자식을 낳지 않을 이유가 무엇일까. 배설물은 영양분이 풍부한 작은 보고다.

배설물을 분해하는 파리목의 종은 매우 많다. 너무 많아 말하기도 귀찮을 정도다. 그 이유는 무엇일까. 배설을 하지 않는 동물은 극소수다. 즉 배설물이 너무나도 안정적인 식량 공급원이 될 수 있다는 뜻이다. 배설하지 않는 동물에는 명주잠자리의 애벌레인 귀신벌레, 꿀벌, 개미의 애벌레 등이 있다. 정확히 말하면 이들은 번데기가 될 때까지 배설물을 몸속에 저장해두는 것이다. 왜냐하면 이들은 애벌레 시기에 움직이지 않기 때문이다. 앉은 자리에서 계속 배설을 한다면 집이 어떻게 될지야 너무 뻔한 얘기 아닌가.

중국의 전설 속 부富를 상징하는 동물인 비휴貔貅는 어느 날 천국의 방바닥에 똥을 싸 놓았다. 이는 천국의 법 위반이었다. 비휴는 그 대가로 항문이 봉해지는 벌을 받았다. 다행히도 현실 속에서 그런 벌을 받은 동물은 없다.

인터넷에서 동물의 배변주기를 검색해보면(나도 해보았다), 소(하루에 26킬로그램), 불곰(하루에 3.3회) 등 다양한 동물들의 해당 사항에 대해 연구해놓은 과학자들의 기록들을 볼 수 있다. 특히 코끼리의 배변은 정말 대단하다. 하루에 약 100킬로그램의 대변을 눈다. 1년이면 약 40톤꼴이다. 인간은 평균 하루에 1킬로그램을 배변한다. 기쁘게도, 지난 30년 동안 화장실 아닌 야외에 인간이 대변을 배설하는 횟수는 위생 시설의 보급 및 증대로 꾸준히 감소했다. 그러나 여전히 인간은 야외에도 배변을 하고 있고, 이는 어떻게든 처리되어야 한다.

대변 이야기가 언제나 간단히 풀리는 것은 아니다. 오스트레일리아의 야외에 가축이 방목되었을 때가 그 사례다. 그 이전에는 분해자 군락이 매우 잘 돌아갔다. 캥거루 등 오스트레일리아의 고유종 대형 동물이 분해자들과 함께 수천 년 동안 공진화를 했기 때문이다. 일부 분해자들은 유대류 숙주가 배설을 할 때까지 몸에 들러붙어 있을 만큼 매우 친밀한 관계로 발전하기도 했다. 숙주가 배설을 하면 누구보다도 먼저 가서 배설물을 먹는 것이다.

그러던 어느 날, 오스트레일리아에 소가 등장했다. 이제까지 읽은 분들은 다들 아시겠지만, 소는 크고 물기 많은 대변을 꽤 빠른 속도로 배설한다. 소가 오기 전의 오스트레일리아에는 쇠똥구리 등 쇠똥에 맞게 적응한 곤충이 없었다. 오스트레일리아에는 소와 유사한 동물이 없었기 때문이다. 오스트레일리아는 유대류 등의 무태반 포유류들이 점령하고 있었고, 그 외의 포유류는 쥐와 박쥐 정도만 있었다. 그러나 인간이 그 모든 것을 바꿔놓았다. 13종의 유제류를 가지고 상륙한 것이었다. 이 유제류 중에는 낙타와 돼지, 그리고 앞서 말한 가장 중요한 소도 있었다.

현재 오스트레일리아에는 3,000만 마리의 소가 산다. 이들은 매 시간마다 1,200만 회의 배변을 한다. 엄청난 수치다! 그러나 이 많은 쇠똥을 치워줄 쇠똥구리는 없다. 쇠똥은 매우 수분

함량이 높은 데다가 섬유질도 많고, 크고 끈적거리며 냄새까지 지독해 농부의 골칫거리다. 다행히도, 다른 종의 곤충이 이 일을 놓치지 않고 떠맡았다. 바로 덤불파리bush fly, 무스카 웨투스티시마Musca vetustissima다. 훨씬 더 흔한 종인 집파리 무스카 도메스티카Musca domestica의 친척이다. 무스카 웨투스시티마는 이 새로운 풍부한 식량 공급원을 게걸스럽게 먹어 치웠고, 그 위에서 교미하고 알을 낳았다.

이후 1880년대부터 1960년대까지 이 파리들은 오스트레일리아 전토를 휩쓸었고 너무 수가 많이 늘어나 소뿐 아니라 인간에게까지도 골칫거리가 되었다. 흔히 말하는 '오지Aussie(오스트레일리아인을 부르는 속어-옮긴이)식 인사'라는 말도 이 파리들 때문에 나왔다. 현지인들이 얼굴에 들러붙은 이 파리들을 떼어내는 동작에서 유래된 것이다. 양털 깎기의 필수품인 코르크 햇을 쓰지 않으면, 엄청난 수의 파리가 얼굴에 들러붙는다. 다행히도 여러 번의 시행착오 끝에 과학자들은 오스트레일리아에 수입 가능한 쇠똥구리를 발견함으로써 쇠똥을 분해하고 인간들의 건강을 지킬 수 있었다.

무스카 웨투스티시마는 오스트레일리아에서 오랫동안 큰 문제를 일으켰다. 그러나 세계적인 관점에서 볼 때, 그 파급력은 무스카 도메스티카에 비교할 정도는 못 된다. 무스카 도메스티카는 동물과 인간의 건강에 가장 큰 악영향을 준 생물로 꼽힌다. 그러나 이를 강화하는 것이 다름 아닌 우리 인간의 습성이다. 무스카 도메스티카는 인간과 편리 공생하는 가장 친한 식사 친구다. 편리 공생이란 한쪽만 이득을 얻고 다른 한쪽은 어떤 효과도 얻지 못하는 공생 관계다. 그들은 인간이 있는 곳이라면 어디라도 간다. 인간은 모든 종류의 폐기물을 어디라도 뿌리고 다니는 깔끔치 못한 생물이기 때문이다.

집파리의 종류는 현재까지 발견된 것만 4,000종이 넘는다. 그중 극소수만이 인간과 실질적인 상호 관계를 맺고 있지만, 이 외에도 대부분이 배설물을 분해하면서 생활을 영위하고 생태학적인 역할도 하고 있다. 그러니 이들에 대한 적개심을 좀 줄여 주시기를 바란다.

곤충학자인 내 관점에서 볼 때, 집파리는 크고 툭 튀어나온, 몸 색이 불그스름한 경우가 많은 매력적인 생물이다. 이들은 파리 중에서 얼굴 털이 가장 많다. 털도 얼굴 전체에 걸쳐 아무렇게나 마구 나 있다. 그러나 이 털들이 난 위치와 각도를 자세히 보면, 종을 판별하는 중요한 분류학적 단서가 될 수 있다.

집파리는 또한 엄청난 거리를 이동할 수 있는 능력을 보유했다. 과학자들은 이들에게 방사능 태그를 붙여, 이들이 출발지에서 16킬로미터까지 떨어진 곳까지 이동할 수 있음을 알아내었다. 그렇게 이들은 식량 공급원 사이를 날아다니면서 병원체를 옮기고 더러운 발자국도 남긴다. 인간과 상호 작용하는 종이라면 문제가 될 수밖에 없다. 얼굴파리face fly라는 불길한 통속명으로 불리는 무스카 소르벤스*Musca sorbens*가 그 좋은 사례다. 그 이름에서도 알 수 있듯이 이들은 인간 눈코의 분비물을 먹기 좋아한다. 전 세계의 보건 관료들은 이 파리에 경각심을 가지고 있지만, 그렇다고 뾰족한 수가 생긴 건 아니다. 더군다나 인간은 집

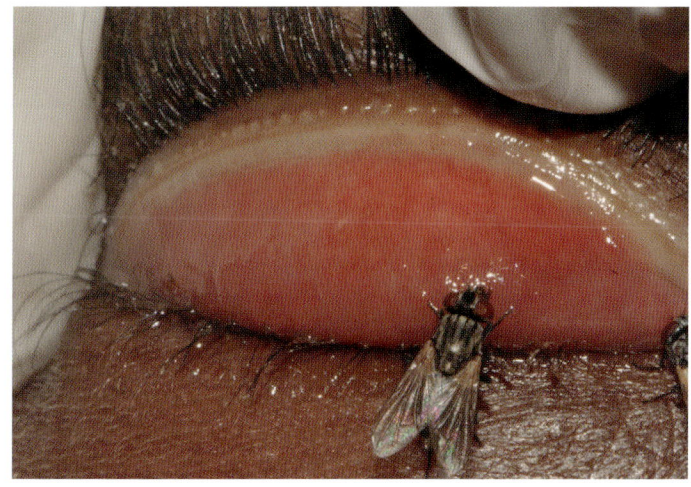

눈꺼풀을 뒤집으니 그 속에 숨어서 식사를 하고 있던 얼굴파리 무스카 소르벤스가 나왔다. 이 파리는 쇠똥과 개똥도 매우 좋아한다.

근처에서 가축을 기르기 좋아한다. 자연히 이 파리들과 이들이 나르는 병원체와의 접촉 빈도도 높아졌다.

검정파리는 집파리와 마찬가지로 인간과 인간 배설물 주변에서 쉽게 볼 수 있다. 그리고 이들 역시 병원체 전파자라는 낙인이 찍혀 있다. 1929년, 중국 빈민가에서 진행된 연구에 따르면, 검정파리에 속하는 루킬리아*Lucilia*종, 칼리포라*Calliphora*종이 개체당 평균 350여만 마리의 박테리아를 싣고 다닌다고 한다. 하수도의 하수는 박테리아의 보고다. 하수가 부영양화되어 조류가 창궐하면, 살모넬라균, 대장균 등의 유해 박테리아들을 먹여 살릴 풍부한 식량 공급원이 생긴다. 부영양화는 수중 산소 농도를 낮추고 기존의 수중 동식물들을 죽일 수도 있다.

과거에는 농업에서 생산되는 분뇨를 오니 상태로 농장 밖에 내다 버리는 것이 전통이었다. 농촌을 경유할 때 지독한 냄새가 났던 게 바로 이 때문이다. 그러나 현대 농업에서 생산되는 분뇨는 이 방법을 쓸 수 없을 만큼 그 양이 많다. 무스카종은 대량의 분뇨를 재활용하고 처리할 수 있는 사실상 유일한 생명체다. 우리는 이 대량의 분뇨에 기죽는 대신 파리를 유용하게 이용하여 처리할 방법을 연구하기 시작했다. 현대 농부들은 가축의 분뇨 처리 외에도, 신뢰성 있고 품질이 높은 식량을 저렴한 가격에 공급해야 한다는 까다로운 목표 역시 가지고 있다. 연구자들은 현재 이 파리의 유충을 이용해 동물 배설물을 제거하고, 이 유충을 동물 사료로 사용하는 방안의 타당성을 연구하고 있다.

배설물을 좋아하고 그 처리에 도움을 줄 수 있는 생물은 집파리 말고도 또 있다. 파리목 중 30개 과에 배설물을 분해하는 종이 있다. 이 중 13개 종은 배설물을 주식으로 삼고 있다. 배설물을 가장 잘 먹는 파리목은 헤르메티아 일루켄스 *Hermetia illucens*다. 동애등에 Stratiomyidae 과에 속하는 종이다. 이 곤충은 금속색의 외골격을 갖추어 병사파리라고도 불리는데, 훌륭한 외관이 꼭 군복을 입은 것처럼 보이기 때문이다. 영국에서는 크기가 커질수록 소령, 중령, 대령, 준장 등으로 부르기도 한다. 가장 크기가 큰 동애등에는 물론 대장으로 불린다.

성체의 모습은 매우 놀랍다. 일부는 눈에 줄무늬가 있고 또 다른 일부는 몸이 금속색이다. 일부는 엉덩이가 매우 크다. 나는 박물관 수장 표본에서 그 파리들을 보면 밴드 퀸 Queen의 노랫말을 절로 흥얼거리게 된다.

"엉덩이가 큰 파리(원래는 소녀)야. 흔들리는 세계를 돌리는구나."

성체 동애등에는 배설물을 그리 많이 먹지 않는다. 그러나 유충들은 엄청나게 많이 먹는다. 배설물을 포함한 유기 폐기물을 놀랍도록 많이, 그리고 즐겁게 먹어 치운다.

동애등에는 기르기가 무척 쉽기에 기르는 사람과 구매하는 사람들의 만남 또한 매우 활발하다. 하수 처리 업계와 축산 업계를 위해 동애등에를 기르는 상용 및 가내 공장은 전 세계에 세워져 있다. 누구나 가축 배설물 처리를 위한 '동애등에 공장'을 구입할 수 있다.

공장의 작동 방식은 다음과 같다. 양계 농가에서 동애등에 유충을 길러 유충들에게 닭똥을 급여한다. 그리고 동애등애 유

부지런한 동애등에 헤르메티아 일루켄스는 금속색 외골격을 지닌 세계 최강의 재활용 업자다.

충들이 번데기가 되면 이 번데기를 닭들에게 먹이는 것이다. 매우 깔끔하고 간소한 시스템이지만, 모든 일을 해주는 파리들에게는 불공정하다. 일을 해주고 나면 성체가 되기도 전에 잡아먹혀 버리니 말이다.

이 불쌍한 파리들이 배설물 처리와 가축 사료 급여에 유용한 이유를 보다 더 자세히 뜯어보자. 우선, 이들의 성장 속도는 놀랍도록 빠르다. 알이 부화하는 데 4일밖에 안 걸린다. 또한 배설물을 단백질로 바꾸는 효율이 곤충들 중 최고 수준이다. 닭 모이로 급여되는 동애등에의 유충과 번데기의 단백질 함량은 42퍼센트. 그 외 칼슘과 아미노산 등의 필수 영양소도 있다. 미국에서 실시된 실험에서는, 동애등에를 급여받은 민물 새우와 다른 먹이를 급여받은 민물 새우의 차이는 몸 색깔뿐이었다. 그 외에 다른 차이는 발견할 수 없었다.

누군가는 곤충을 동물 사료로 주는 것이 마음에 들지 않을지도 모른다. 그러나 곤충을 분해한 다음 밀가루나 단백질 보조제 등을 첨가하면 인간과 가축을 위한 식량으로 사용할 수 있다는 것 자체는 부정할 수 없는 사실이다. 물론 그렇다고 동물 배설물을 먹은 곤충을 반드시 먹을 필요는 없다. 누군가는 이것 역시 싫어할 것이다. 하지만 곤충을 먹는다고 해서, 인간이 아닌 곤충에게 적응한 병원체가 인간에게 전파되지는 않는다. 그보다는 돼지, 소, 닭에게 적응한 병원체가 인간에게 더욱 잘 전파된다. 이 가축들은 지방, 수분, 체온 등에서 인간과 유사한 신체 구조를 가지고 있기 때문이다.

배설물을 분해하고 식량을 공급하는 것 외에도 동애등에의 기능은 많다. 이들은 질병의 전파도 막아준다. 재래식 영농에 비해 가축 배설물의 양을 적게 유지함으로써, 병원체를 옮기는 분식성 파리목 곤충들의 전파도 그만큼 낮출 수 있다. 동애등에는 정말로 매우 유용한 작은 생물이다. 양식장에서 동애등에를 사료로 활용함으로써 바다에서의 어류 남획을 막을 수 있다. 또한 특수 반려동물의 사료로도 사용할 수 있다. 다양한 동물의 사료로 동애등에를 판매하는 '피닉스 웜Phoenix Worm' 웹사이트에서는 "당신의 반려동물에게 가장 좋은 음식을!"이라는 태그 라인을 달고 있다. 또한 동애등에가 수의사들이 추천하고, 대형 동물원에서도 사용하는 사료라고도 밝히고 있다.

농축산 배설물 밖으로 시야를 넓혀보자. 다른 동물들의 배설물과 파리는 어떤 관계를 맺고 있을까? 당연한 얘기지만 박쥐도 배설을 한다. 그리고 동굴 속과 바위 위에는 박쥐의 똥인 구아노가 매우 높이 쌓여 있다. 일례로 페루 해안 앞바다의 친차제도에는 가마우지들이 쌓아 올린 구아노가 50미터 높이로 쌓여 있다. 다른 배설물과 마찬가지로 이것 역시 귀중한 영양소의 보고이며, 이 덕분에 특이한 모양의 쌍시류들을 많이 볼 수 있다.

박쥐와 살아가는 뮈스타키노비아 젤란디카 *Mystacinobia zelandica* 도 그중 하나다. 이 종은 뉴질랜드에서만 볼 수 있다. 하지만 그 외에도 뉴질랜드에서만 볼 수 있는 파리목 종들은 많기 때문에 여기까지는 그리 특이한 부분이 없다. 그러나 이 종은 분류학, 생물학, 생태학적 면에서 매우 특이하다. 심지어 발견된 경위도 특이했다.

1976년 뉴질랜드 곤충학자인 비버리 홀러웨이 Beverley Holloway 가 뮈스타키노비아 젤란디카를 최초로 발견했다. 당시에는 이 종이 파리목에 속하는지도 확신하기 어려웠다. 파리목의 주요 형태학적 특징들이 없거나, 있어도 모습이 달랐기 때문이었다. 이들은 도저히 파리목 같아 보이지 않았다. 성체는 암컷과 수컷 모두 날개가 없고, 거미처럼 길고 가느다란 다리가 있다. 발끝에는 큰 발톱이 있다. 박쥐의 털을 붙잡거나 헤쳐나가기 쉬운 외양이다. 어둠 속에서 사는 동물들이 흔히 그렇듯이, 이들도 눈이 작으며 그 용도도 제한적이다.

기묘한 모습을 한 뉴질랜드 박쥐파리bat fly 뮈스타키노비아 젤란디카, 발끝에 달린 발톱으로 숙주인 박쥐의 털을 붙잡고 헤집으며 움직인다.

    이들 파리들의 실체가 처음으로 기록된 것은 홀러웨이가 이들에게 이름을 붙여주기 10년 전이었다. 오스트레일리아 동물학자인 피터 드와이어Peter Dwyer는 뉴질랜드산 작은 짧은꼬리파리short-tailed bat를 연구하고 있었다. 그는 자신의 논문에서, 자신이 뉴질랜드산 박쥐 세 중 종 두 종에서 파리를 채집했다고 밝했다. 또한 그는 H. E. 그루브너H. E. Grubner가 채집된 박쥐(얼마 후 다시 도망쳐 버렸다)에게서 매우 특이하게 생긴 생명체를 발견했다고 밝혔다. 처음에 그 생명체는 체외 기생충으로 여겨졌다. 체외 기생충이란 숙주에게 유해한 방식으로 공생하며 취식하는 생물이다. 그러나 뉴질랜드 박쥐에게서는 그 외의 어떤 체외 기생 파리목 생물도 발견된 적이 없다. 더구나 뉴질랜드 박쥐들은 큰 나무에 살기 때문에 이들을 연구할 기회가 제한적이다. 홀러웨이와 과학에게는 다행스럽게도, 작은 짧은꼬리파리가 살던 나무 하나가 쓰러지는 횡재가 있었다. 이 덕분에 연구자들은 박쥐들이 다른 곳으로 가버리기 전에 파리목 곤충들을 채집할 기회를 얻었다.

홀러웨이 역시 충분한 개체수의 곤충을 채집하여 두 가지 사실을 알아냈다. 우선, 장 분석을 통해 이 곤충들이 박쥐의 피를 빨지 않는다는 것을 확인했다. 이 곤충들의 위에서는 박쥐의 피가 발견되지 않았고, 그 대신 구아노가 있었다. 이 말인즉슨 이들은 체외 기생충이 절대 아니란 얘기였다. 이들은 박쥐와 기생 관계가 아니라 공생 관계였다. 박쥐의 서식지 주위를 청소해주는 동물이었다.

두 번째로 홀러웨이는 분류학적인 특징도 알아냈다. 이 파리는 기존에 발견된 흡혈박쥐파리과가 아니었다. 완전히 새로운 과에 속해 있었다. 이 종에는 뮈스타키노비아 젤란티카라는 학명이 붙었다. 뮈스타키노비다이(Mystacinobiidae)과 및 해당 속에서 현재까지는 유일한 종이다. 성체는 복부팽대형이다. 즉, 여왕개미나 여왕흰개미처럼 배가 불룩하다는 것이다. 난소와 정소도 매우 커서 번식 속도가 그만큼 빠르다. 알에서 부화한 유충의 발달도 빠르다. 20일 만에 발달이 완료된다. 유충은 구아노를 먹으며 성장한다.

이 파리들은 다른 파리뿐 아니라, 대부분의 곤충들에도 없는 정말 놀라운 점을 지니고 있다. 개체들이 스스로만 챙기는 게 아니라 다른 개체들까지도 돌본다는 것이다. 이들은 소규모의 사회를 구성해 함께 생활하고 있다. 사실 이는 이들의 생활 특성상 필수적인 부분이라고 할 수도 있다. 구아노는 매우 끈적임이 심한 물질이기 때문이다. 그리고 파리들은 머리와 앞다리 외에는 혼자서 씻을 수 없다. 몸의 다른 부위를 씻으려면 동료가 필요한 것이다. 성체를 씻어주는 것은 성체뿐만이 아니다. 유충들도 성체를 씻어주는 것이 관찰되었다.

내가 아는 진정한 파리 공동체는 몇 되지 않는다. 홀러웨이는 이 파리 수컷들이 '시끄럽게 운다.'라고 표현했는데, 그것은 곤충학계에서 들을 수 있는 말 중 가장 이상한 축에 드는 말이다. 그 말의 진짜 의미는 수컷들이 울음소리를 낸다는 뜻이었다. 그러나 나 역시 진의를 이해하기 전까지는 감도 잡을 수 없었다. 수컷들은 몸을 진동시킨다. 밀폐 공간에서는 이게 지직거리는 울음소리로 들린다. 이는 유충들을 포식자로부터 보호하려는 억제책으로 추정된다. 그리고 수컷보다는 덜하지만 암컷도 같은 행위를 한다고 한다. 이는 현재까지 관찰된 것 중 쌍시류가 진정한 의미의 공동체에 근접한 사회상을 이룬 유일한 사례다.

구아노를 먹는다고 여겨지는 파리과는 또 있다. 이들은 케냐 동부의 동굴에 산다. 그리고 뉴질랜드박쥐파리New Zealand bat fly보다도 더욱 희귀할지 모른다. 이 종의 학명은 모르모토뮈아 히르수타다. 이 종은 모르모토뮈다이과 모르모토뮈아Mormotomyia 속을 대표하는 유일한 생물로, 한때 이 종이 멸종했다고 생각한 적도 있었다. 박물관 수장품 중에도 이 종의 표본은 매우 희귀하다. 런던의 자연사 박물관에도 이 종의 표본은 딱 두 개뿐으로, 각각 1933년과 1948년에 채집된 것이다.

최근까지 곤충종들은 형태학적 특징으로만 묘사되어왔다(요즘은 유전 정보도 사용한다). 그러나 그 방법은 이 종을 연구하는 데는 큰 도움이 되지 않았다. 이들은 날개가 없고 날씬한 데다

털북숭이파리 모르모토뮈아 히르수타의 머리. 아마도 지구상에서 가장 희귀한 동물 중 하나일 것이다.

가 엄청나게 털이 많다. 그래서 학명을 직역한 털북숭이파리라는 별명으로 불린다. 암컷과 수컷 중에서는 수컷이 더 털이 많다. 또한 수컷이 덩치도 더 크고 다리도 더 길다. 이 종의 외부적 특징은 다른 종과의 유사점을 찾기 힘들다.

1936년 모르모토뮈아 히르수타를 기록한 인물은 잉글랜드의 쌍시류 연구자 에드워드 오스틴Edward Austen이다. 오스틴은 시험 삼아 이 종을 애기똥파리Sphaeroceroidea상과의 가시날개파리Heleomyzidae과 근처에 두었다. 그러나 다른 연구자들은 매우 다른 상과인 이파리Hippoboscoidea상과에 놓았다.

이러한 분류학적 문제에 대한 해법은 아직까지 나오지 못했다. 표본 자체가 너무 오래되었기 때문에 분자적 기술을 사용할 수 없었던 것이다. 과학자들은 이 환상의 파리를 다시 한번 잡기 위해 표본이 처음 나왔던 동굴로 여러 차례 원정을 떠났지만, 그 누구도 성공하지 못했다. 그래서 이 종의 표본은 수장고收藏庫의 서랍 안에서 묘한 자세로 누워 잠자고만 있다. 아니, 얼마 전까지는 그랬다.

2010년, 그리고 2011년 케냐로의 후속 원정을 통해 로버트 코플랜드Robert Copeland, 조세파트 부케비Josephat Bukhebi, 애슐리 커크 스프리그스Ashley Kirk-Spriggs, 세 명의 연구자가 이 종을 다시 발견하는 데 성공했다. 그러면서 이 종을 둘러싼 수수께끼 중 일부가 풀리기 시작했다. 쌍시류 연구자들은 이 소식을 듣고 크게 흥분했다. 전통 매체와 전자 매체에서 모두 이 작은 곤충 때문에 평지풍파가 일었다. 〈데일리 메일Daily Mail〉의 보도 내용을 인용해본다.

"62년 동안 보이지 않았던 아프리카산 털북숭이파리, 케냐 오지의 동굴에서 용감한 쌍시류 연구가들에 의해 다시 발견되다!"

용감한 쌍시류 연구가란 말은 사실 동어 반복이다. 왜냐하면 모든 쌍시류 연구가는 용감하기 때문이다!

뉴질랜드박쥐파리와 마찬가지로, 이들도 처음에는 체외 기생 파리로 여겨졌다. 그러나 현재는 구아노를 섭취하는 것으로 여겨진다. 새로운 표본 덕택에 과학자들은 형태학적 및 분자적 분석을 할 수 있었다. 이제 털북숭이파리는 과거와는 달리 물가파리상과로 분류된다. 물가파리상과는 애기똥파리상과와 이파리상과 사이에 위치한다. 해안파리와 초파리를 포함하는 상과다. 이런 유의 발견이 오랫동안 풀리지 않았던 분류학의 수수께끼를 풀어주는 점은 매우 흥미롭다. 그리고 더더욱 흥미로운 점은 이 종이 아직 멸종하지 않았음을 알게 된 것이다!

이 파리는 매우 제한된 지역에서만 발견되었다. 이제 연구자들은 이 파리의 서식 조건을 알아내고, 서식 조건이 비슷해 다른 개체가 살 수도 있는 케냐의 또 다른 지역을 알아내기 위해 이 파리의 생활사를 연구하고 있다. 이 종은 현재 알려진 바로는 지구상에서 가장 희귀한 생물로 판단된다. 그러나 국제자연보전연맹International Union for the Conservation of Nature의 적색 목록(멸종 위험성이 가장 높은 동물 목록)에는 올라 있지 않다. 그 사랑스러운 털투성이 외모를 본 사람들이라면 누구나 이 종의 보호를 위해 단결할 만한데도 말이다.

박쥐 이외에도, 다양한 동물의 배설물을 먹는 파리과들이 있다. 그중에는 웜뱃파리wombat flies도 있다. 가시날개파리과 중 24개 종이 웜뱃의 배설물을 먹는다. 이 과는 잡식성이기는 하지만, 이 과에 속한 많은 종은 배설물을 선호하는 편이다.

한편 인간의 배설물과는 달리, 웜뱃의 배설물은 작은 직육면체 모양이다. 왜 그런 모양인 걸까 궁금해질 수밖에 없다. 웜뱃의 괄약근이 그런 모양을 뽑아낼 만큼 특별한 것일까? 그럴 수도 있고 아닐 수도 있다. 그 이유는 아직 알아내지 못했지만 웜뱃이 매우 긴 소화관을 지니고 있다는 것은 밝혀졌다. 음식이 완전 소화되는 데 몇 주나 걸릴 수도 있단 뜻이다. 즉 배설물에서 수분을 빼낼 시간이 그만큼 길다는 뜻이다. 웜뱃의 배설물은 포유류의 배설물 중에서 제일 건조하다. 이런 것을 먹고 사는 파리가 있다는 데에서, 파리가 얼마나 강인한지를 또 한 번 알 수 있다.

오스트레일리아의 쌍시류 연구가인 데이비드 맥알파인David McAlpine은 이 파리들에 대해서 가장 철저히 연구한 사람이다. 그는 오랫동안 오스트레일리아 전역을 돌아다니며 많은 파리들을 채집했다. 그런데 그가 채집한 파리 중에 어떤 것은 좀 이상했다. 이 때문에 그 파리에 공식 명칭이 붙은 것은 무려 2017년이 되어서였다.

이 파리가 처음 발견된 것은 1970년대 오스트레일리아 동남부에서였다. 수십 년 동안 맥알파인파리McAlpine's Fly(채집자의 이름을 따서)라는 이름으로 불리면서, 비공식적인 토론, 그리고 논문에서의 논의가 이루어졌다. 최근까지 이 파리의 생태에 대해 제대로 기록된 적도 없고 학계의 공식 명칭이 붙은 적도 없었다.

그러나 과학자들은 마침내 이 파리가 분류학적으로 쇠파리상과에 속한다는 것을 알아냈다. 아마도 뉴질랜드박쥐파리의 자매 집단일 것이다. 두 파리 모두 유충은 성장 초기 단계에는 배설물을 먹는다. 이 파리는 조금이라도 그 실체가 알려져 있는데도 오랫동안 이름이 정해지지 않았던 유일한 사례다. 정식으로 분류가 된 현재도, 풀어야 할 분류학적인 수수께끼가 아직 많이 남아 있다.

내가 좋아하는 또 다른 똥파리들은 꼭지파리Sepsidae과에 속한 검은청소파리black scavenger fly다. 이들의 종수는 비교적 적다.

전 세계적으로도 약 300종 정도다. 그러나 이들은 배설물에 엄청난 밀도로 몰려든다. 나는 배설물 위에서 날갯짓하며 무도회를 벌이는 이들의 모습을 여러 시간 동안 관찰한 적도 있다. 더 정확히 말하자면, 수컷들이 암컷을 유혹하기 위해 배설물 위에서 춤을 췄다. 이 파리과는 교미 성공에 필요한 모든 장점을 갖추고 있다. 수컷의 날개에는 점이 있는데, 이 점은 날개를 치는 중에도 암컷의 눈에 잘 보인다. 암컷 또한 최음 효과가 있는 냄새를 풍긴다. 수컷은 교미 중 암컷을 붙들고 제어하는 데 쓰이는 특수 기관, 즉 교미기를 발달시켰다.

내가 예전에 간 어느 학회의 기조연설은 오직 이 파리의 연애 및 번식 전략에 관한 것이었다. 그 기조연설에는 동영상도 나왔는데, 연구실에서 꼭지파리과 파리들의 키스, 애무, 교미 장면을 찍은 것이었다. 참고로 영상이 재생되던 시각은 아직 9시도 채 되지 않은 이른 아침이었다.

날리니 퍼니아무어시 Nalini Puniamoorthy라는 연구자는 〈사랑을 위해 모든 것을 바치다 Bending for love〉라는 이름의 멋진 논문을 썼다. 그는 성선택 sexual selection에도 관심이 있는 사람이었기에 이 파리들이 가진 특이한 형태의 다리와 배우자 위에 올라타는 방법 간에 관계가 있는지를 조사했다. 여러 종의 파리 수컷의 다리에는 갈고리나 털이 있다. 그 때문에 암컷의 몸 위에 쉽게 올라탈 수 있다. 날리니와 동료들은 이러한 외형적 특징이 어느 순간부터 진화해온 것이며, 이러한 특징을 지닌 모든 파리들은 동일한 방식으로 암컷의 몸 위에 올라탄다는 것을 알아냈다. 암컷의 등 위로 뛰어오른 다음, 다리로 암컷의 날개 뿌리를 신속히 움켜잡아 몸을 지탱하는 것이다.

그러나 다리에 갈고리 또는 털이 없는 파리들은 다른 전략을 사용한다. 그런 측면에서, 나는 오뤼그마 룩투오숨 *Orygma luctuosum*을 좋아한다. 이 종의 요염한 수컷은 암컷의 등에 뛰어오른 다음 앞다리와 가운뎃다리로 암컷의 가슴을 움켜잡는다. 처음에 세게 움켜잡아야 암컷이 수컷을 떼내려고 몸을 뒤척여도 달라붙어 있을 수 있다.

특이한 성행위로 말하자면, 똥파리 중 가장 악명 높은 것은 똥파리과일 것이다. 그들 중 일부는 진정한 변태다!

똥파리과 역시 비교적 종수가 적은 편으로, 현재까지 약 250종의 생태가 보고되어 있다. 주로 북반구에서 많이 볼 수 있다. 똥파리라고 불리지만 모두가 다 배설물을 먹고 사는 것은 아니다. 그러나 똥파리*Scathophaga*속은 배설물을 엄청나게 좋아한다. 이 속에는 아까 말한 변태도 포함돼 있다.

똥파리속 암컷은 유충을 기르기에 최적의 환경이란 이유에서 막 배설한 배설물을 좋아한다. 배설물 그 자체가 유충의 먹이가 되기 때문이다. 또한 유충은 이 배설물에 있는 다른 곤충의 유충도 잡아먹을 수 있다. 그래서 수컷은 배설물 주변의 식물이나 배설물 자체에서 암컷이 오기를 기다린다. 그리고 암컷이 오면, 수컷은 암컷에게 돌격한다. 암컷 하나를 차지하려고 많은 수컷들이 암컷 위에 올라타서 싸움을 벌이고, 암컷이 낑낑거리는 모습은 흔하게 볼 수 있다. 이 와중에 불쌍한 암컷이 날개나 다리, 심지어는 생명을 잃는 경우도 있다.

배설물을 먹는 파리과는 이 밖에도 많다. 그중에는 작고 뚱뚱한 몸매의 작은 똥파리 스파이로케리다이Sphaeroceridae도 있다. 영국의 곤충학자 해럴드 올드로이드는 어디에서나 볼 수 있는 이 파리들이 은근히 성공적이라고 평했다. 수컷 및 암컷 성체의 뒷다리 제1발목부는 제2발목부보다 더 굵고 짧다. 보통 몸색깔이 짙고, 덩치가 작고, 강인한 생명체다. 이 과의 많은 종들은 식량과 배우자에게 접근하는 혁신적인 방법을 알고 있다.

지금으로부터 100여 년 전, 쇠똥구리의 등을 타고 다니는 모습이 처음으로 기록되기도 했다. 암컷 파리들은 쇠똥구리의 등에 올라탄 채로 돌아다니면서 유충들에게 먹일 신선한 배설물

작은 똥파리들이 쇠똥구리의 등에 타고 있다.

을 쉽게 찾아낸다. 수컷 파리들 역시 쇠똥구리의 등을 타고 다니면서 신선한 배설물을 찾아오는 암컷들을 제일 먼저 만난다. 이들은 쇠똥구리의 등에 있는 홈 안에 살면서, 암컷이 산란하는 중에도 가까이 모여 지내는 것으로 알려져 있다. 쇠똥구리를 숙주로 삼아 다니면, 쇠똥구리의 항문 분비물까지도 먹이로 삼을 수 있는 이점도 누릴 수 있다.

무척추 배설물 공급자를 타고 다니는 파리는 이들뿐만이 아니다. 또 다른 작은 똥파리종인 아쿠미니세타 팔리디코르니스 *Acuminiseta pallidicornis*는 서부 카메룬에 사는 큰 지네를 타고 다니며 알도 지네의 똥에 낳는다. 물론 모두가 편승형(편승이란 숙주의 몸을 빌려 물리적으로 이동하는 것을 말한다)은 아니다. 모험을 좋아하는 파리들도 있다. 심지어 날개 없는 작은 똥파리는 여러 준

남극 도서 지역의 바닷새 군락에 산다. 그중 아나탈란타*Anatalanta* 종의 성장 기간은 유난히 길다. 성체의 성장 기간은 5~9개월에 달한다. 낮은 기온이 성장을 방해하기 때문이다. 배설물도 풍부하지 않은 환경이지만, 성체의 건조 체질량 중 40퍼센트가 지방이다.

이 장을 마무리하려니 떠돌이파리, 오니 구덩이를 그 무엇보다도 사랑하는 악명 높은 쥐꼬리구더기를 언급하지 않을 수 없다. 쥐꼬리구더기는 꽃등에 에리스탈리스 테낙스*Eristalis tenax*의 유충이다. 꽃등에에 대해서는 2장에서 간단히 설명했다. 이들은 더러운 퇴적물이나 부패한 액체를 좋아한다. 즉 인간의 활동과 그만큼 오랫동안 연관을 맺어왔다는 말이다.

이들의 유충은 물의 오염도를 나타내는 주요 지표이기도 하다. 물지 않는 각다귀의 밝은 적색 수생 유충인 붉은장구벌레가 그러하듯이 말이다. 쥐꼬리구더기는 기다란 사이펀을 지니고 있다. 이 사이펀은 세 개 부위로 나뉘어 있으며, 몸길이의 약 여섯 배까지 길이를 늘일 수 있다. 쥐꼬리구더기의 몸길이는 최대 2센티미터이지만, 사이펀은 기록된 것만 최대 15센티미터에 이른다. 파리목 생물 중에서 가장 긴 호흡관이다.

꽃등에 에리스탈리스 테낙스의 유충은 파리목 중에서 가장 긴 호흡관을 가지고 있다. 이 호흡관은 늘어난다.

쥐꼬리구더기는 정원 폐기물에서 쉽게 볼 수 있다. 박물관에서도 그 해괴한 모양 때문에 호기심을 품은 관람객들이 많은 질문을 해오는 생물이다. 대부분의 사람들은 그런 더러운 환경에서 사는 생물도 인간에게 유익할 수 있다는 사실을 믿으려 하지 않는다. 그렇기에 그 성체가 매우 매력적이고 유용한 존재임을 알게 되면 무척 놀라워한다.

이 곤충들이 없다면 우리가 사는 세계는 매우 달라졌을 것이다. 영국에서 실시된 연구에 따르면 소 배설물에서는 파리 201종, 인간 배설물에서는 183종이 발견되었다. 소에게 접근하는 파리들 대부분이 쇠똥을 먹는다는 사실도 밝혀졌다. 그러나 인간 배설물에 날아드는 파리들이 그걸 먹는지, 거기에 알을 낳고 그 유충들이 배설물 위의 다른 생물을 포식하는지까지는 잘 알지 못한다. 물론 이 문제에 대한 시민 과학 프로젝트를 시작해야 한다고까지는 보지 않는다. 다만 아직도 우리가 배워야 할 것이 많다고는 느낀다.

5장

시식 파리목

친구는 여행을 도와준다.
좋은 친구는 시체를 나르는 것을 도와준다.

스티븐 J. 대니얼스 Steven J. Daniels

벤자민 프랭클린은 이렇게 말했다. 죽음과 세금 외에는 확실한 것은 아무것도 없다고 말이다. 그의 말마따나 살아 있는 모든 것은 언젠가 죽는다. 그럼 죽고 난 후에 그 시체는 어떻게 될까? 화장되지 않을 경우 사람의 시신 역시 다른 동물의 사체와 마찬가지로 부패할 것이다. 만약 시체가 부패하지 않는다면, 도로와 야외 곳곳에 시체들이 무질서하게 널려 있는 모습을 보게 될지도 모른다.

◀ 청파리 유충의 머리. 눈은 보안경을 쓴 것처럼 생겼다. 송곳니도 있다.

다행히도 자연의 장의사들은 생명체가 죽자마자 바로 일을 시작한다. 성체 파리들은 시체를 찾아와서 알을 낳는다. 시체를 해체·제거하는 일 대부분은 이 알에서 태어난 유충의 몫이다. 이 작은 청소부들이 없다면, 지금쯤 지구상에는 시체가 사람 무릎 높이까지 쌓여 있을 것이다.

시체를 먹는 시식종 파리목들이 진화를 이룬 것은 쇠똥구리와 마찬가지로 비교적 최근이다. 즉 지금으로부터 6,600~2,600만 년 전에 시작되었다. 다르게 말하면 공룡 시대에는 이런 파리목들이 없었다는 얘기가 된다. 이 때문에 동식물 사체의 부패한 모습은 파리목의 출현을 기점으로 확연히 다른 모습을 보인다. 파리목은 사체 청소에 제일 먼저 뛰어들어 거기에 맞게 진화한 생물은 아니다. 그러나 현재 파리목은 밀도와 효율 면에서 제일 중요한 청소 곤충이 되었다. 이들은 죽은 사체만 먹는 것이 아니라, 살아 있는 생물의 죽어가는 중이거나 죽은 일부분도 먹는다.

이러한 활동의 효과는 상황에 따라 긍정적일 수도 부정적일 수도 있다. 부정적인 효과는 구더기증이다. 구더기증은 파리목 유충이 척추동물 숙주에 일으키는 기생충 감염이다. 그리고 구더기증은 그 이름만큼이나 지독한 질병이다. 하지만 이에 대해서는 나중에 다시 얘기하고 지금은 긍정적인 효과부터 논해보

자. 인간은 이들이 제공하는 긍정적인 효과를 무려 수천 년 동안 부상 회복 치료에 이용해왔다.

성경이 과학책에 언급되는 일은 그리 많지 않다. 그러나 욥기 24장 20절을 보면 이런 말이 나온다.

"모태조차 그를 잊고 구더기가 그를 빨아 먹네."

이 책에서 말하는 그 구더기가 맞다. 그리고 욥기 이전에도 고기를 먹는 구더기에 대한 기록은 많았다.

기원전 4세기, 유명한 그리스 철학자 아리스토텔레스Aristoteles는 자연발생설을 주장했다. 그는 일부 동물들은 부모에게서 태어나지만 파리를 비롯한 일부 동물들은 썩은 식물이나 장기 분비물 등에서 부모 없이 그냥 생겨난다고 보았다. 그의 이론은 당대는 물론 무려 17세기까지 정설로 여겨졌다.

그러다가 이탈리아의 의사이자 자연 애호가인 프란체스코 레디Francesco Redi가 아리스토텔레스의 이론이 틀렸음을 입증하는 실험을 처음으로 해 보였다. 1862년 화학자이자 미생물학자인 루이 파스퇴르Louis Pasteur도 간단한 실험을 통해 레디의 주장을 보강했다. 원뿔형 플라스크에 고기를 넣고 끓인 다음, 플라스크의 입구를 봉하자 고기에서는 아무것도 생기지 않았다. 그러나 플라스크의 입구를 열자 고기에서 파리가 생겨났다. 이는 결코 자연발생설의 기적 때문이 아니었다. 파리가 방치된 고기에 제일 먼저 와서 알을 낳는 생물이기 때문이다.

아리스토텔레스가 왜 헛갈렸는지 독자 여러분들은 알아챌 수 있을 것이다. 그는 파리가 어디에서 오는지, 더 정확히 말하면 어떻게 그리 빨리 오는지를 몰랐던 것이다. 현재 알려진 바에 따르면 검정파리과의 검정파리 중 일부 종은 엄청나게 멀리 떨어진 사체도 탐지할 수 있다. 무려 16킬로미터 떨어진 사체를 찾아온 경우도 있다.

하와이에서 일하는 법의곤충학자인 매디슨 리 고프Madison Lee Goff 박사는 파리들의 이동 속도 또한 매우 빠르다는 것도 알아냈다. 불과 10분 만에 온 사례도 있다. 파리는 그만큼 신속하며 또 그래야 한다. 부패하는 사체는 그 속성상 상태가 계속 변하는 식량 자원일뿐더러 다양한 성장 과정의 다양한 곤충종이 서로 치열한 경쟁을 벌이는 식량 자원이기 때문이다.

파리목 중 시식성 과는 크게 다섯 개가 있다. 검정파리, 집파리, 쉬파리, 병사파리, 잡동사니파리과가 그들이다. 물론 이외에도 많은 과의 여러 종들이 시식성이다. 이 중 검정파리과는 사체 분해에 관련된 파리목 중 가장 숫자가 많다. 검정파리과는 검정파리 외에도 청파리, 금파리 등이 속해 있다. 이들의 성체는 가장 식별이 쉬운 축에 속한다. 그런 한편 이들은 구토자이기도 하다. 이것이 집파리 및 집모기들 중에서 이들이 가장 혐오되는 이유다.

이들은 현장에 도착하자마자 일하기 시작한다. 사체에 수천 개의 알을 낳아놓는 것이다. 이 알들은 경우에 따라서는 산란 이후 불과 수 시간 만에 부화한다. 하수도 유충에게 좋은 영양 공급원인데, 사체라면 더 말할 것도 없다. 더구나 유충기는 파리목의 생애주기에서 매우 중요한 시기이므로 유충은 사체를 열심히 뜯어먹는다.

사체에 파리가 도착하는 종별 순서는 예측이 가능하다. 또한 사체의 부위와 부패 정도에 따라 찾아오는 파리의 종도 달라진다. 이러한 현상을 범죄 수사에 활용할 수 있다. 〈CSI〉 같은 TV 프로그램 덕택에 법의곤충학은 오늘날 매우 잘 알려진 학문 분야가 되었다. 실제로 그런 프로그램 때문에 법의학 과목을 수강하려는 학생들도 늘어나고 있다.

그러나 법의곤충학 자체는 전혀 새롭지 않은 학문이다. 검정파리는 오래전부터 인간을 돕고 있었다. 고전적이지만 재론할 가치가 충분한 사례 하나를 들겠다. 최초로 기록된 법의곤충학 사례다.

중국 남송의 법률가 겸 검시관이었던 송자宋慈는 자신이 쓴 법의학 교과서 《세원집록洗冤集錄》에 다음과 같은 살인 사건을 기록했다. 1235년 어느 작은 마을에서 농부 하나가 낫에 찔려 살해당한 사건이 발생했다. 송자는 범인을 알아내기 위해 마을의 모든 농부들에게 낫을 챙겨서 모이라고 했다. 그리고 모인 사람들을 그저 기다리게 했다. 따가운 볕 아래에서 사람들이 지쳐갈 무렵, 파리들이 나타나기 시작했다. 그리고 그 모든 파리들이 어떤 농부의 낫으로만 몰려들기 시작했다. 그 농부는 크게 놀라 범행 일체를 자백했다. 그는 범행을 저지르고 나서 낫에 묻은 혈흔을 완벽히 제거했다고 생각했지만, 파리는 미량의 범행 흔적을 놓치지 않았다.

그로부터 700년 후, 파리는 살인범을 가려내는 유력한 증거로 다시 한번 쓰이게 된다. 이번에는 영국에서였다. 런던 자연사 박물관에는 유명한 통이 하나 있다. 그 속에 사상 최초로 살인범 기소의 유력한 증거로 쓰인 구더기들이 들어 있다.

벅 럭스턴Buck Ruxton 박사는 1930년대 잉글랜드 랭커셔에서 개업한 일반의로, 지역 공동체에서 인망이 두터운 사람이었다. 그런데 1935년 9월, 스코틀랜드 덤프리스의 작은 골짜기에서 토막 난 여성 시체 두 구가 신문지에 싸인 채 발견되었다. 럭스턴 박사가 살던 곳에서 160킬로미터 떨어진 곳이었으나 시체를 감싸고 있던 신문지가 실마리가 되었다. 그 신문은 전국지였으나 한 페이지가 럭스턴 박사가 사는 곳의 지방판에만 실려 있던 것이었다. 그리고 공교롭게도 럭스턴 박사의 아내와 하녀가 같은 시기에 실종되었다. 자연스럽게 럭스턴 박사는 유력 용의자로 몰렸지만 그는 모든 혐의를 부인했다. 그러면서 하녀가 임신을 했는데, 임신중절 수술을 받으려고 아내와 함께 집을 비웠을 뿐이라고 주장했다.

그러나 곧 그에게 매우 불리한 법의학적 증거 두 개가 나타났다. 첫 번째는 두개골학적 증거였다. 시체 중 한 구의 두개골을 럭스턴 부인의 얼굴 사진과 대조해본 결과, 럭스턴 부인의 두개골임이 드러났다. 두 번째 증거는 시체에서 채집한 구더기들이었다. 이 구더기들은 에든버러대학교의 곤충학자 알렉산더 먼스Alexander Mearns 박사에게 보내져 조사를 받았다. 먼스 박사는 이 구더기들이 매우 흔한 검정파리인 칼리포라 비키나 *Calliphora vicina*의 유충임을 알아보았다. 이 유충들은 썩은 고기를 먹는 종

칼리포라 비키나는 매우 흔한 검정파리인 동시에 지독하게 철저한 수사관이기도 하다. 이 파리의 유충 덕택에 1930년대 벅 럭스턴 살인 사건을 해결할 수 있었다.

이다. 또한 그는 이 구더기들이 부화한 지 12~14일 정도 지났다는 사실도 알아냈다. 즉, 시체가 그곳에 놓인 지 2주 이상이 되었다는 것이다.

이는 살인 행각이 벌어진 시간에 대한 결정적 단서를 제공했고, 이로써 럭스턴의 진술에서 허점이 드러났다. 그는 아내와 하녀가 2주 전에 집을 나갔다고 주장했기 때문이다. 그 외에도 럭스턴이 범행을 저질렀음을 입증하는 증거들은 많았다. 결국 럭스턴은 유죄 판결을 받고 교수형에 처해졌다.

지난 80년 동안 법의곤충학은 발달에 발달을 거듭했다. 미국에는 '시체 농장'이 여러 군데 있다. 여기서는 기증받은 시체에 다양한 상태의 의상을 입히고 다양한 장소에 방치한 다음, 시체에 모여드는 곤충의 순서를 연구한다. 오스트레일리아에도 시드니 인근 블루마운틴스에 최초의 시체 농장이 세워졌다. 현재까지는 이곳이 미국 이외의 나라에서 볼 수 있는 유일한 시체 농장이다.

영국에서는 돼지 사체로만 실험이 가능하다. 런던 자연사 박물관에는 '구더기 맨'으로 불리는 법의곤충학자 마틴 홀 Martin Hall 이 많은 사람들의 도움을 받아가며 법의곤충학의 다양한 측면을 연구하고 있다. 우리 박물관의 유명한 탑에는 방문객들을 절대 실망시키지 않는 볼거리가 있다. 연구자들이 다양한 실험에 사용하는 구더기들을 담은 실험용 접시들이 그것이다.

곤충학자들이 탑 인근의 임시 숙소에 며칠간 머물고 있을 때면 이 접시에서 탈출한 파리가 계단을 타고 날아 내려와 함께 점심 식사를 하려고 한다. 그 파리가 탑 위층에서 내려왔는지 어떻게 아냐고? 그들이 가장 상태가 좋은 표본들이기 때문이다. 어두운 실내조명 속, 최상의 영양 조건에서 자라났기 때문에 알 수밖에 없다.

시체 농장을 이용하면 야외에서 시체의 분해에 영향을 주는 다양한 요인들을 완벽히 연구할 수 있다. 물론 호기심 많은 인간과 배고픈 척추동물들의 영향은 배제하고 말이다. 그리고 시체 분해의 단계별로 걸리는 기간도 알 수 있다. 예를 들어 목매달려 죽은 시체는 쓰레기통에 처박힌 시체와는 부패가 다르게 진행된다.

나는 이렇게 다양한 세부 사항 중 많은 부분을 논의하는 학회에 참석한 적이 있다. 매달린 시신은 부패되는 대신 그을리며 말라간다. 이 경우, 상당히 오랜 시간이 흐른 뒤에도 구더기는 별로 끓지 않는다. 구더기들이 들러붙어 창궐하기가 쉽지 않기 때문이다. 얼마 후 나는 어느 라디오 방송에서 이에 대해 이야기할 기회를 얻었다. 방송이 나가고 어느 매우 건강한(본인 주장으로는) 80대 여성으로부터 죽은 후 자신의 시신을 연구용으로 기증하고 싶다는 편지를 받았다. 그러나 나는 그 제안을 정중히 거절할 수밖에 없었다.

시신이 놓인 위치 외에도, 구더기의 증식에 영향을 주는 외부 요인은 많다. 기온 등 국지적, 또는 매우 국지적인 요인들이 그것이다. 그중에는 마약도 포함된다.

1980년대 후반, 하와이의 법의곤충학자 매디슨 리 고프는 다른 곤충학자로부터 전화를 받았다. 고프에게 전화를 건 그 곤충학자는 칼에 찔려 죽은 여성의 시체에서 구더기를 채집했다. 특이하게도 구더기들이 모두 크기가 달랐다. 이는 구더기들의 나이가 다 다를 수도 있다는 얘기로, 이 때문에 그녀의 사망 시점을 특정하기 어려웠다. 그런데 마침 당시 고프는 의약품, 특히 코카인이 구더기의 성장에 주는 영향을 조사하고 있었다.

그는 자신의 책 《기소하는 파리 A fly for the Prosecution》에서, 실험용 토끼에게 코카인을 투여하기 위해 동물보호및사용위원회 Animal Care and Use Committee에 출원했던 얘기, 그리고 합법적으로 코카인을 구입하기 위해 겪었던 일들을 매우 재미있게 들려주고 있다. 그는 결국 실험 진행 허가는 얻었지만 코카인은 직접 구입하지 못하고 경찰서에서 기증받아 써야 했다.

그래서 고프는 전화를 받았을 때 코카인 이야기가 나올 줄 짐작했다. 전화를 건 상대방도 그 점을 인정했다. 고프는 오랫동안 이야기한 끝에, 피해자의 시체로 약물 실험을 해봤냐고 물었다. 코카인은 아드레날린을 모방하여 인간에게 행복감을 주는 강력한 자극제다. 고프는 구더기들에게 코카인을 투여하면 더욱 빨리 자란다는 것을 알아냈다. 검시 결과, 코카인이 검출되었으며 크기가 큰 구더기들은 주로 시체의 코 부분에서 나왔다. 코카인은 보통 코로 빨아들여 흡입하기 때문이다.

이 새로운 연구 덕택에 고프는 사망 시각을 특정할 수 있었다. 코카인의 영향을 받은 구더기와 그렇지 않은 구더기 간의 성장 속도 차이를 알고 있었기 때문이다. 이를 이용하여 예전에는 몰랐던 피해자가 사망한 시각도 알게 되었다. 피해자의 코카인 흡입 이력 덕택에 알아낸 사망 시각은 곤충이 아닌 다른 증거들을 통해 추측한 사망 시각과도 일치했고, 이를 범인이 피해자에게 한 행동과 연계할 수 있었다.

법의곤충학 외에도 구더기는 인간에게 여러 방면으로 유용하다. 검정파리는 사망 시각을 알려줄 뿐 아니라, 때로는 사람의 죽음을 막기도 한다. 이 과의 종들은 부상 부위나 시체의 괴저 부위를 먹는 데 특화되어 있다. 개방 부상 부위에는 괴저가 있는 경우가 많은데, 적시에 치료하지 않으면 사지를, 심하면 생명마저도 잃게 된다.

환부에 구더기를 푸는 것은 고전적이지만 효과적인 괴저 치료 방법이다. 전설에 따르면 칭기즈 칸도 군대를 움직일 때 언제나 대량의 구더기를 가져가, 전투에서 입은 부상을 신속히 치료할 수 있게 했다고 한다. 역사가 흘러가면서 위대한 전사의 시대는 거대한 전쟁의 시대로 바뀌었다. 대전쟁 중에서도 미국 남북 전쟁은 특히 잔혹했다. 이 전쟁에서 발생한 전사자는 최소 50만 명 이상으로 추정된다. 이 중에는 전투 중에 직접 살상당한 사람도 있지만, 절지동물이 옮기는 질병과 형편없는 위생 상태로 죽은 사람도 상당수다. 의사들은 구더기에 감염된 환부가 그렇지 않은 환부보다 더 빨리 낫는다는 것을 얼마 못 가 알았다. 그래서 환자들의 환부에 구더기를 일부러 투여하게 되었다.

버나드 그린버그Bernard Greenberg는 저서 《파리와 질병 제2권. 생물학과 질병 전파Flies and Disease II. Biology and Disease Transmission》에서 존 포니 자카리아스John Forney Zacharias 의사의 말을 인용했다.

"버지니아주 댄빌의 병원에서 근무할 적, 나는 괴저 환자들의 환부를 치료하기 위해 구더기를 투여했다. 효과는 매우 만족스러웠다. 하루가 지나자 병원이 보유한 어떤 의약품보다도 상처를 깨끗이 치료해주었다. 나는 이후에도 구더기를 여러 장소에서 애용했다. 그들 덕택에 많은 사람들을 살리고 패혈증을 치료했으며, 신속한 완치를 얻어 냈다고 확신한다."

그 외에도 현재에 이르기까지 구더기를 이용해 부패한 조직을 제거한 치료 사례는 얼마든지 있다. 이러한 기법을 변연절제술debridement이라고 한다. 현재는 이런 기법에 사용되는 파리들을 양식하는 공장이 전 세계에 있다. 가장 많이 쓰이는 검정파리는 흔한 금파리인 루킬리아 세리카타이다. 연구에 따르면 이 파리의 유충은 방부 살균 물질인 알란토인을 분비한다고 한다. 이 마법의 물질은 상처의 치유와 세포 발달을 돕기 때문에 화장품을 포함한 여러 상품에도 쓰이고 있다. 현재 밝혀진 바에 따르면 알란토인의 유효 분자는 요소다. 인간 오줌의 주성분이기도 한 요소는 세포의 재생을 촉진하고 병실 감염을 막는 효과가 있다.

또한 구더기는 결핵과 MRSA(메티실린 내성 황색포도알균 감염)를 줄이는 '치유 증기'를 배출하는 능력이 있다. 지금으로부터 약 100년여 전, 요크셔 출신의 아서 브라이언트Arthur Bryant는 낚시 미끼로 쓰려고 구더기를 길렀다. 그러다가 구더기를 다른 용도로도 쓸 수 있다는 것을 깨닫게 되면서 '구더기 진료소'를 차렸다. 독자 중 비위가 약한 사람은 이어지는 이야기를 거르시는 편이 좋겠다. 매년 여름 그는 주로 동물원에서 동물 사체를 18톤씩 받아다가 이 사체들을 숲속에 가져다 놓았다. 금파리를 유인해 알을 낳게 하기 위해서였다. 사체 썩는 냄새는 무려 5킬로미터 밖에서도 맡을 수 있었다고 한다. 그렇게 해서 사체에 구더기가 생기면, 구더기를 수거해 구더기 진료소로 가져간다. 스티븐 토머스Stephen Thomas는 자신의 책《외과 치료와 환부 관리 Surgical Dressings and Wound Management》에 이런 글을 남겼다.

"구더기 진료소에 온 환자들은 구더기가 들어 있는 통 옆에 앉아서 구더기가 토해내는 증기를 흡입하면서 책을 읽거나, 자기들끼리 이야기하거나, 카드놀이를 하면서 시간을 보낸다."

그러나 페니실린과 설파제가 양산 가능해지면서 구더기 진료소의 시대는 끝나버렸다. 내가 감히 추측하기로는 특유의 지독한 냄새도 그 시대의 종말을 불러오는 데 한몫했을 것 같다. 그랬으나 오늘날에 항생제 내성을 지닌 균이 늘어나면서 과학자들은 다시금 구더기의 항생 속성을 연구하고 있다. 그리고 구더기가 내뿜는 증기의 주요 성분을 알아내고, 이를 MRSA 등 항생제 내성을 높여가는 세균 감염증 치료에 적용하고자 한다.

이러한 화학적 이점 외에도, 구더기는 죽은 살을 없애는 능력이 매우 뛰어나다. 적절히 소독된 구더기들은 환부의 죽은 살

또는 죽어가는 살을 먹어 없애 환부를 청결하게 유지하고 조직의 재생을 돕는다. 화농성 당뇨 궤양을 비롯한 악성 감염 및 부상도 구더기로 치료할 수 있다. 환부에 구더기를 투입해 이틀간 두었다가 기존의 구더기를 제거하고 필요에 따라 새 구더기를 투입하는 방식이다. 구더기는 손상되지 않은 조직은 먹지 않기 때문에 환자에게 어떤 손상도 입히지 않는다. 물론 그렇다고 해서 구더기 요법을 늘 권할 수 있는 것은 아니다. 그러나 2003년 의학 박사 로널드 셔먼Ronald Sherman은 기존의 요법과 구더기 요법의 효율성을 비교하면서 다음과 같이 지적했다.

"미국에서 치료되지 않는 당뇨병성 족부 궤양은 당뇨병으로 인한 입원 건수의 25~50퍼센트, 매년 사지 절단 수술 건수(약 6~7만 건)의 대부분을 차지하고 있다."

셔먼은 기존 요법 대신 구더기 요법을 적용할 경우 괴저 조직을 없앨 수 있는 것은 물론, 사지 절단 수술의 필요성도 낮춰준다는 것을 발견했다.

현대에는 의사가 구더기가 든 티백을 처방해준다. 이 구더기 티백을 사용하면, 구더기가 티백 섬유의 망 틈으로 주둥이를 내밀어 괴저 조직을 먹어 치운다. 티백 덕택에 구더기가 아무 곳이나 돌아다닐 수는 없다는 장점도 있다. 그리고 이미 알다시피, 구더기의 배설물도 환부의 치유에 좋다. 이 티백은 이틀에 한 번씩 교체한다. 이렇게 5~6주간 치료하면 환부가 매우 잘 치유된다.

구더기들은 썩은 고기만 먹는 것이 아니다. 치즈에 풍미를 더하기도 한다. 치즈파리(피오필라)라고 불리는 여러 파리들은 축산물을 매우 좋아한다. 이 축산물에는 곰팡이 치즈와 절인 고기도 포함된다. 사르데냐 전통 치즈 중 '카수 마르주'라는 제

검정파리, 또는 금파리로 불리는 루킬리아 세리카타의 성체는 환부의 치유를 돕는 살균 물질을 배출한다.

품이 있는데, 이 제품은 많은 나라에서 판매가 금지되어 있다. 살아 있는 피오필라 카세이 *Piophila casei* 유충이 들어 있기 때문이다. 이 종의 통칭은 치즈파리이다. 이들은 치즈를 파먹으며 발효를 시킨다. 그 때문에 이 치즈의 내부는 부드러운 액체 상태가 된다.

  이 치즈를 먹을 때 구더기는 함께 먹어도 되고 안 먹어도 된다. 다만 어느 쪽을 선택하건 간에, 구더기가 한 번에 15센티미터나 뛰어오를 수 있다는 점은 주의하길 바란다. 그 이동 방법은 다음과 같다. 몸 앞쪽을 늘인 다음, 몸을 구부린다. 주둥이가 꽁무니에 닿도록 말이다. 그러다가 몸을 일순간 펴면 뛸 수 있다.

  나는 이 치즈를 먹은 적이 없다. 예전에는 과학과 호기심을 위해서라면 먹을 수 있다고 생각했다. 하지만 이 치즈에 대해 조금 더 연구해보니 마음이 바뀌었다. 이 종과 그 비슷한 부류의 파리들은 매우 생존력이 뛰어나 매우 산도가 높은 인간의 소화관 속에서도 생존 가능하다. 그리고 주둥이의 갈고리를 사용해 장 내측에 상처를 입히는 경우가 많다. 치즈 하나 잘못 먹어서 내출혈과 위경련을 얻다니, 식사의 결과치고는 썩 좋게 여겨지지 않는다. 우연구더기증은 설사, 통증, 메스꺼움 등 흔히 볼 수 있지만 피하고 싶은 증상을 동반한다. 유충이 인체 내에서 번데기가 되고, 인간의 배설물 속에서 우화했다는 사례 보고도 있다.

한편, 대부분의 성체 치즈파리의 머리는 이상하게 생겼다. 쐐기꼴로 자른 치즈를 연상케 한다. 반면, 치즈파리 중 한 종인 왈츠파리waltzing fly 프로퀼리자 잔토스토마Prochyliza xanthostoma의 성체의 머리는 정말 멋지다. 모양은 원뿔형에 가깝고, 크고 굵은 더듬이가 있다. 이들은 동물 사체를 먹는다. 그 이름에서도 알 수 있듯이 이 파리들의 수컷은 암컷에게 구애하기 위해 춤을 춘다. 또한 이들은 다른 수컷으로부터 자신의 영역(동물 사체)을 지

수컷 왈츠파리 프로퀼리자 잔토스토마의 머리는 원뿔 모양이다. 이는 암컷에게 멋있게 보일 뿐 아니라, 암컷을 얻기 위해 싸울 때도 유용하다.

키기 위해 한판 권투 시합을 벌이며 상대방에게 비 오듯이 주먹을 퍼붓는다.

피오필라에는 또 다른 종인 사슴뿔파리 프로토피오필라 리티가타*Protopiophila litigata*도 있다. 이 파리는 이름과는 달리 뿔이 없기 때문에 과실파리과에 속한 사슴뿔파리와 혼동되지 않는다. 프로토피오필라 리티가타는 빠진 사슴뿔, 또는 죽은 사슴의 사슴뿔에서 발견된다. 이들의 학명을 보면 이들의 습성이 공격적임을 알 수 있다. 왈츠파리와 마찬가지로 이 수컷들은 자기들끼리 겨루기를 좋아하지만, 또 한편으론 함께 모여 다니기도 한다. 이러한 모순적인 습성은 암컷의 배우자 선택 방식은 물론, 특이하게도 수컷의 배우자 선택 방식까지 합쳐진 결과물이다.

수컷은 엉덩이가 큰 암컷을 선호한다. 엉덩이가 크다는 것은 성숙된 알을 많이 품고 있어, 자신의 후손을 그만큼 많이 낳아줄 수 있다는 뜻이기 때문이다. 암컷 역시 덩치가 크고 지배력이 강한 수컷을 찾아다닌다. 암컷을 더 잘 보호할 수 있고 정액의 방출량이 많기 때문이다. 암컷은 교미 후 일부 정액을 내보냈다가 도로 빨아들인다. 파리들 사이에도 로맨스가 생기고 피어나는 것이다.

진화생물학자인 러셀 본두리안스키Russell Bonduriansky, 로널드

사슴뿔파리 프로토피오필라 리티가타의 수컷이다. 뿔이 있어서가 아니라, 사슴뿔에서 주로 발견되기 때문에 이런 이름이 붙었다. 수컷은 짝짓기 하나만을 위해 다른 수컷과 홀로, 또는 무리 지어 싸운다.

브룩스Ronald Brooks는 사슴뿔파리의 짝짓기 습성에 대해 다음과 같이 묘사했다. 수컷은 암컷의 등에 올라탄 다음, 다리로 암컷의 복부 옆을 살짝 두들기고, 배 위쪽을 부절, 성기 측편, 생식지gonopod로 자극한다. 생식지는 특화된 외성기다. 자극을 받은 암컷은 수컷의 생식기와 결합할 수 있는 위치로 자신의 생식기를 늘린다. 이 파리들은 최대 10분이나 교미한다. 두 연구자는 이러한 교미 장면을 관찰하면서 다양한 습성과 타이밍을 발견해냈다. 또한 연구실에서만 조사한 게 아니라, 이들이 원래 사는 자연환경 속에서도 조사했다.

나도 페루에서 이 과의 파리들을 채집한 적이 있다. 아주 약간의 그을린 살가죽을 제외하면, 다른 어떤 것도 남아 있지 않은 소의 두개골에서였다.

해럴드 올드로이드는 《파리의 자연사》에서 이 파리들에 대해서도 썼다. 런던 자연사 박물관의 야외에 코끼리 두개골 17개를 방치해 거기에 날아드는 파리들을 관찰기록한 것이다. 오래전부터 과학자들은 연구 또는 전시해야 하는 동물 골격에서 연조직을 제거하는 데 곤충을 사용해왔다. 현재는 이런 작업을 노천에서 하는 경우는 별로 없다. 대신 '더미스타리움dermestarium'이라는 특별한 시설을 사용한다. 이 시설에서는 수시렁이dermestid beetle들이 작업을 진행한다. 올드로이드는 이렇게 말했다.

"훌륭한 피오필라Piophila들이 모여 있는 것을 보니 지독한 냄새도 어느 정도는 잊혔다."

나는 코끼리 두개골들이 햇빛 속에 누워 있는 것을 보고 사람들이 뭐라고 할지 궁금해졌다. 런던 자연사 박물관에도 더미 스타리움은 있으나 작은 동물 골격용으로만 쓰인다.

시체를 좋아하는 또 다른 파리로 벼룩파리(잡동사니파리)가 있다. 이들이 좋아하는 음식은 매우 다양하다. 그러나 이들 중 어떤 파리들은 시체 내에서 성장하기 때문에 관파리coffin fly라고도 불린다. 이들은 시체라는 매우 특이한 환경에서 여러 대에 걸쳐 생존할 수 있다. 심지어는 입관되어 매장된 시체 내에서도 생존이 가능하다.

이 파리들 중에서 제일 중요한 종은 코니케라 티비알리스 Conicera tibialis으로, 이 종은 전 세계에 걸쳐 살고 있다. 이 종의 유충은 시체가 완전 건조되어야 먹는다. 시체의 완전 건조에는 최소 1년 이상이 소요되는데도 말이다. 이러한 식성 때문에 죽은 지 3~5년 정도 지난 시체에서도 표본이 발견된 적이 있으며, 런던 자연사 박물관의 법의학 연구단 소속 대니얼 마틴 베가Daniel Martin-Vega와 동료들은 심지어 죽은 지 18년이 지난 후에 발굴된 시체 내에서도 팔팔하게 살아 있는 성체를 발견한 적이 있다.

시체를 찾아오는 동물들의 종별 순서를 보면, 파리는 가장 먼저 와서 가장 늦게 떠나는 종이다. 특히 이런 파리들의 몸길이는 3밀리미터를 넘지 않기 때문에, 수 미터 땅속에 묻힌 관 속으로도 들어갈 수 있다. 성체 코니케라 티비알리스는 충분한 시간을 들여 땅속으로 들어간다(나흘간 50센티미터 정도를 파고 들어가는 속도다). 이 종은 날개가 있지만 관파리 중 많은 종들은 풀리키포라 보린쿠에넨시스 Puliciphora borinquenensis처럼 날개가 없다.

풀리키포라 보린쿠에넨시스는 식성과 암컷의 형태뿐 아니라, 짝짓기 관습도 특이하다. 암컷은 강력한 복부 펌핑 운동을 하는 것으로 구애를 시작한다. 이 동작은 수컷을 유인하기 위한 페로몬을 방출하는 것으로 추측된다. 암컷은 자신이 우화한 곳을 떠나 산란장 근처로 가서 돌아다닌다. 그러면 수컷은 네 가지 번식 관습 중 하나를 선택하게 된다.

그중 첫 번째는 내가 수컷의 입장에서 가장 야심만만하다고 보는 것으로, 약 30분 이상 한자리에 머물러 있으면서 가급적 많은 암컷을 잡아 연속으로 교미를 하는 것이다. 옥스퍼드대학교의 곤충학자인 피터 밀러 Peter Miller에 따르면, 이 기간 중 수컷은 분당 0.66마리의 암컷과 교미를 한다고 한다. 그는 매우 실력이 뛰어난 수컷이 30분 동안 45회의 교미를 하는 것도 보았다.

두 번째 방식 역시 수컷이 한자리에 가만히 서 있는 것은 첫 번째 방식과 같다. 단, 산란장에 서 있다가 돌아다니지 않는 암컷, 즉 이미 교미를 했거나 교미 준비가 안 된 암컷과 교미를 하는 것이다.

세 번째 방법과 네 번째 방법은 더욱 놀랍다. 수컷이 돌아다니던 암컷을 낚아채 하늘로 날아오른다. 그리고 공중에서 교미를 하면서 새로운 산란지로 향한다. 만약 새 산란지를 찾을 수 없으면 암컷을 아무 곳에나 떨어뜨려 버린다! 그리고 수컷은 이런 식으로 매우 많은 수의 암컷을 나를 수 있다. 2분에 최대 30마리까지도 가능하다. 그런 와중에 좋은 산란지까지 찾아낼 수 있다면, 이 이상 특이한 교미 습성은 매우 찾아보기 드물 것이다. 이

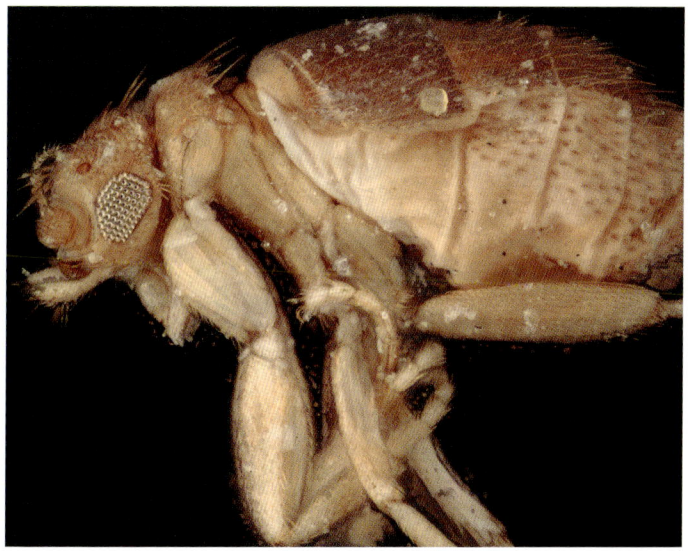

암컷 풀리키포라 *Puliciphora*와 같은 많은 종의 관파리는 날개가 없으며 땅을 파서 시체로 접근한다.

렇게 특이한 교미 습성에 경의를 표하지 않을 이유가 어디 있는가? 수컷은 수컷 개체의 밀도와 연령에 따라 앞서 설명한 네 가지 방식 중 하나를 선택해 사용한다.

잡동사니파리는 인간 시체만 좋아하지 않는다. 메가셀리아속의 여러 종의 유충은 죽은 달팽이에서도 발견된 바 있다. 메가셀리아속은 1,400여 종을 가지고 있는 큰 속이다. 이 종수는 벼룩파리과의 종 중 그 생태가 기록된 것의 거의 절반이다. 이들 종 중 일부는 처음에는 기생성으로 여겨졌는데, 암컷이 살아 있는 곤충에 알을 낳기 때문이었다. 그러나 이는 오인된 것으로, 메가셀리아 스칼라리스*Megaselia scalaris*의 유충은 사실 시식성이다. 썩어가는 고기를 먹는다는 뜻이다.

구문부를 보면 시식성임을 확실히 알 수 있다. 이 종은 다른 시식성 파리 유충과 마찬가지로 구문부에 인두 융기가 있다. 이 융기는 유충이 빨아들이는 액체, 즉 부패하는 시체에서 나오는 액체를 거른다. 그 덕택에 유충은 다량의 부패된 액체는 걸러서 버리고, 그 속에서 부패된 고기만 골라서 먹을 수 있다. 좀 메스껍기는 해도 효율적이다. 또한 놀랍게도 암컷은 숙주의 부상 여부도 알아낼 수 있다(그 원리는 아직 알아내지 못했다). 그를 통해 유충에게 적합한 숙주를 골라준다.

잡동사니파리는 신선한 고기와 묵은 고기 둘 다 좋아한다. 시식성 종이 있는 파리과에서는 드물지 않은 특징이다. 집파리와 나방파리도 숙성 및 부패하고 있는 시체를 먹는 모습이 자주 보인다. 집파리는 시체에 가장 먼저, 또는 가장 늦게 도착하는 곤충이다. 법의학 수사관들은 시체에서 발견된 곤충종의 식별에 매우 주의를 기울인다. 잘못 식별할 경우 사망 시각을 잘못 추정할 수 있기 때문이다.

현재까지 기록된, 시체를 먹는 파리과의 수는 매우 많다.

포르투갈의 법의곤충학자 카타리나 프라도 에 카스트로 Catarina Prado e Castro는 부패한 돼지 사체에 43과의 쌍시류가 몰려든다는 사실을 동료들과 함께 확인했다.

쌍시류는 시체를 없애기도, 환부를 치료하기도 하는, 환경에 필수적인 생물이다. 이들이 좋아하는 환경은 대부분의 인간이 매우 싫어하는 환경이다. 그러나 이들은 비생명에서 생명을 만들어내고, 세상을 더욱 쾌적한 곳으로 바꾸어주고 있다.

6장

채식 파리목

> 나는 채식주의자가 아니다. 나는 동물을 사랑하기 때문이다.
> 나는 채식주의자다. 나는 식물을 싫어하기 때문이다.
>
> A. 휘트니 브라운 A. Whitney Brown

나방, 나비, 잎벌의 유충은 텃밭 농부들에게 가장 큰 재앙으로 잘 알려져 있다. 바로 식물을 먹기 때문이다. 진딧물 역시 그만큼 싫은 존재늘이다. 식물의 진액을 빨아 먹기 때문이다. 내 어머니가 키우던 장미도 진딧물의 공격을 피하지 못했다. 그런데 엄청난 식탐을 지닌 채식 파리목은 저들에 비해 상대적으로 무시되는 경향이 있다. 이들 채식 파리목은 인간에게 병까지 옮기

◀ 혹파리 페르구소니나 *Fergusonina*종은 도금양 Myrtle(도금양과에 속하는 지중해의 소관목 – 옮긴이)의 충영 속에 산다. 이 충영은 혹파리 속에 사는 선충이 만든 것이다. 이는 곤충과 선충 간에서 알려진 유일한 공생 사례다.

는, 더 큰 피해를 끼치는 곤충인데도 말이다.

오해하지 말라. 파리목 곤충들은 배추흰나비나 메뚜기처럼 떼로 몰려다니며 눈에 띄는 모든 것을 먹어버리지는 않는다(비교적 최근인 2015년에는 아르헨티나에 메뚜기 떼가 창궐하기 시작해 길이 6킬로미터, 높이 3킬로미터의 대군을 이루었다). 그리고 이들 역시 생태계에서 매우 중요한 역할을 수행하고 있다.

초식성 종이 있는 파리과는 40개 과에 달한다. 그러나 이들 과 중 초식성 종이 지배종인 과는 소수다. 곤충이건 다른 종이건 모든 초식 동물들은 기초 광합체, 즉 살아 있는 식물과 조류, 박테리아를 먹는다. 이러한 광합체들은 미생물이 많고 썩어가는 식물 사체나, 동물의 뼈에 붙어 있는 썩어가는 살만큼 영양소가 풍부한 식량 자원은 아니다. 그러나 살아 있는 식물도 매우 중요한 성분인 질소를 함유하고 있다. 질소는 아미노산의 주성분이다. 아미노산은 단백질의 구성 물질이다. 또한 요소도 있다. 요소는 생명체의 몸에서 유독성 폐기물을 없애는 데 필수적이다.

채식주의자들에게는 안된 일이지만, 식물은 동물에 비해 질소 함유량이 매우 낮다. 지구 대기의 대부분(78퍼센트)이 질소라지만, 많은 식물들은 대기 속의 질소를 바로 섭취할 수 없다. 대기 중의 질소는 두 개의 원자가 들러붙은 형태인데, 이 원자들은 떼어내기가 어렵다. 이 두 원자를 떼어내는 절차를 고정이라고 한다. 대기 속 질소가 자연적으로 고정되려면 빛을 비춰줘야 한다. 그러나 이 방식은 신뢰성이 낮다. 이러한 까닭에서 식물들은 충분한 질소를 얻기 위하여 더욱 신뢰성 높은 두 가지 방법을 발전시켰다.

첫 번째 방법은 흙이나 비료 속에 있는 질소를 획득하는 것이다. 두 번째 방법은 토양의 암모니아를 흡수하는 것이다. 이 암모니아는 자유생존, 또는 공생하는 박테리아가 고정해놓았다. 이런 방식으로 질소를 획득하는데도 식물의 질소 함유량은 동물만 못하다. 동물의 체질량 중 평균 50퍼센트가 단백질인 데 반해, 식물은 2~5퍼센트에 불과한 것이다.

이게 대체 파리와 무슨 상관이냐고? 파리목 곤충들은 주식과는 관계없이 필요로 하는 영양소가 대체로 비슷하다. 채식 파리들은 먹이 속에 단백질이 부족한 탓에 유충기가 긴 경우가 많다. 유충기는 이들이 살면서 가장 많은 먹이를 먹는 시기이기 때문에 질소가 풍부한 식물의 특정 부위를 주로 먹기도 한다. 식물의 질소 고정 박테리아가 많이 사는 뿌리, 열매 등이 그런 곳이다.

육생 파리 유충이 식물을 먹도록 진화 적응한 것은 그리 오래된 일이 아니다. 대략 1억 년도 되지 않았다. 가장 먼저 나온 파리 유충은 수생이었다. 이 중 일부는 초식성(조류藻類를 먹음)이었다. 그러나 이들도 대부분 부식성 혹은 육식성이었다. 모든 성체는 흡입식으로 취식한다. 물론 다수가 초식성이기는 하지만 식물 본체보다는 꽃가루나 꿀 등의 식물 부산물을 주로 먹는다. 반면 우리가 이 장에서 주로 파볼 파리는 식물 본체를 먹는 종들이다.

파리 유충은 다른 곤충의 애벌레들과는 달리 잎사귀를 파먹는 모습을 좀처럼 보기 어렵다. 파리 유충은 주로 지하로 다니면서 뿌리와 괴경塊莖(덩이 모양을 이룬 땅속줄기)을 먹기 때문이다. 어떤 유충은 식물 속으로 들어가서 살기도 한다. 식물의 표피 바로 아래에 살기도 하고, 훨씬 복잡한 내부 구조 속으로 들어가기도 한다. 식물 동굴 속에 사는 곤충 탐험가들인 셈이다. 이들은 다양한 종류의 식물에 자신들의 집인 충영을 짓는다. 식물들이 자신들의 집을 키우게 할 만큼 똑똑한 녀석들이다.

유충은 식물을 먹이로 삼기도 하지만, 동시에 천적과 환경에 대한 엄폐물로도 삼는다. 쌍시류 유충은 딱정벌레 유충만큼 강하거나 튼튼하지 않다. 그리고 나비나 나방의 유충들처럼 독이

나 가시를 갖추고 있지도 않다. 그렇기에 적으로부터 숨는 것이 최선의 방어책이다. 물론 이 방법 역시 완벽하진 않다. 쌍시류 유충을 공격하는 엄청난 수의 기생충들이 있기 때문이다. 벌목(꿀벌, 말벌, 개미 등)에는 불쌍하고 무력한 파리들을 공격하는 데 특화된 많은 기생충들이 있다.

굴파리Agromyzidae와 잎굴파리holly leaf miner fly 피토뮈자 일리키스*Phytomyza ilicis*의 유충은 호랑가시나무 잎 표면 아래로 숨으면서 '동굴'이라고 불리는 특이한 흔적을 남긴다. 이 종에 체내외에 기생해서 사는 말벌은 최소 3종에 이른다. 또한 푸른박새 등의

기생말벌인 굴파리좀벌, 디글뤼푸스 이사에아*Diglyphus isaea*는 잎굴파리 유충 몸 안에 알을 낳는다. 유충은 이런 포식자들을 피하기 위해 호랑가시나무 잎사귀 외피 밑으로 몸을 숨긴다.

새들도 이 종의 유충을 먹는다.

그러나 모든 초식 유충들이 무수한 위험에 노출된 것은 아니다. 일부는 환경을 이용한 엄폐에 능하다. 엄폐물 덕분에 과도한 자외선과 비바람에도 노출되지 않는다. 그러나 이 또한 허점이 있다. 엄폐물로 쓰던 잎사귀가 땅에 떨어지고 나면 새로운 잎사귀를 찾아 올라가야 하는데 그 과정이 결코 녹록지 않다. 이들 유충들은 잎사귀 막 조직 사이에서 살아가야 하는 생활 환경에 맞추어 크기가 매우 작기 때문이다. 또한 새 잎사귀를 찾으러 가는 데에도 시간이 많이 소요되므로 그때까지는 몸 안에 비축해둔 영양분으로 버텨야 한다. 이러한 한계를 극복한 극소수의 종은 보통 목질부를 먹는 종들이다.

쌍시류 중 아홉 개 과의 일부 유충은 식물 내에서 완전히 생활할 수 있게끔 적응했다. 파리목 전체에서 이러한 적응은 최소 여섯 번에 걸쳐 독립적으로 일어났으며, 그 결과 굴파리, 천공파리, 혹파리 등이 등장했다. 그 대표적인 생물로는 우선 혹파리과에 속한 혹파리를 들 수 있다. 혹파리 유충들은 충영을 만들고 나무에 구멍을 낸다. 그리고 굴파리과에 속한 곤충들은 충영과 동굴을 만든다. 굴파리과 중 가장 원시적인 형태의 생물은 애기각다귀Limoniidae과의 리모니드 크레인파리limoniid crane fly다.

파리의 종 중 현재 그 생태가 묘사된 종은 10,500종이다. 그중 굴을 파는 종은 단 하나뿐이다. 그 종은 하와이에 살고 있다.

이 종의 생태를 처음으로 기록한 사람은 잉글랜드의 곤충학자 퍼시 그림쇼Percy Grimshaw다. 그는 여러 도서島嶼 탐험에서 채집한 여섯 개의 성체 표본에 1901년 디크라노뮈아 카우아이엔시스Dicranomyia kauaiensis라는 학명을 붙여주었다.

현재는 학명이 디크라노뮈아 (디크라노뮈아) 카우아이엔시스 카우아이엔시스Dicranomyia (Dicranomyia) kauaiensis kauaiensis로 바뀌었다. 내게도 이 이름은 영 바보처럼 보인다. 과, 아과, 종, 아종 명이 다 나와 있지 않은가. 하다못해 쉽게 말할 수 있는 이름도 아니다. 그러나 곤충학자들은 이 학명을 통해 이 곤충이 형태학적으로 완전히 독자적인 속과 종에 속함을 확실히 밝히고자 했다.

이후 이 곤충에게 이미 이름이 있는지 몰랐던 다른 학자가 이 곤충의 생태를 묘사했다. 그 학자가 새로 붙인 이름은 후행 이명이 되었다. 후행 이명이란 원래 이름이 있던 생물에 새로 잘못 붙여진 이름을 말한다. 그 학자는 미국의 곤충학자인 오토 스위지Otto Swezey다.

스위지는 파리 연구를 위해 1913년 하와이 제도를 방문했다. 그는 이때 자신이 새로운 종을 발견했다고 잘못 생각했다.

그는 자신이 발견한 곤충에 디크라노뮈아 폴리오쿠니쿨라토르 Dicranomyia foliocuniculator라는 학명을 붙였지만, 실은 그림쇼가 먼저 발견한 종이었다. 이렇게 된 이유는 아마도 그림쇼는 성체만 묘사했는데 스위지는 잎사귀에 생긴 굴(잠엽흔 leaf miner)까지 발견해서였을지도 모른다. 이 굴은 유충이 지나간 자국이자, 유충의 집이다. 스위지는 이걸 가지고 성체를 키워내는 데 성공했다. 스위지가 길러낸 성체는 그림쇼의 묘사와는 다른 부분이 있었다. 그리고 그림쇼는 자신이 본 성체의 그림을 남기지 않았고 굴이나 유충에 대한 기록도 남기지 않았다. 이 때문에 스위지는 자신이 가진 표본을 그림쇼의 것과 비교할 수 없었다. 사실 그림쇼에게도 변명거리는 있다. 그는 오직 성체 표본만 갖고 있었기 때문이다.

분류학자들이 언제나 묘사를 정확하게 하는 것은 아니다. 의외로 이런 실수를 자주 한다. 여러 차례에 걸쳐 묘사되는 종들도 꽤 많다. 예를 들어, 어떤 모기종은 무려 이명이 30여 개나 된다. 물론 스위지가 찾은 종은 실제로는 전혀 신종이 아니었다. 그러나 스위지는 그 종이 만든 굴을 처음으로 묘사해냈다. 또한 그의 연구 논문은 이 종의 발달 단계를 처음으로 묘사한 중요한 글이다. 그럼에도 그가 본 종이 신종이 아니었다는 점은 유감스

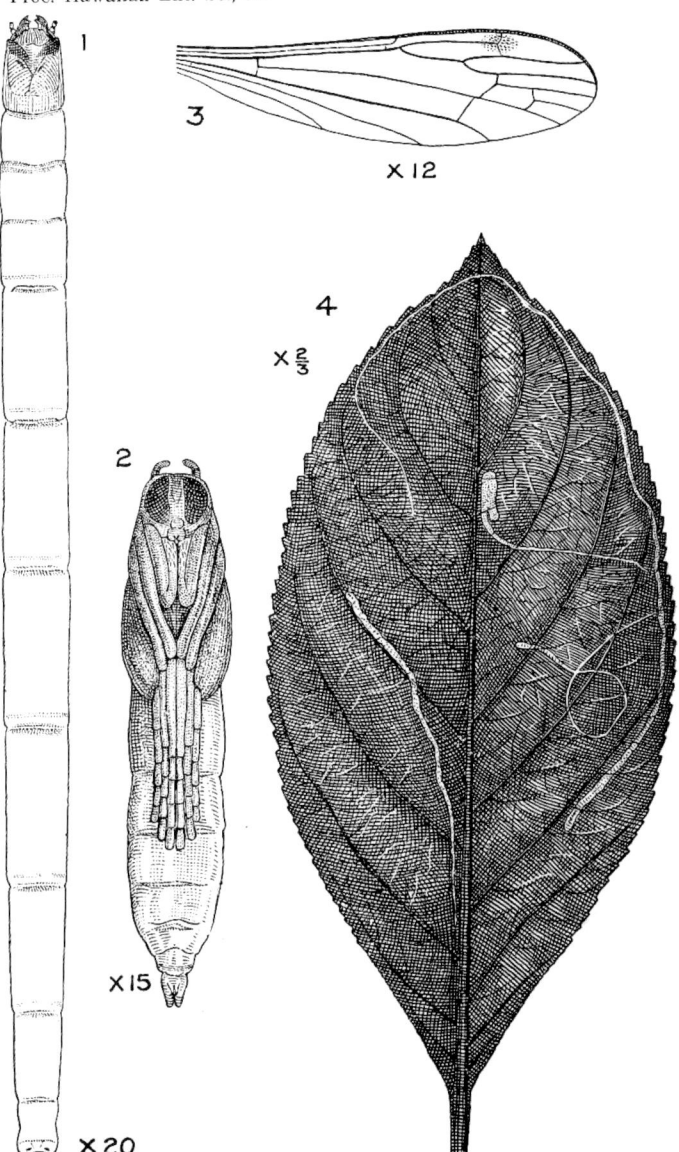

Dicranomyia foliocuniculator. Fig. 1, larva; fig. 2, pupa; fig. 3, wing venation; fig. 4, leaf of *Cyrtandra* showing mines.

잎굴크레인파리|leaf mining crane fly 디크라노뮈아 (디크라노뮈아) 카우아이엔시스 카우아이엔시스에 대해 최초로 발표된 그림.

럽다. 그랬다면 이 특이한 섭식 방식을 지닌 곤충들 중 묘사된 종의 숫자가 두 배가 되었을 텐데 말이다.

이와 가까운 관계인 각다귀과의 긴촉수크레인파리long-palped crane fly 중에도 초식종이 있다. 그러나 이들은 굴을 파는 종이라기보다는 방목종에 더 가깝다. 영국 전역에서 매우 흔히 보이는 크레인파리인 티풀라 팔루도사 *Tipula paludosa*는 잔디밭과 봄 작물에 있어서는 재앙 그 자체다. 좀 더 북쪽에 사는 종인 티풀라 올레라케아 *Tipula oleracea*는 겨울 작물의 재앙이다. 특히 겨울 작물을 심기 전에 기름씨앗 작물을 심었던 밭이라면 더욱 상황이 심각하다. 가죽 재킷leatherjacket이라고도 불리는 각다귀애벌레들은 보통 표토 바로 밑에 살면서 작물의 뿌리를 먹는다. 또한 비가 오면 지상으로 나와서 지상에 드러난 식물의 아랫부분을 먹는다.

1935년 런던의 로드 크리켓 구장Lord's Cricket Ground에서는 이 애벌레들이 너무 심하게 증식하는 바람에 경기를 치를 수 없을 정도였다. 이들이 삼주문 부분의 식물들을 모조리 먹어 치워 버리면서 거의 시즌 내내 스핀 볼러spin bowler(크리켓에서, 공에 스핀을 주어 던지는 볼러. 공이 바운스 될 때 왼쪽이나 오른쪽으로 날카롭게 튀어오른다—옮긴이) 조건이 예측 불능이 되었다. 구장 직원들이 애벌레 수천 마리를 잡아 불태우느라 갖은 고생을 했음은 두말할 것도 없다.

크레인파리는 엄청난 양의 먹이를 필요로 한다. 반면 성체가 되면 먹이를 전혀 먹지 않는 경우가 많다. 대부분의 사람들은 이 과를 모기 등 사람을 공격하는 곤충과 혼동한다. 암컷이 매우 눈에 띄는 산란관을 지니고 있기 때문이다. 그러나 이들은 인간의 피를 전혀 빨지 않는다. 구기도 매우 원시적이라 사람의 살을 뚫을 수 없다.

1993년 작 영화 〈쥬라기 공원Jurassic Park〉은 이런 심각한 혼동을 보여주는 고전적인 사례다. 당시 그 영화를 보던 쌍시류 연구가들은 분개해 혀를 끌끌 찰 수밖에 없었다. 다른 관객들의 관람을 방해할 정도로 말이다. 영화 속 과학자들은 공룡의 DNA를 얻고자 얼핏 암컷 모기처럼 생긴 곤충의 배에서 혈액을 채취한다. 그러나 영화 속의 그 곤충은 사실 모기가 아닌 크레인파리였다. 더욱 우스운 지점은, 그 곤충이 처음 등장할 때는 또 진짜 모기의 영상을 보여줬다는 것이다. 더더욱 우스운 지점은 그 진짜 모기는 암컷 수컷 모두 채식성 모기였다는 점이었고 말이다. 그러다가 채혈 장면에서는 성체 크레인파리로 곤충이 바뀐다.

성체 크레인파리는 혈액은커녕 아무것도 먹지 않는데 말이다.

쌍시류 연구가들을 격분케 한 부분은 이외에도 더 있다. 영화 속에서 채혈을 당한 성체 크레인파리는 암컷도 아닌 수컷이었다! 크레인파리의 암컷은 창 모양의 산란관이 있다. 수컷의 생식기 역시 크긴 해도 암컷의 산란관과는 완전히 다르게 생겼기 때문에 알아보기 쉽다.

이 영화의 팬들 중에는 영화에 나온 모기 든 호박 표본의 복제품을 사고 싶은 분들이 분명 계실 텐데, 그런 분들께 구입 시 충분히 주의를 기울여 살펴보시라 말씀드리고 싶다. 그 물건들에도 대부분 모기가 아닌 크레인파리가 들어 있기 때문이다. 하지만 개인적으로는 크레인파리가 들어가 있어야 그 영화를 상징하는 굿즈답다고 생각한다.

초식 유충들 중 매우 적은 수는 식물에 해를 끼친다. 그중에는 뿌리를 먹을 뿐 아니라, 뿌리에 병을 옮기는 유충들도 있다. 그 사례 중 하나가 브라듸시아 임파티엔스*Bradysia impatiens*다. 나는 이 녀석들이 앉아 있을 때도 잠시도 가만 못 있고 다리를 떠는 모습을 상상하곤 한다. 검정날개버섯파리과의 날개가 어두운 진균각다귀인 이들은 토양 상층에서 식물 뿌리와 조류를 먹는다. 성체 파리는 몸과 얼굴에 다양한 토양 병원체를 붙여 전파한다. 바로 이 점 때문에 유충의 직접 섭식 행위 외에도 또 다른 문제가 발생하는 것이다. 파리 유충들에게 물어뜯겨 약해진 식물들은 다른 질병에 견디는 능력이 떨어질 수밖에 없다.

 초식성 파리 중에서 경제적으로 가장 큰 타격을 입히는 것은 다음의 다섯 종류다. 과실파리(과실파리과), 혹파리(혹파리과), 초파리(초파리과), 잎나방벌레(굴파리과), 녹파리(녹파리과)가 그것이다. 이들은 지구상에서 가장 무서운 소형 초식 동물들이다. 물론 나비, 나방의 유충이 더 많은 식물을 먹고 더 큰 피해를 입힌다. 그러나 사람들은 이들에게 훨씬 관대한 경향이 있다. 그 유충들이 변태하면 매우 아름다운 생명체가 되기 때문이다.

 하와이 제도에서 초파리는 그야말로 광전사 같은 위세를 떨친다. 하와이에서만 볼 수 있는 토착종 초파리가 550종에 달한다. 또 하와이는 미 대륙과 분리되어 있지 않은가? 따라서 여기에 오는 침입종은 매우 빠른 시간 내에 대륙과는 다른 생태적 틈새를 찾거나 기존 틈새를 놓고 토착종과 치열한 경쟁을 벌여 살아남아야 한다. 하와이는 단위 면적당 토착종 파리의 다양성이 가장 높은 곳이다. 하와이에는 토착종 파리 종수가 1,100여 종이나 된다. 반면 영국 본토는 면적이 하와이의 12배나 되는데도 토착종 파리 종수가 1~2종 정도로 추정된다. 다른 개체들과의 거리도 매우 중요하단 사실을 알 수 있다.

자연환경 속의 초파리종 중에는 무해한 것이 많다. 그러나 침입종 초파리 중에는 유해한 것도 있다. 예를 들어 1980년대에 아시아에서 하와이로 상륙한 드로소필리아 수주키 Drosophila suzukii의 사례가 바로 그것이다. 이 종은 유럽에도 전파되고 있으며 과일 농가의 엄청난 골칫거리다. 이 종이 건강한 과일, 그것도 딸기 등 연한 과일을 주식으로 삼기 때문이다. 처음에는 이 종이 영국의 과일 생산에 막대한 타격을 줄 거라고 여겨졌으나 이미 타격이 발생하고 있는 현재 돌아보면, 다행히 영국인들이 대응책을 마련해 잘 실행해온 것으로 보인다.

반면 과실파리는 전 세계 경제에 엄청난 타격을 입혔다. 그 이름에서도 알 수 있듯이 이들은 과일을 좋아한다. 특히 망고, 올리브가 표적 중에서도 가장 상품 가치가 높은 종류이다. 이들은 과일만 먹는 게 아니라, 식물의 가지와 줄기, 뿌리, 꽃도 공격한다. 일부는 충영도 만든다. 메역취혹파리 goldenrod gall fly 에우로스타 솔리다기니스 Eurosta solidaginis는 충영을 만드는 종 중 하나다. 이 종은 주로 북미에서 볼 수 있다. 메역취의 줄기를 공격한다. 겨울에 북미 북부는 매우 추워지는데, 이때 이 종의 유충은 충영 속에 들어가 섭씨 영하 40도의 추위를 견뎌낸다. 식사와 성장을 멈추며, 천연 부동액인 체내 글리세롤의 도움을 받아 혹한기를 넘기는 것이다.

전 세계에서 발견된 과실파리는 약 5,000종이다. 이 중 과실을 공격하고 경제적으로 심각한 타격을 입히는 종의 수는 250종이다. 2007년 세계은행World Bank은 아프리카 대륙이 과일 수출로 벌어들이는 외화가 160억 달러(한화 20조 원 이상), 내수로 출시하는 과일의 금액은 65억 달러(한화 8조 원 이상)라고 추정했다. 그러나 과실파리 감염으로 인해 손해를 입는 금액은 총생산량의 50퍼센트 이상에 달할 것이라고도 추정했다. 만약 과실파리가 없다면 훨씬 더 많은 소득을 올릴 수 있는 것이다.

오스트레일리아 정부는 과실파리 창궐을 매우 경계하고 있다. 방제를 위해 모든 항공편 입국자들에게 약한 살충제를 뿌릴 정도다. 또한 주간州間 과일 수송도 금하고 있다. 과실파리가 덜 창궐하는 나라도 마찬가지다. 영국은 과실파리 창궐을 수차례 겪었다. 그중 다수는 수입 과일이 그 원인이었다. 미국은 심지어 공항에 마약 탐지견뿐 아니라 과일 탐지견까지 둘 정도다. 불법 수입되는 마약뿐 아니라 과일까지 잡겠다는 것이다. 귤과실파리Oriental fruit fly 박트로케라 도르살리스*Bactrocera dorsalis*는 미국의 농업을 위협하는 주요 해충으로, 150여 종의 식물에 해를 끼친다. 이 파리는 불쌍한 하와이도 여러 번 공격하여 125종이 넘는 식물에 해를 끼쳤다.

이들과 그 친척들이 과일을 공격하는지 아닌지는 구분하기 쉽다. 배의 모양이 특이하기 때문이다. 이 중 일부는 날개에 문양이 새겨진 가장 귀여운 파리이기도 하다. 다른 모든 어미들이 그러하듯이, 이 암컷들도 자식들을 안전한 환경에서 키우고자 한다. 그러나 식물들과 그 부산물 또한 매우 두꺼운 껍질을 둘러 스스로를 지키고자 한다. 이를 극복하기 위해, 대부분의 쌍시류와 달리 이들 암컷의 산란관은 매우 딱딱하게 진화하였다. 이들의 산란관은 맨 끝부분도 단단하기 때문에 식물 조직을 관통하여 알을 집어넣을 수 있다. 대부분의 사람들은 이렇게 딱딱한 산란관을 보고 이들을 매우 강력한 말벌쯤으로 오인한다. 그러나 이들은 어디까지나 초식 동물이지, 결코 싸움꾼이 아니다.

모든 과실파리 중 지중해과실파리medfly 케라티티스 카피타타 Ceratitis capitata은 아마도 과일에 가장 큰 경제적 피해를 입히는 해충일 것이다. 이들은 잡식성이다. 즉 매우 다양한 종류의 음식을 먹으며, 250종 이상의 식물을 공격한다는 것이다. 반면, 일부 과실파리들은 입맛이 매우 까다롭다. 그 좋은 사례는 올리브파리olive fly 박트로케라 올레아이Bactrocera oleae다. 그 이름에서도 드러나다시피 오직 올리브만을 먹는다.

다시 말하지만 지중해과실파리는 이보다 훨씬 더 식성이 유연하다. 그런 데다 다양한 기후대에서 생존할 수도 있다. 즉 전 세계 어디에서나 창궐할 수 있다는 얘기다. 이를 막기 위해 여러 가지 방법들이 실시되고 있다. 예를 들어 로스앤젤레스에서는 매주 수백만 마리의 거세된 수컷 파리를 방생하여, (유충이 수입 과일에 끼어 들어오는 일이 많은) 외래 야생 파리의 창궐을 막는다.

이렇게 방생된 수컷 파리들은 현지 수컷 파리들이 분통 터져

지중해과실파리 케라티티스 카피타타는 매우 매력적인 곤충이지만 동시에 골치 아픈 해충이기도 하다. 가리지 않는 식성을 보유한 이들은 무려 250여 종의 식물을 공격한다.

하는 건 나 몰라라, 그들의 교미 기회를 서슴없이 빼앗아간다. 교미에 성공한 암컷 파리들은 다시 교미하지 않는다. 자신이 임신했다고 여기기 때문이다. 사육 및 방생된 수컷 파리들은 야생 파리들에 비해 먹이도 다양하기 때문에 교미 중에 암컷에게 음식을 줄 수도 있다. 부속선 생성물이라는 낭만적인 이름이다. 이는 암컷을 만족시키고, 다른 수컷에 대한 수용성을 없앤다. 암컷을 먹여 살릴 수 없는 수컷은 경쟁에서 패배하고 마는 것이다.

이 과에 나쁜 얘기만 있는 것은 아니다. 인류는 과실파리를 이용해 외래 식물종을 통제하기 시작했다. 과실파리로 통제되는 식물 중에 크로몰라이나 오도라타 Chromolaena odorata도 있다. 악마의 잡초라고도 불리는 외래종이다. 원산지는 미 대륙의 열대 지방이지만 안타깝게도 우연한 기회에 전 세계로 퍼져나갔다. 국제농업생명과학센터 The Centre for Agriculture and Bioscience International: CABI에 따르면, 이 식물은 세계 최악의 잡초로 새로운 환경에서의 전파력도 뛰어나다고 한다. 남미산 충영파리인 케퀴도카레스 콘넥사 Cecidochares connexa는 나방 한 종과 함께 이 잡초를 먹어 치우는 통제종으로서의 가능성을 실험 중에 있으며 괌과 미크로네시아에서는 어느 정도 성공을 거두고 있다.

과실파리과 중 대부분은 날개에 멋진 문양이 있다. 그리고 눈에 화려한 줄무늬가 들어간 종도 있다. 일부는 날개의 문양을 매우 잘 활용한다. 중동에 사는 고니우렐리아 트리덴스*Goniurellia tridens*가 날개의 특이한 문양 때문에 몇 년 전 화제가 된 적이 있었다. 그 문양은 마치 개미나 거미처럼 보인다. 왜, 어쩌다가 그렇게 된 것인가 하는 의문이 절로 생긴다. 물론 우리는 오늘날까지 그 문양의 진정한 의미를 전혀 알아내지 못했지만, 적어도 내 눈에는 거미처럼 보이기는 한다. 여기에는 단순한 신호 이상 signalling의 의미가 있을 성싶다.

개미인가 거미인가 파리인가? 고니우렐리아 트리덴스의 날개 문양은 포식자가 그 정체를 고민하게 될 만큼 정교하다.

UAE의 자예드대학교의 연구자 브리지트 하워스Brigitte Howarth는 이 문양이 크고 작은 포식자 모두에게서 혼동을 유발하기 위해 진화한 것이리라고 추정한다. 거미는 다른 거미가 먹이 근처에 가까이 있을 때 그 먹이를 공격하는 일이 드물고 개미 역시 주변에 다른 개미들이 있을 때 먹이에 접근하지 않기 때문이다.

과실파리를 포함한 여러 파리종은 인간의 눈에는 평범해 보이지만 실제로는 특이한 빛 간섭 무늬를 날개에 지니고 있다. 날개의 윗면과 아랫면에서 반사된 광파가 서로 간섭하면서 생긴 무늬다. 이 날개를 어두운 배경에 놓고 보면 그 반사광이 멋진 색의 만화경을 만들어낸다. 이는 색소가 아니라 날개의 크기와 형태 때문에 나타나는 현상이다. 날개에는 미세한 주름과 골이 있는데, 이것이 다양한 파장으로 빛을 반사하여 색의 변화를 일으키는 것이다. 구체적인 양상이 종별로, 성별로 다르기 때문에 식별에도 도움을 준다. 이러한 날개의 문양은 암컷의 섬세한 구애 몸짓에도 사용된다.

대눈파리Diopsidae과의 대눈파리stalk-eyed fly 또한 매우 놀라운 생명체이다. 그 이름에서 알 수 있듯이, 이들 중 대다수는 눈이 막대기 끝에 달려 있다(보통 수컷이 이렇다). 그리고 이 특이한 모양새의 눈을, 암컷들에게 자신의 건강함을 알리는 지표로 사용한다. 성체는 멋진 곤충이지만 그 유충은 인간들에게는 별로 멋지지 않다. 유충은 쌀을 비롯한 인간의 주요 작물을 먹기 때문이다. 이렇게 머리가 넓어지는 것을 대두증이라고 한다. 이런 증세를 보이는 파리는 대눈파리 말고도 일곱 과가 더 있다. 암컷들은 이를 수컷의 유전자 강도를 측정하는 지표로 사용한다. 수컷이 눈이 달려 있는 막대(대눈)를 귀찮을 정도로 길게 늘인 상태에서 자신의 영역을 유지할 수 있다면 유능한 개체라고 여기는 것이다.

곤충학자 데이비드 그리말디David Grimaldi와 진 펜스터Gene Fenster는 이러한 특성이 하나의 경로로 진화되지 않았으며, 쌍시류의 서로 다른 과와 종에서 21회의 독립 진화를 거쳐 발생한 것이라고 결론지었다. 이들은 대눈을 발전시킨 모든 수컷이 섭식과 산란, 야간 휴식이 이루어지는 자신의 영역을 방어하는 것도 알아냈다. 대눈이 없는 종은 이런 영역 방어 습성을 덜 보이는 경향이 있었다.

대눈파리에는 더욱 놀라운 특징이 있다. 파리들이 태어날 때는, 즉 유충에게는 대눈이 없다는 것이다. 눈의 변화는 번데기 때부터 시작된다. 처음에는 대눈 없는 다른 파리와 비슷하게 성장한다. 그러나 시신경이 갈수록 스프링 코일 모양으로 발달해 가고, 그것을 둘러싼 외피도 골판지 모양으로 변해간다. 마치 꺾이는 빨대의 꺾이는 부분처럼 말이다. 이때까지는 눈이 아직 부드럽다. 우화하면 성체가 입으로 공기를 빨아들인 다음 이 공기를 아직 투명한 대눈에 주입, 대눈을 부풀린다. 그러면 대눈이 완전하게 커지면서 경화된다. 대눈이 있는 파리목이라면 과에 상관없이 비슷한 과정을 거친다. 하지만 흥미롭게도 어떤 과는 더듬이가 대눈 끝에 눈과 함께 붙어 있는 반면(디옵시드Diopsid 등), 어떤 과는 더듬이가 머리에 붙어 있다.

아키아스 로트스킬디 *Achias rothschildi*는 모든 대눈파리 중 가장 인상적이다. 성체는 우화할 때 공기를 빨아들여 눈을 부풀린다.

파리, 특히 초파리와 디옵시드는 교미 체계 이해의 교과서적인 존재다. 서식처와 선호하는 먹이 면에서 진화적, 생태적 다양성을 보이고 있기 때문이다. 디옵시드의 경우 교미 기간 중 암컷의 참을성이 떨어지면 수컷이 등장해 메시지를 보내고 암컷을 건드린다. 하지만 디옵시스$_{Diopsis}$속은 얘기가 다르다. 이쪽은 반대로 암컷이 수컷에게 메시지를 보낸다. 모르긴 몰라도 교미를 하기 위해 수컷에게 보내는 메시지이니 그 내용이 예사롭진 않을 듯하다.

교미 의례 측면에서 살펴보자면, 알락파리과의 신호파리가 치르는 복잡한 의례를 따라올 종이 없다. 신호파리의 모든 유충이 초식성인 것은 아니다. 그러나 리벨리아$_{Rivellia}$속은 콩을 비롯한 여러 식물들의 질소 고정 뿌리혹만을 먹는다. 이 채식주의자들에 대한 내 관심을 돋운 것은 수컷의 교미 습성이다. 암컷들은 잎사귀 위에서 나선 또는 원 모양을 그리며 날갯짓하다가 도중에 1~2초간 멈춘다. 덩치가 작은 수컷은 이 동작을 따라 하면서 암컷을 쫓아간다. 그리고 기회가 생기면 구문부나 앞다리로 암컷의 배를 건드린다. 결국 암컷은 수컷이 자기 몸 위에 올라타게 해준다. 그러면 수컷은 성기의 크기를 키운 다음 성기로 암컷의 배를 두들겨 교미 시작을 알린다.

오스트레일리아의 곤충학자인 데이비드 맥알파인은 지난 1970년대 신호파리 네 종을 연구했다. 그중에는 에우프로소피아 아노스티그마*Euprosopia anostigma*도 있다. 이들의 수컷들은 암컷의 날개나 배를 두들기고, 암컷의 항문에서 나오는 액을 빨아들인다.

한편, 파리 수컷이 열렬히 변형시키고자 하는 신체 부위는 대눈만이 아니다. 과실파리과에는 염소파리goat fly, 순록파리moose fly가 있다. 이들은 사슴뿔파리라고 통칭된다. 그 이유는 이들이 사슴뿔을 닮은 큰 뿔을 머리에 달고 있기 때문이다. 뿔의 용도도 사슴과 같다. 그리고 사슴뿔파리는 퓌탈미아속밖에 없다. 이 속의 일곱 개 종의 수컷은 사슴뿔을 이용해 산란장을 지킨다. 대눈파리와 마찬가지로, 이들 역시 사슴뿔의 크기로 상대방의 힘을 판단한다.

굴파리 관련 과 중 가장 세력이 큰 것은 잎나방벌레leaf miner로도 불리는 굴파리과다. 나는 페루 산악 지대에서 이 녀석들을 찾아다니느라 오랜 시간을 보냈다. 이 과에서 그 생태가 묘사된 것은 전 세계적으로 3,000종에 달한다. 이 중 대부분의 유충은 식물의 잎과 줄기에 구멍을 낸다. 병충해 면에서 꽤 심각한 종 중에는 콩파리 오피오뮈아 파세올리*Ophiomyia phaseoli*가 있다. 이 종은 많은 열대 콩과 식물들에게 양동 공격을 가한다. 성체가 줄기를 파 들어가 알을 낳으면, 그 알에서 부화한 유충들이 잎사귀를 파먹는 것이다. 어른, 아이 할 것 없이 부지런도 하다.

헤시안파리hessian fly도 또 다른 악명 높은 파리다. 학명은 마예티올라 데스트룩토르*Mayetiola destructor*다. 혹파리과에 속한다. 이 작은 파리는 밀에 엄청난 해악을 입힌다. 헤시안파리의 원산지는 아시아다. 그러나 유럽에도 전파되었고, 그다음에는 오늘날의 독일에 위치한 헤세-카셀Hesse-Cassel의 병사들이 가지고 다니던 깔짚에 실려 미국에도 전파되었다.

헤시안파리, 마예티올라 데스트룩토르의 암컷. 노출된 산란관으로 페로몬 유인 물질을 분비하고 있다.

영국은 미국 독립 전쟁 당시 헤센-카셀 병사들을 용병으로 고용해 전투에 투입했다. 그리고 이 파리들은 헤센-카셀 병사들보다도 미국에 더욱 오래가는 타격을 입혔다. 암컷 헤시안파리는 수백 개의 알을 낳을 숙주 식물을 선택할 때 털의 수 등의 식물의 물리적 특징을 본다. 헤시안파리는 1년에 다섯 세대씩 번식할 수도 있다(보통은 두 세대 정도지만 말이다). 그렇다면 이 파리가 빠른 시간 내에 막대한 피해를 입힐 수 있다는 점이 쉽게 납득이 될 것이다.

1836년 이 파리가 미국에 몰고 온 대규모 병충해는 많은 미국 농가의 파산 원인 중 하나로 여겨지고 있다. 그리고 그 이듬해 1837년 미국에는 금융 위기가 찾아왔다. 그 이후로도 수년간 미국은 경제적 빈곤을 견뎌내야 했다.

이러한 해충들을 통제하기 위해 여러 가지 수단이 쓰이고 있다. 화학적 수단, 물리적 수단, 생물학적 수단 등 다양하다. 페로몬을 사용하는 방법도 연구되고 있다. 페로몬은 파리의 양성에서 통신을 위해 분비하는 화학물질이다. 대부분의 과수원들은 페로몬 덫을 사용하고 있다. 이 덫은 암컷 페로몬과 비슷한 페로몬을 분비하여 수컷을 유인한 다음 함정에 빠뜨리거나 끈끈이에 들러붙게 한다. 이 함정에 걸린 파리의 수를 정기적으로 관찰하면 해충의 밀도도 알 수 있다. 과수원에 살충제를 대량 살포하는 것보다는 훨씬 저렴한 대안이며, 자연환경에 화학 물질을 뿌리는 것도 그만큼 줄일 수 있다. 해충 밀도가 너무 위험한 수준으로 올라갔을 때에만 살충제 살포를 제한적으로 사용하게 되기 때문이다.

페로몬 연구는 해충 관찰 외에도 유용한 활용 분야가 많다. 밀 농가에서는 해충 내성이 강한 작물을 다년간 길러왔다. 그러나 1970년대 파리들은 밀의 높아진 방어력도 능가하게 되었다. 따라서 1980년대 해충 피해를 예방하기 위한 연구가 재개되었다. 그 연구 중에는 파리의 페로몬, 산란에 영향을 주는 요인들에 대한 것도 있었다.

연구 방식 중에는 파리들을 풍동風洞(인공으로 바람을 일으켜 기류가 물체에 미치는 작용이나 영향을 실험하는 터널형의 장치-옮긴이)에 넣고, 암컷 파리의 페로몬이 수컷 파리들에게 어떤 영향을 주는지 관찰했다. 이러한 풍동 실험은 풍속이 산란에 주는 영향도 알아냈다. 풍속이 빠를수록 암컷이 낳는 알의 수는 늘어났다. 아마도 장소가 국한되기 때문일 것이다. 이러한 실험들은 다양한 환경에서 암컷의 페로몬이 수컷에게 어떤 영향을 끼치는지 연구하는 것에 조점이 맞추어져 있다. 그리고 이러한 모든 발견 내용들은 인간이 파리의 습성을 이해하고 작물에 주는 악영향을 최소화하는 데 도움이 되고 있다.

초식성 파리 중 굴파리만큼이나 많은 것이 충영파리다. 충영은 비정상적인 생장물로, 식물의 암이라고 보면 거의 틀림없다. 그 원인은 파리만이 아니다. 말벌, 진드기, 진균, 박테리아, 기타 기생성 무척추 생물들이 다 원인이 될 수 있다. 뉴욕주립대학교의 곤충학자인 에프라임 퍼트Ephraim Putt는 충영을 만드는 생물들에게는 성경 속 솔로몬 왕의 지혜가 있다고 설명한다.

"충영 곤충들을 보라. 그들은 씨를 뿌리지 않아도 거두고, 피난처를 짓지 않아도 피난처를 얻고, 아무것도 지불하지 않고도 넘치도록 얻느니라."

흑파리과의 흑파리는 유충이건 성체건 식별하기 어렵기로 악명 높다. 그러나 이들이 만드는 충영은 그렇지 않다. 매우 복잡한 구조로 되어 있으며, 숙주의 종에 따라 구분하기도 쉽다. 하지만 흑파리의 식별은 보통 곤충학자들보다는 식물학자들이 더 많이 하기도 하고, 많은 곤충학자들은 이들을 쉽게 식별하는 다른 방식을 여전히 찾고 있다. 성체는 종을 식별하기가 매우 어려워 이름이 정해지지 않은 경우가 많다. 다행히도 DNA 바코딩이나 전장유전체분석 등 분자적 식별 기술이 있다. 이러한 기술들은 매우 유용하게 사용될 것이며 이 같은 유전적 표지자를 이용하여 종간의 차이를 알아낼 수도 있을 것이다.

충영은 파리들에게 완벽한 작은 집이 되어 파리의 생명을 위협하는 많은 적들로부터 지켜준다. 일부 파리들은 다른 동물들을 데려와 함께 살기도 한다. 페르구소니니다이Fergusoninidae과는 그 좋은 사례다. 이 과에는 페르구소니나속만 있다. 오스트레일리아와 동아시아에서 발견되는 이 파리는 선충과 동거한다. 이러한 관계는 도금양에서만, 그리고 주로 오스트레일리아에서 많이 나타난다. 진화생물학자 리 넬슨Leigh Nelson과 그의 동료들은 선충 때문에 식물에 충영이 생기는 것을 알아냈다. 파리의 체내에 사는 선충은 파리를 통해 식량과 교통수단을 얻는다. 이는 현재까지 알려진 곤충과 선충의 유일한 공생 사례다.

채식주의자는 둔하다는 선입견이 있다. 그러나 그렇게 생각하는 사람들은 파괴적이면서도 아름답고, 각지의 환경에 잘 적응하여 세계 곳곳에 잘 안착한 이 아름다운 생명체들을 모르는 게 틀림없다!

7장
진균식 파리목

> 복숭아는 정말 맛있지. 버섯도 마찬가지야.
> 하지만 그 두 가지를 함께 요리할 수는 없지.
>
> 아서 골든Arthur Golden, 〈게이샤의 추억Memoirs of a Geisha〉

인간은 채식주의자라는 용어를 좀 잘못 사용하고 있다. 채식주의자라는 말로 초식(식물을 먹음)과 진균식(진균을 먹음)을 통틀어 부르고 있기 때문이다. 버섯을 포함한 진균은 별도의 독자적인 계를 이루고 있으며, 유전적으로 볼 때 식물보다는 동물에 더 가깝다. 진균은 귀중한 식량 공급원이며, 많은 생물종들이 진균을 먹도록 진화했다. 진균을 먹는 파리목 곤충 중 상당수는 부생성 종으로도 묘사할 수 있다. 이들은 진균은 물론, 진균이

◀ 디아도키디아 스피노술라*Diadocidia spinosula*는 이름 말고 알려진 게 없다.

먹고 있는 것도 먹기 때문이다. 그러나 이 장에서는 담포자체, 포자, 균사를 먹는 파리목 곤충을 중점적으로 다루기로 한다.

진균식(식균성이라고도 불린다) 파리목 곤충들은 생애주기 중 유충기에만 식사를 한다. 파리 중 25개 이상의 과에는 진균식 유충이 있는 종이 있다. 이 중 두 개 과인 평발파리과와 볼리토필리다이Bolitophilidae는 모든 종에 진균식 유충이 있다. 대부분은 수줍고 작은 종이다. 유충들은 적의 눈을 피해 자실체(담포자체)의 주름 사이에 산다. 그 외에 균사를 먹는 종들도 있다. 균사는 자실체 본체에서 나뭇가지처럼 뻗어 나온 실 같은 가는 가닥들이다. 이런 종들은 땅 위나 감염된 식물 등 여러 장소에서 자유롭게 살아간다.

파리에 대한 연구는 아직 제한적이다. 그러나 진균식 파리목 곤충의 생활사와 섭식 습성에 대해서는 특히 유럽 국가에서 매우 포괄적으로 연구가 이루어져 있다. 그중에서도 나는 월터 해크먼Walter Hackman과 마틴 메이난더Martin Meinander가 핀란드에서 실시했던 연구를 좋아한다. 1970년대 메이난더는 4년 이상에 걸쳐 진균 184종의 자실체 3,700개를 통에 담고(통도 아주 많이 필요했다), 이것으로 약 120종의 파리를 길렀다. 이 연구는 종별로 파리가 좋아하는 먹이를 알게 해준, 중요한 연구다. 만약 이 곤충들 또한 인간이 선호하는 식재료를 좋아한다면, 경제 및(또는) 식량 안보가 위험할 수도 있기 때문이다.

진균식 파리목 곤충은 대개 검정날개버섯파리상과 또는 진균각다귀과들에 속해 있다. 여기서 예외인 것은 혹파리과에 속한 것들뿐이다. 앞의 두 부류에는 진정한 진균각다귀인 뮈케토필리다이과가 포함되어 있다.

검정날개버섯파리과, 디아도키디다이Diadocidiidae과, 디토뮈다이Ditomyiidae과, 케로플라티다이Keroplatidae과, 볼리토필리다이과에 속한 날개 색이 짙은 진균각다귀들도 있다. 이 중 뒤의 네 개 과는 제대로 연구가 이루어지지 않았으며, 통속명도 없다. 그러나 최근(2002년)에 그 생태가 묘사된 각다귀과인 랑고마라미다이Rangomaramidae과에 비하면 그나마 많은 것이 알려진 편이다.

랑고마라미다이과는 처음에는 속이 하나밖에 발견되지 않았다. 현재는 13개 속 32개 종이 발견되어 있다. 속의 수는 많은 반면 종의 수는 적은 편이다. 그렇다고 각다귀과 중에 규모가 제일 작은 것은 아니다. 디아도키디다이과는 종 수가 24개 종에 불과하다. 그러나 우리가 랑고마라미다이과에 대해 아는 것은 사실상 이게 전부라고 봐야 한다. 표본을 채집해 식별하기는 했지만 그 외관 말고는 아는 게 없다.

유감스럽게도 이외에도 파리의 많은 종에 대한 우리의 지식 상태가 딱 이렇다. 물론 어떤 파리종이 발견된 곳이 다른 각다귀종들과 같다면, 새로 발견된 종의 유충의 먹이 선호도 역시 다른 종과 비슷할 것이라고 가정은 할 수 있을 것이다. 그러나 진균각다귀과에도 진균을 먹지 않는 종이 있다. 육식성의 케라플라티드Keraplatid 유충이 그 좋은 사례다.

또 다른 소형 각다귀과인 뤼기스토르르히니다이Lygistorrhinidae 과는 부리가 긴 진균각다귀로, 35개 종으로 이루어져 있다. 이것 역시 그 생태에 대해 전혀 알려진 바가 없다. 이들 중 대부분은 현장에서 채집한 대량의 표본 중에서 발견되어 다른 종과 다르다고 식별만 된 상태다. 이들이 어떤 생물을 숙주로 삼고 있는지도 아직 모르고 있다. 이들도 이름과 설명은 있고, 또한 이들과 다른 종 간의 계통적 관계에 대해 연구할 수는 있다. 그러나 이들이 먹는 먹이나 서식처, 습성에 대해서는 아는 바가 없다.

대부분의 사람들은 진균각다귀를 만난 적이 있다. 당시에 알아보지 못했을 가능성이 클 뿐이다. 그만큼 많은 수가 화분 식물과 온실 속에 살고 있다. 나도 자매가 토지를 구입하려고 할 때, 이 진균각다귀를 유용하게 활용한 적이 있었다. 둘이 후보 매물을 찾아가 현지답사하던 어느 날, 내 눈에 진균각다귀가 보였다. 나는 이를 보고 이 땅에는 습기 문제가 있을 수 있겠다고 알려주었다. 진균각다귀는 습기 많은 곳을 좋아하기 때문이다. 현지답사 결과 내 추측은 옳았다. 진균각다귀는 버섯 농장이나 종묘원 운영자에게 엄청난 고통을 안겨주는 생물이다. 키워낸 작물들을 모조리 먹어 치워 버리기 때문이다.

모든 각다귀 중 가장 큰 경제적 문제를 일으키는 것은 짙은날개진균각다귀dark-winged fungus gnat다. 이들은 식별하기가 매우 쉽다. 몸 색깔이 검고, 몸매가 말쑥하기 때문이다. 물론 나에게는 그 어떤 각다귀도 사랑스러운 파리목 곤충이지만 말이다. 짙은날개진균각다귀는 다리가 길고 모습에서도 품위가 넘친다. 또 날개에 내가 매우 좋아하는 문양이 있다. M1-M2 시맥(곤충의 날개에 무늬처럼 갈라져 있는 맥—옮긴이)이 연결된 그 모습은 너무나도 감각적이다.

짙은날개진균각다귀종은 현재 2,200여 종이 설명되어 있다. 그러나 실제로는 훨씬 더 많은 종이 설명되지 않은 채로 있을 것이다. 진균각다귀와 마찬가지로, 이들은 크기가 너무 작고 같은 과에 속한 종들끼리 형태학적으로 매우 유사하기 때문에 종의 구분이 어렵다. 심지어, 이들은 표본으로 여겨지지도 않을 정도로 작다. 현재 8,000~20,000여 종의 짙은날개진균각다귀가

짙은날개진균각다귀의 날개에는 M1-M2 시맥이 그린 아름다운 무늬가 있다. 나는 이 무늬를 무척 좋아한다.

전혀 설명이 이루어지지 않은 채로 남아 있을 것으로 추산된다. 짙은날개진균각다귀에 대한 덴마크 전문가 페카 빌카마Pekka Vilkamaa가 제시하는, 발견 및 설명이 이루어지지 않은 종 수는 더 많다. 그는 자기 나라에만도 엄청나게 많은 종이 설명되지 않은 채로 있다고 주장한다. 열대 지역과 같이 곤충의 생존에 매우 유리한 지역은 말할 것도 없고 말이다.

영국에서만도 이 과는 156개 종이 그 생태가 설명되어 있다.

영국의 파리목 곤충 중 열 번째로 종수가 많은 과다. 그리고 앞으로 더 많은 종이 발견되고 생태가 설명될 것이라고 여겨진다.

짙은날개진균각다귀는 지극히 잡식성이다. 뤼코리엘라*Lycoriella* 속같이 진균만 먹는 종들도 있긴 하지만 소수다. 이 속은 전 세계 버섯 농가에 엄청난 해악을 끼치고 있다. 농부들에게는 정말 짜증 나게도, 이들은 1년 내내 알을 낳을 수 있다. 제때 막지 않으면 엄청난 양의 살충제를 써야 통제가 가능할 정도로 수가 늘어난다.

그런데 이들은 번식할 때마다 자연적으로 변이된 DNA를 후손에게 물려준다. 물론 이러한 변이가 다 이로운 것은 아니다. 어떤 변이는 해로워 다음 세대를 죽이기도 한다. 그러나 어떤 변이는 이롭다. 그중에는 기존 살충제에 내성을 갖게 하는 변이도 있다. 이런 이로운 변이를 한 개체는 생존 및 번식 확률이 높아진다. 따라서 이러한 변이를 많은 후손들에게 물려줄 수 있다.

빠른 번식 속도 덕택에 많은 개체가 살충제 내성 유전자를 보유한다. 이 때문에 기존 살충제들은 쉽게 무력해지고, 살충제 제조사들은 더욱 강력한 새 살충제를 연구·개발해야 한다. 인간들은 산란을 방해하기 위해 이들의 교미 습성을 연구하고 있다.

심각한 병충해를 유발하는 종 중 브라듸시아 디포르미스*Bradysia*

*difformis*의 암컷은 수컷을 유혹하기 위해 페로몬을 배출한다. 일단 교미를 하고 나면 페로몬이 더 이상 생성되지 않는다. 다른 수컷이 또 올라타려고 하면 암컷은 뒷다리로 걷어찬다. 이 점에 착안, 암컷의 교미 자체를 막기 위해 인공 합성 페로몬을 개발할 수도 있을 것이다.

뤼코리엘라의 유충은 버섯의 줄기에 굴을 판다. 이는 버섯에 막대한 물리적 피해를, 농가에는 막대한 경제적 피해를 입힌다. 성체도 질병을 옮기는 진드기를 버섯 간에 전파하여 인간에게 피해를 입힌다. 일부 성체들은 몸에 무려 최대 85마리의 진드기를 달고 다니는 것이 관찰된 적도 있다. 물론 이렇게 무거운 진드기를 달고도 이들은 비행할 수 있다. 진드기가 없을 때만큼의 기동성과 정확성을 발휘할 수는 없을 것 같지만 말이다.

믿기 어렵게도 뤼코리엘라의 두 종은 남극의 두 연구소에서 군락을 이루고 있다. 한 종은 알코올 저장고에, 또 한 종은 하수 처리장에 둥지를 틀고 있다. 어떤 이들은 인간이 남극에 외래종을 끌고 왔다고 걱정한다. 하지만 내가 보기에 이는 걱정스러운 일이라기보다는 놀라운 일이다. 인공 시설의 외부 장소에 서식처를 만들어낼 줄이야. 통상적으로 그런 곳은 곤충들이 서식 불가능한 장소이다.

또 다른 짙은날개진균각다귀종의 유충을 소개할까 한다. 스키아라_Sciara_속의 스키아라 밀리타리스_Sciara militaris_종의 유충이다. 이들은 성장 중 결코 가만히 있지 않는다. 또한 대규모 이동 모습도 관찰되었다. 수천 마리의 개체가 밀도 높게 모일 수 있으며, 그 대열의 길이는 10미터에 달한다. 이유는 아직 알아내지 못했지만, 이는 필리핀부터 알래스카에 이르기까지 세계 각지에서 보고되는 현상이다.

물론 이외에도 이상한 운동 습성을 가진 곤충은 많이 있다. 진정한 진균각다귀인 뮈케토필리다이과에게서도 비슷한 습성

짙은날개진균각다귀 스키아라종의 유충들이 한데 모여 느리게 움직이고 있다. 이들의 대열 길이는 최대 10미터에 달한다. 이들이 왜 이러는지에 대해서는 알려진 바가 거의 없다.

이 관찰된다. 이 종의 유충은 숙주인 진균이 발견되는 지상의 습한 곳이기만 하면 거의 어디에서든 다 살 수 있다. 그중 한 종인 뮈케토필라 킹굴룸_Mycetophila cingulum_은 구름버섯 폴뤼포로우스 스쿠아모수스_Polyporous squamosus_(드라이드안장버섯이라는 통속명이 있다)의 자실체에 산다. 이들의 유충은 치즈파리와 비슷하게 진균에서 튀어나온다. 번데기가 되기 전 구름버섯에서 15센티미터 거리까지 튀어나오는 것이 관찰된 바 있다. 인간에게는 한 뼘도 안 될 거리겠으나 유충의 몸길이는 8밀리미터에 불과하다. 즉, 인간의 키로 환산하면 300미터 이상을 이동하는 셈이다!

거의 모든 진정한 진균각다귀 성체는 다른 각다귀와 몸매부터가 다르다. 놀랍도록 튼튼하고 억세게 생겼다. 모두 기절基節(곤충의 다리 밑동의 마디-옮긴이)과 순판(흉부의 상부-옮긴이)이 크며, 이것들은 근육으로 가득 차 있다. 이 때문에 곱사등이 같아 보이기도 한다. 그 가슴 앞쪽에 머리가 박혀 있다. 이들이야말로 파리목 세계의 날개 달린 인크레더블 헐크(녹색은 아니지만)인 것이다.

현재까지 4,100여 종이 발견되어 있으며 아직 발견되지 않은 종의 수도 그만큼은 있을 것이다. 그런데 이들 역시 종의 이름을 붙이기 어렵다. 암컷들은 종이 달라도 형태학적으로 비슷하

아자나*Azana*속의 진균각다귀는 근육이 잘 발달하여 기절이 크고 상부가 툭 튀어나온 가슴을 갖추고 있다.

게 생겨서 어느 종에 속했는지 알기 어렵기 때문이다. 심지어 이 곤충들에 대한 영국의 잡학 전문가인 피터 챈들러Peter Chandler도 일부 종의 암컷을 알아보기 힘들어한다. 그러니 평범한 쌍시류 연구자들은 실수로 이 종들의 암컷을 채집하게 되면 짜증을 낼 정도다.

진정한 진균각다귀 뮈케토필리다이과의 종 대부분은 독버섯을 포함한 여러 다육질 버섯에서 볼 수 있다. 그러나 스키오필라 포마케아Sciophila pomacea 등의 일부 종들은 더 강한 구름버섯을 선호한다. 이 종의 유충은 영국의 자두나무와 벚나무에 달린 구름버섯에 산다. 이 종은 150년 이상 다른 종인 스키오필라 오크라케아Sciophila ochracea로 오인되다가 2006년에 이르러서야 피터 챈들러가 이 종이 다른 종임을 인식하고 새 이름을 붙여주었다. 우리 쌍시류 연구가들이 자꾸 표본을 채집하는 것은, 이런 문제를 해결하기에 충분한 수의 표본을 확보하기 위해서다.

프로니아Phronia속 등 이 과의 다른 속은 삼림 속 시냇물 옆의 썩어가는 나뭇가지에 있는 점균류를 서식처 겸 먹이로 삼는다. 이 속의 유충은 대체로 자유롭게 살아가며, 점균류를 은폐물로 삼아 숨는다. 그러나 은폐물 용도로 신체 분비물을 사용하는 종도 세 종 있다. 프로니아 안눌라타 Phronia annulata, 프로니아 비아르쿠아타 Phronia biarcuata는 두꺼운 검은색 점액을 분비해 사용하고, 프로니아 스테누아 Phronia stenua는 '외각'이라 불리는 단단한 검은색 원추형 엄폐물을 만들어 사용한다. 그런데 사실 이 점액과 외각은 배설물로 만든 것이다!

덴마크의 달팽이 연구자 카를 스틴버그 Carl Steenberg는 파리도 연구했는데, 그는 1924년 발표한 논문에서 이런 기록을 남겼다. 프로니아 스테누아의 외각을 떼어내자 유충이 바로 몸 뒤쪽의 기문을 앞뒤로 움직이더니 연달아 배설물을 방출해 새 외각을 만들더라는 것이다. 각다귀 얘기는 이쯤 하고, 크레인파리로 화제를 바꿔보자.

크레인파리도 많은 진균식 종이 있다. 장수각다귀과의 울리나이 Ulinae 아과는 진균만 먹고 산다. 이 과는 털눈크레인파리 hairy-eyed crane fly로도 불린다. 겹눈을 이루는 낱눈 사이에 짧지만 곧추선 털이 있다. 이 털을 태모라고 한다. 태모는 기계적 수용기다. 이 태모는 있는 종도 있고 없는 종도 있다. 그 이유는 아직 잘 모른다.

여하간 울리나이아과에는 속이 울라 Ula 속 하나만 있다. 이들은 다른 모든 털눈크레인파리와 다른 점이 하나 있다. 이들의 유충은 진균식이고 육생이다. 다른 털눈크레인파리는 모두 수생 또는 반수생이고 육식성이다. 영국에는 한동안 이 속의 종이 단 두 종만 알려져 있었다. 그러나 2002년 여름에 상황이 바뀌었다.

그해 쌍시류 포럼Dipterists Forum(영국의 쌍시류 학회-옮긴이)이 인버네스셔에서 실시한 하계 채집 여행에 참가한 쌍시류 연구가들은 해당 지역을 휩쓸고 다니면서 가급적 많은 쌍시류 종을 채집하고 기록하려 했다. 켄 메리필드Ken Merrifield와 그의 아내 리타 역시 그런 연구가들 중 하나였다. 이들은 채집을 하러 카우도 숲으로 갔다. 둘 중에 누가 울라종 표본을 잡았는지는 확실치 않다. 그러나 이들이 잡은 표본을 본 영국의 전문가 앨런 스텁스Alan Stubbs는 이것이 울라믹스타 Ula mixta라고 판단했다. 이는 20년 전 슬로바키아에서 마지막으로 관찰된 이후 전혀 보이지 않았던 종이다. 이 종은 즐겁게 유럽 전역을 횡단했고, 스칸디나비아를 거쳐 영국 본토에까지 상륙한 것이다.

이 첫 보고 이후, 영국 본토의 더욱 남쪽에서도 같은 종이 발견되었다. 이번에는 노팅엄셔의 구름버섯에서였다. 이제는 영국의 쌍시류 정착종으로 인정받고 있다.

최초의 영국 쌍시류 목록은 1888년 조지 베럴George Verrall이 작성했다. 이후 이 목록에는 계속 새로운 종이 추가되고 있다. 베럴이 맨 처음에 작성한 목록에는 2,881종만이 수록되어 있다. 실제에 비하면 너무나도 적은 수다. 현재는 7,094종으로 늘어나 있지만, 영국에 있는 모든 종을 다 담으려면 아직도 멀었다. 아마추어 및 프로 쌍시류 연구가들은 영국의 시골을 다년간 뛰어다니면서 관찰 내용을 기록해왔다. 침입종도 찾아내어 그들의 생태를 관찰해왔다. 영국처럼 생물종이 빈약하다고 여겨지는 나라도, 답이 나오지 않은 문제는 엄청나게 많다.

페리스솜마티다이Perissommatidae 각다귀과에 대해서는 충분한 기록이 이루어지지 않았다. 소속된 종이 다섯 종뿐이기 때문이다. 그중 네 종은 오스트레일리아에서, 나머지 한 종은 칠레에서 발견되었다. 하지만 그들의 특이한 분류학적 특징에 대해서는 기록이 많이 있다.

성체는 주로 겨울에 비행한다. 아마 이 때문에 많은 표본을 수집하지 못했을 것이다. 겨울에 쌍시류 연구가들은 연구소와 자택에 틀어박혀, 여름에 잡은 표본을 정리하고 식별한다.

저명한 오스트레일리아 쌍시류 연구가인 도널드 콜레스Donald

Colless는 1962년에 두 종을 발견해 묘사했고, 1969년에는 세 종을 더 발견했다. 그는 이 다섯 종을 모두 페리스솜마티다이 각다귀과로 분류했다. 그러면서 그는 이 속이 매우 특이한 분류학적 특징을 가지고 있다고 밝혔다. 내가 보기에는 이 특징 때문에 이들은 현재의 개념이 크게 바뀌지 않는 한 기존의 쌍시류과에 편입되지 않을 것 같다. 그는 이들 중 한 종인 페리스솜마 푸스쿰 Perissomma fuscum을 볼레투스 Boletus 진균에서 기르는 데 성공했다. 그 덕분에 이 종이 진균식임을 알아냈다. 이 종은 다른 각다귀들과 매우 다르기 때문에 독자적 하목인 페리스솜마토모르파 Perissommatomorpha 하목으로 분류되었다.

페리스솜마티다이 각다귀과가 외피로 분리된 네 개의 눈을 갖고 있는 이유는 아직 밝혀내지 못했다.

이들은 그 어떤 쌍시류보다도 특이하다. 눈이 네 개이기 때문이다! 떠돌이파리나 말파리에서처럼 쌍시류의 눈을 이루고 있는 홑눈들은 전혀 막힘 없이 겹눈 정체를 채우고 있다. 그러나 페리스솜마티다이종의 눈은 외피로 분리되어 있어, 네 개의 겹눈을 이루고 있다. 물론 그 이유는 아직 밝혀내지 못했다.

큰날개파리Lauxaniidae과는 그다지 큰 과는 아니다. 종의 수가 1,900여 종에 불과하다. 그러나 과 내의 변형은 매우 다양하기 때문에 이 과의 속은 200여 속이나 된다. 종간의 차이도 너무 커서 종만 다를 뿐인데도 새로운 속에 속한 것처럼 기록된 적도 있다. 이 과에는 딱정벌레나 반시류를 모방하는 종도 있고 매우

반시류같이 생긴 케팔로코누스 테네브로수스 *Cephaloconus tenebrosus*. 통속명은 원뿔 머리라는 뜻이다.

이상하게 생긴 종도 있다. 후자 중에는 케팔로코누스*Cephaloconus* 속이 있다. 이름은 원뿔 머리라는 뜻인데, 정말로 머리가 원뿔형으로 생겨 눈에 쉽게 띈다.

이 무리에서 흥미로운 존재는 유충이 아닌 성체다. 성체 중 상당수는 잎사귀 표면의 진균을 먹는 프로 식균 미식가다. 가장 눈에 띄는 특징은 성체의 형태가 환경에 매우 적합하게 진화했다는 점이다. 일부의 구기는 매우 크고 뭔가를 긁어내기에 적합한 형태다.

미 대륙 출신의 쌍시류 연구가인 베라 실바Vera Silva와 스티븐 게어마리Stephen Gairmari는 큰날개파리과의 에우뤼코로뮈나이 Eurychoromyiinae 아과에 대한 논문을 2010년에 발표했다.

이 아과에서 두 사람의 논문 발표 전까지 알려진 종은 에우뤼코로뮈아 말레아*Eurychoromyia mallea* 하나뿐이었다. 이 종은 매우 특이하게 생겼는데, 평평한 얼굴 정면에 골판지같이 골이 파여 있다. 학명에 들어가 있는 말레아*mallea*는 망치를 뜻한다. 이 파리의 모습을 나타내주는 말이다.

논문 발표일까지 이 무리에 속한 종은 하나뿐이며, 표본도 네 개뿐이었다. 그 네 개의 표본은 모두 1913년 볼리비아의 중부 안데스산맥 산자락에서 채집된 것이다. 이후 새로 채집된 표본

로뤼에우코뮈아 티그리나 *Roryeuchomyia tigrina*의 하순에 난 골은 진균을 긁어 먹는 데 유용하다.

은 없다가 게어마리와 실바가 이 아과를 전면 재조사, 다섯 개의 새로운 속을 추가하고, 다른 아과에서도 한 속을 가져오기에 이른다.

표본 채집은 임관 연무살포법을 이용했다. 이 기술은 나무 사이에 살충제를 살포하고, 떨어져 내려오는 곤충들을 채집하는 것이다. 그런데 여기에는 한계가 있다. 살충제 살포 높이 이상에 사는 곤충은 잡기 어렵다는 점이다. 아마 그동안 이 아과의 표본을 얻지 못했던 이유도 거기에 숨어 있었는지 모른다. 이 아과가 일반적인 살충제 살포 높이보다 훨씬 높은 곳에 살고 있었던 것이다.

아무튼 게어마리와 실바는 새로 얻은 표본의 장을 분석해 진균 포자를 발견, 에우뤼코뮈나이의 파리들은 진균식이라고 판단했다. 이들은 진균을 쉽게 먹기 위해, 특이한 형태의 하순, 해면체 방식의 구기를 갖추고 있다. 또한 기관과 비슷한 관의 언저리에 갈퀴가 달려 있어 구조물의 표면을 긁어내거나 갈아낼 수 있다.

아마 평발파리과의 평발파리야말로 '진균파리'라는 이름에 가장 어울리는 파리일 것이다. 평발파리과에는 진균만을 먹는 종이 250여 종이 있다. 이들은 모두 습도 높은 삼림지대에서 발견되었다. 이들의 유충이 선호하는 숙주와 먹이는 종마다 크게 다르다. 아가토뮈아 완코위크지*Agathomyia wankowiczii* 같은 종은 구름버섯 같은 다공성 버섯을 선호한다. 그런 한편 말뚝버섯과와 같이 냄새가 심한 버섯을 선호하는 종도 있다. 멜란데로뮈아

*Melanderomyia*속은 자극성이 매우 강한 진균만을 선호한다. 이들은 진균식이지만 수분매개 역할도 할지 모른다.

 안나 보츠포드 콤스톡Anna Botsford Comstock은 코넬대학교에 자연학과를 창과하고 초대 학과장을 맡았다. 그녀는 지금으로부터 무려 100여 년 전에 이 파리들의 생태에 대해 기록했다. 그녀는 포자가 생기는 방이 결국 걸쭉한 액체로 변하고 파리를 유인하는 고약한 냄새를 만들어내는 과정을 기록했다. 진균을 먹는 파리들은 여기에 산란도 하는데, 그 과정에서 이들의 털 많은 발에 포자가 들러붙는다. 그러면 이 포자는 다른 진균으로 옮겨갈 수 있는 것이다.

 린데로뮈아*Linderomyia*속의 유충은 지면 진균을 공격하는 습성을 가졌기에 아가리쿠스같이 식용으로 널리 쓰이는 부드러운 버섯 속에서 산 채로 자주 발견된다. 이 버섯들은 삼림지대 외에서도 자생하기 때문에 해당 파리들 역시 목초지에서도 쉽게 채집된다. 암컷들은 알을 낳으러 자실체에 모여든다. 수컷은 외양이 꽤 두드러진다. 이 과의 모든 수컷들은 겹눈을 지니고 있으며, 양 눈이 머리 정수리에 모이는 구조다. 그리고 보통 떼를 지어 움직인다.

 어떤 속은 떼를 지어 움직일 때 '소적성pyrophilous behaviour'을 보

린데로뮈아속의 수컷, 정수리에 모인 양 겹눈이 보인다.

이기도 한다. 연기에 이끌린다는 뜻이다. 흔히 연기파리 smoke fly 로 불리는 미크로사니아 *Microsania* 속의 경우, 모든 종이 이루는 무리의 크기는 불의 크기에 따라 정해진다. 이들의 표본은 열대 우림에서 채집되었다. 진균각다귀를 좋아할 뿐 아니라 이 속도 연구하는 연구가 피터 챈들러는, 이들 중 일부가 나무 꼭대기 위에서 떼를 지어 비행하는 데 주목했다. 연기가 이들 종을 왜 유인하는지에 대해 확실히 밝혀진 바는 아직 없다. 아마 연기의 화학 성분이 그 원인일 것으로 추정하고 있다. 하지만 이 또한 이들이 나무 꼭대기 위에서 떼를 지어 비행하는 이유를 설명해주지는 못한다.

춤파리의 일종인 호르모페자*Hormopeza*종 역시 연기를 좋아하며 미크로사니아속을 잡아먹는다. 그렇기에 이들 역시 암수컷 할 것 없이 먹이와 함께 떼 지어 날아다닌다. 양 떼 주변을 따라다니는 목양견을 연상시킨다.

좀 더 식성이 까다로운 파리들도 있다. 이들은 인간에게 매우 유용할 수 있다. 송로버섯 채집가들은 무려 수년간에 걸쳐 기술을 단련한다. 송로버섯의 존재를 알아채는 방법에는 여러 가지가 있다. 타버린 것 같은 죽은 식물도 송로버섯이 있다는 징후다. 송로버섯은 휘발성 유기화합물을 방출하여 자기 위에 있는 식물을 죽이기 때문이다. 송로버섯을 채취하기 위해 땅을 갈아엎는 사람도 있다. 이는 미국과 중국에서 잘 쓰이는 방법이다. 이 두 나라에서는 보통 지면 바로 아래에서 송로버섯이 발견되기 때문이다. 송로버섯 탐지용 돼지와 개 등의 동물을 동원하기도 하는데, 이는 유럽에서 많이 쓰이는 방법이다.

심지어는 송로버섯 탐지용 파리 수일리아 팔리다 *Suillia pallida*까지 등장했다. 송로버섯 채집가들은 숲속에 납작 엎드려 수일리아 팔리다 또는 이 파리의 가까운 친척이 있는지 살피는 경우가 많다. 이 파리는 성숙한 송로버섯으로 모여들기 때문이다. 이러한 방식을 파리를 의미하는 프랑스어 단어를 따서 '무슈Mouche' 방식이라고 부른다.

수일리아 팔리다는 암수컷 할 것 없이 송로버섯의 냄새를 맡아 찾아간다. 암컷은 송로버섯에 산란하려 하고 수컷은 그 산란장을 지키려고 한다. 이들의 떼는 수직으로 곧추선 깃털 장식과도 비슷한 모양이다. 이들이 떼 지어 있는 곳은 숙련된 송로버섯 채집가들에게는 그야말로 금광이나 다름없다.

이 장을 마무리하면서 잡동사니파리 또는 벼룩파리(벼룩파리과)를 언급하지 않을 수 없다. 이 과는 생태학적으로 무척이나 다양하기 때문에 다른 방향에서도 접근해볼 필요가 있다. 이 과는 이 책의 전반부에서 수분매개 파리목을 다룰 때도 언급했다. 그러나 이들은 진균의 세계에도 상당히 발이 넓다. 이들 중 많은 종이 자실체에서 먹이를 얻는다. 이들은 진균 관련 동물군에서 지배적인 위치를 점하고 있다. 스위스에서 실시된 한 조사에 따르면, 이들은 진균에 모여드는 파리목 곤충 중 세 번째로 많은 7퍼센트의 비율을 차지하고 있었다. 헝가리에서 실시된 비슷한 조사 결과, 이들의 비율은 약 7퍼센트로 다섯 번째로 많았다. 이들의 밀도는 진균의 종류에 따라 다르다.

나 역시 이들처럼 버섯을 매우 좋아한다. 그러나 이 과의 흔한 잡식성 파리인 메가셀리아 할테라타$_{Megaselia\ halterata}$가 전 세계 재배 버섯에 가장 큰 타격을 입히는 병충해 전파자라는 사실은 슬픈 일이다. 다행히도 많은 예산과 노력을 들여 이들의 유충을 없애는 방법을 연구 중이긴 하지만, 시간이 필요해 보인다. 이들은 방랑종이라는 별명이 붙었을 만큼 어디서나 발견되기 때문이다. 항공기는 물론 새에 들러붙어서 어디로라도 이동한다. 또한 부패하는 곳이면 어디라도 알을 낳는다. 버섯의 자실체뿐 아니라, 썩고 있는 버섯에서 나오는 점액도 좋아한다. 흥미롭게도 일부 메가셀리아종은 또 다른 버섯 병충해의 근원인 짙은 날개진균각다귀에 기생한다.

현재까지 벼룩파리 간의 기생 사례는 알려진 바가 없다. 그러나 이 미친 생물이라면 가능성을 완전히 배제할 수 없다!

벼룩파리는 진균을 너무 좋아한 나머지 특이한 진화 과정을 겪었다. 오스트리아의 흰개미 및 개미 전문가인 에리히 바스만

Erich Wasmann은 흰개미집에 연관되어 있는 한 무리의 파리목 곤충들을 연구했다. 그는 발견한 내용을 다음과 같이 멋지게 묘사했다.

"흰개미를 좋아하는 이 작은 쌍시류들은 형태학, 해부학, 진화학, 생물학적 관점에서 볼 때 이례적인 부분이 너무나도 많다."

스틴 뒤퐁 Steen Dupont(유감스럽게도 현재는 나비류를 연구하지만)은 덴마크 최고의 쌍시류 전문가인 토마스 파프 Thomas Pape와 함께 지난 2009년 벼룩파리 연구서를 발간했다. 그리고 문헌 조사를 통해 190여 종의 벼룩파리가 흰개미와 연관되어 있음을 알아냈다. 이 중 일부는 포식자 또는 기생자였다. 그러나 또 다른 일부는 흰개미들이 일군 버섯밭이나 포자를 먹고 생활하는 데 적응했다. 이 종의 교배전략과 행동은 매우 절묘하다. 분해종인 풀리키포라 보린쿠에넨시스에서도 비슷한 사례를 찾을 수 있다. 수컷이 산란하는 암컷을 썩어가는 물체로 날라다 주고, 알에서 태어난 유충은 바로 그 물체를 먹이로 삼는 것이다.

흰개미와 함께 살아가는 파리들은 분류학자에게 엄청난 두통거리다. 그 주원인은 이들의 암컷이다. 이들의 암컷 대부분은 날개가 없기 때문이다. 실제로도 이들의 생태에 대해 처음으로 기록될 때, 암컷은 별도의 아과로 기록되는 경우가 많았다. 심지어는 웅예선숙雄蕊先熟하는 자웅동체로 여겨지기도 했다. 태어났을 때는 수컷이지만 성장 과정에서 암컷의 생식기를 발달시키는 생물로 말이다. 암컷과 비슷하게 생긴 수컷을 발견한 적이 없기 때문에 이러한 결론이 내려졌다. 물론 암수컷 중에서 한쪽 성별만 기록되는 종은 아직도 많다. 그러나 풀리키포라 보린쿠에넨시스의 양성이 교미비행을 하고, 수컷이 암컷을 흰개미집 위에 떨어뜨리는 장면이 관찰되면서 이러한 결론은 폐기되었다. 타우마톡세니나이Thaumatoxeninae 및 테르미톡세니나이Termitoxeniinae아과의 일부 종은 흰개미와 매우 밀접한 관계를 맺고 있다. 이들은 환경에 철저하게 적응했다. 짐바브웨의 흰개미집에서 채집된 테르미토필로뮈아 짐브라운시아Termitophilomyia zimbraunsia의 암컷은 수컷이 흰개미집 맨 위의 냉각 터널 근처에 자신을 떨어뜨려 주면 날개를 떼어내 버린다. 그런 다음, 일개미들의 공격을 막아내면서 흰개미집의 냄새를 이용해 숨는다. 마침내 흰개미집의 본체로 들어가 내부의 버섯밭에 알을 낳으면, 알에서 태어난 유충이 그 버섯을 먹고 자란다.

    대부분의 종은 아직 알 속에 있을 때 첫 령을 보낸다. 그리고 그 이후에 자유롭게 살아가는 시기는 매우 짧을 수도 있다. 어떤 종의 유충은 다른 종 유충이 아직 진균을 먹고 있을 동안, 불과 몇 분 만에 번데기가 되기도 하기 때문이다. 번데기에서 나온 다음에도 암컷은 우화기를 거친다. 아직 외골격이 완전 경화되지 않은 미성숙기다. 암컷은 이 상태에서도 교미를 하며, 버섯밭 속으로 들어간 후에야 완전히 성숙된다.

번데기 밖으로 나온 암컷은 항문이 하늘로 향해 있는 경우가 많다. 그러나 시간이 지나면 아래쪽 또는 앞쪽으로 돌아간다. 많은 종들은 함께 사는 흰개미와 비슷한 체형인 복부팽대 형태를 갖춘다. 이 중 일부의 복부에는 오목한 부분이 있는데, 여기서 흰개미를 달래는 액이 나온다. 이 종들은 환경에 적응하기 위해 몸의 형태를 엄청나게 바꾸었다. 그러나 그중에서도 가장 뛰어난 적응을 이룬 것은 타우마톡세나 *Thaumatoxena*일 것이다. 이들의 암컷은 마치 참게같이 머리가 매우 둥글다.

진균식 파리들은 매우 종이 많음은 밝혀진 반면, 연구는 가장 덜 되어 있다. 대부분의 진균식 파리들이 속한 스키아로이데아 *Sciaroidea*상과의 경우에서도 알 수 있듯이, 장차 그 생태가 기록되어야 할 종은 수만 종이나 된다. 행운이 따른다면 분자 분석을 통해 이 특이한 식성을 지닌 파리들을 더욱 쉽게 식별할 수 있을 것이다. 이들에 대한 분류학적 문제를 해결하는 것은 물론, 이들의 행동과 식성에 대해 더욱 많은 것을 알 수 있을 것이다.

8장

포식 파리목

> "브런들파리는 먹이를 어떻게 먹느냐고?
> 매우 어렵고 힘들게 먹어야 한다네. 치아는 이제 쓸모가 없어.
> 단단한 음식을 삼킬 수는 있어도 소화를 못 시키거든. 단단한 음식은 괴로울 뿐이야.
> 브런들파리는 다른 파리와 마찬가지로, 부식성 효소를 사용해 단단한 음식을 분해한다네.
> 이 효소는 '토사물'이라고도 불리지. 아무튼 이 효소를 음식에다 뿜어서
> 액체로 만든 다음 빨아 먹는다네. 자, 그럼 한번 시범을 보여 볼까? 잘 봐봐······."
>
> 브런들파리 〈더 플라이the fly〉 (브런들파리는 영화 〈더 플라이〉에서 파리로 변한 세드 브런들을 말한다 - 옮긴이)

고대 이집트인들은 종교와 미신에 심취했다. 그들은 주위의 다양한 동물들에게 경의를 표하고 숭배했다. 그리고 동물마다 다양한 특성을 부여했다. 이집트인들이 고양이, 자칼, 심지어 쇠똥구리까지 숭배한 것은 잘 알려져 있다. 하지만 그들이 파리도 숭배했다면 믿겠는가? 전투에서 끈기와 용맹을 떨친 이집트 군인들은 금으로 된 큰 파리 상을 포상으로 받았다. 당시의 이집

◀ 독특한 형태의 융기를 가지고 있는 홀코케팔라 *Holcocephala* 종. 이 파리매robber fly는 매우 작은 각다귀와 톡토기를 사냥하기 위한 뛰어난 시력을 가지고 있다.

트인들은 파리를 끈기와 용맹을 겸비한 생물로 여겨 숭배했기 때문이다.

나 역시 포식성 파리목 곤충들 중 상당수가 끈기 있고 용맹한 존재라고 생각한다. 나는 오랜 시간 동안 그들이 나타나길 기다리며 누워 있다가, 마침내 그들이 자신보다 덩치도 크고 더욱 호전적인 먹잇감을 공격하는 것을 지켜보곤 했다. 포식성 파리목 곤충들은 다른 곤충, 달팽이, 갑각류는 물론, 심지어는 개구리 알도 공격해서 먹는다. 그리고 그 과정에서 매우 현란한 공중곡예 실력을 선보인다. 종에 따라서는 같은 종끼리도 잡아먹는다.

포식성 종이 있는 파리목 곤충은 적어도 42개 과에 달한다. 이 중 대부분이 유충기에 육식을 한다. 한 가지 사례로, 모기붙이과의 늪깔따구*Tanypodinae*아과는 모든 유충이 육식을 한다. 유충의 모습은 1990년 작 영화 〈불가사리*Tremors*〉에 나오는 괴물과 닮은 구석이 있다. 언제나 먹이를 잡아먹을 준비가 된 큰 입을 갖추고 있는 것이다.

포식성 파리목 곤충은 어떠한 환경에서도 볼 수 있는데, 차가운 북극 툰드라는 물론, 태양이 눈부시게 빛나는 열대 해안에서도 볼 수 있다. 베케리엘라 니게르*Beckeriella niger*종은 해안파리의 일종인 물가파리과에 속해 있다. 이들의 유충은 렙토닥틸리네 Leptodactylinae 개구리의 발포 둥지에 산다. 관찰 결과 이 유충들은 개구리의 알은 물론 올챙이도 먹는다.

털모기과의 곤충들은 흔히 도깨비각다귀phantom midge라는 속칭으로도 불린다. 이 중 유리벌레glassworm라고도 불리는 카오보루스 에둘리스Chaoborus edulis의 유충은 플랑크톤을 포식한다. 또한 호수 밑바닥에 떼를 지어 사는데, 놀랍게도 이들은 집게처럼 변형된 더듬이를 사용해 먹이를 잡는다. 더욱 놀라운 부분은 이들은 매우 깊은 수심에 사는데도 호흡기는 두 개의 기낭氣囊만으로 간략화된 구조란 점이다. 이 기낭은 유충의 필요에 따라 커지거나 작아지면서 부력 조절 역할도 한다. 이 놀라운 생물들은 산소성 호흡이 아닌 무산소성 호흡을 한다. 무산소성 호흡을 통해 에너지 생산에 필수적인 아데노신3인산adenosine triphosphate; ATP을 생성한다. 이러한 적응을 통해 털모기들은 무리를 지어 생활할 수 있고, 성체가 되어서도 수백만 마리가 떼를 지어 다닐 수 있다.

대모파리Dryomyzidae과의 오이도파레나 글라우카Oedoparena glauca

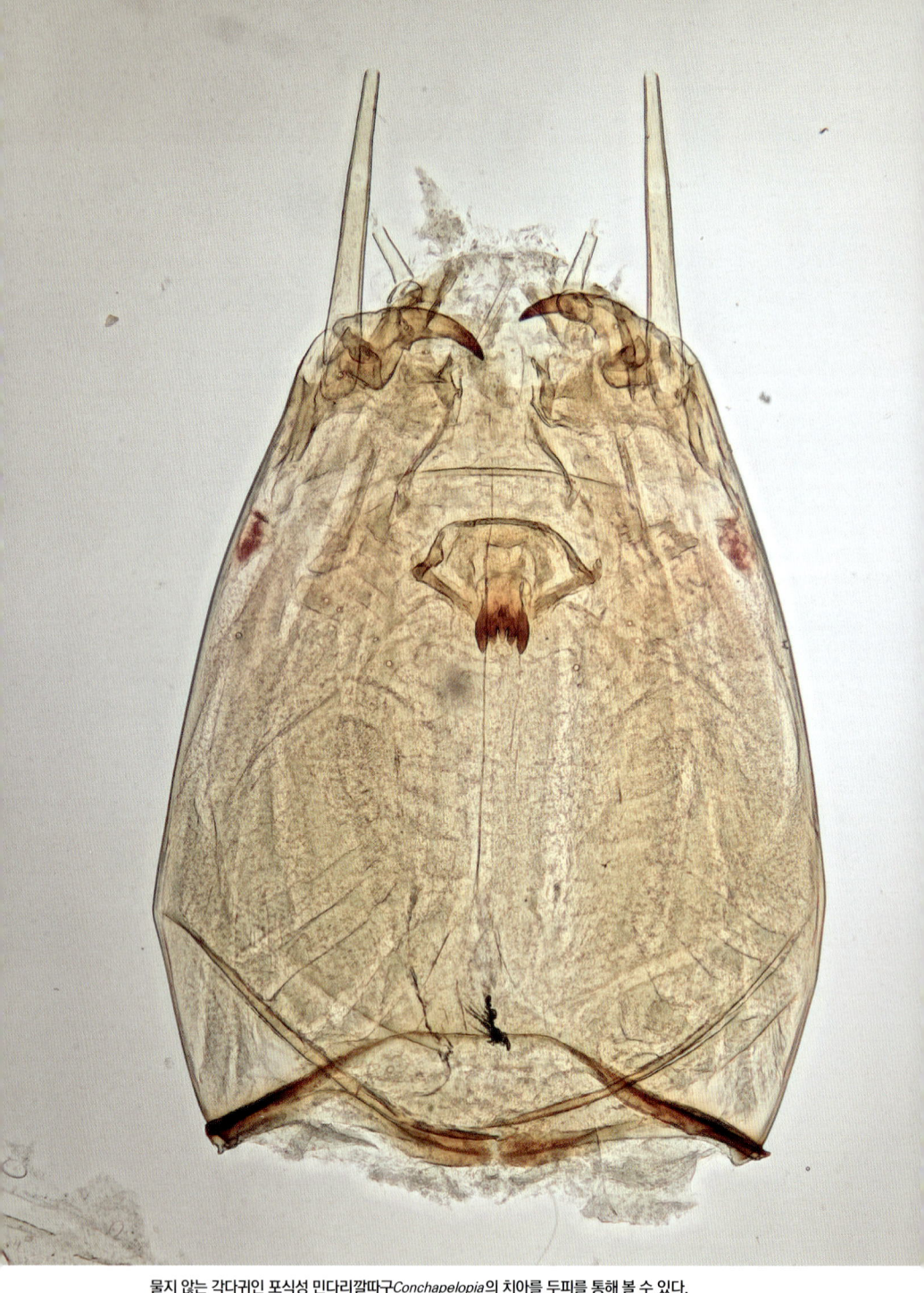

물지 않는 각다귀인 포식성 민다리깔따구 *Conchapelopia*의 치아를 두피를 통해 볼 수 있다.

는 캘리포니아주 중부에서부터 알래스카주에 이르기까지 어디서나 볼 수 있는 흔한 물가파리다. 이들은 따개비를 먹고 살며 성체와 유충 모두 조간대潮間帶(만조에는 바닷물에 잠기고 간조에는 공기에 드러나는 지역-옮긴이)에 산다.

특히 유충은 매우 뛰어난 포식자다. 성체는 따개비의 내피인 덮개 딱지operculum에 산란한다. 덮개 딱지는 조수가 낮아져 따개비가 공기 중에 노출될 때, 따개비 껍데기 입구를 덮어주는 부분이다. 알에서 부화한 유충은, 따개비의 덮개 딱지가 열렸을 때 주실로 들어간다. 따개비는 하루의 약 3/4을 공기 중에 노출된 상태로 지낸다. 이 시간 동안은 당연히 덮개 딱지가 닫혀 있기에 그동안 유충은 안전하게 따개비의 속살을 파먹을 수 있다. 따개비를 다 먹으면 다른 따개비로 옮겨간다. 번데기가 되기 전까지 따개비 2~3마리를 먹는다. 번데기가 되어서도 따개비의 껍데기 속에서 안전하게 머문다.

잡동사니파리를 다시 한번 살펴보자. 이 중 한 종인 메가셀리아 말로키*Megaselia mallochi*의 유충은 짙은날개진균각다귀 브라듸시아 콘피니스*Bradysia confinis*를 잡아먹는다. 이 잡동사니파리는 각다귀 유충을 잡아먹는 모습이 관찰되기도 했다. 각다귀 유충에 맵시벌 스테노마크루스 라리키스*Stenomacrus laricis*가 기생해 있어도 마찬가지로 잡아먹는다. 두 생물종의 단백질을 한 번에 섭취하는 것이다. 만약 기생종이 하나 더 있다면? 이 파리로서는 터더큰turducken(발골한 오리고기 속에 발골한 닭고기를 채우고, 이 오리고기를 다시 발골한 칠면조 고기 속에 넣어 만든 특식)을 먹게 되는 셈이다.

한편, 구태여 먹잇감을 찾아 나서지 않고 먹이가 오도록 유인하는 종들도 있다. 규모가 작은 베르밀레오니다이Vermileonidae과는 웜라이언wormlion이라고도 불린다. 이들은 더 큰 규모의 노랑등에과와 근친 관계다. 그러나 두 과의 유충은 모습과 먹이 면에서 완전히 다르다. 그래서 서로 별도의 과로 간주되는 것이다.

웜라이언이라는 이름은 앤틀라이언antlion(국명은 명주잠자리이며 유충의 국명은 개미귀신이다—옮긴이)이라는 이름을 본떠서 지어진 것이다. 두 곤충은 완전히 다르지만, 먹이를 잡는 방식은 매우 비슷하다.

영화 〈스타워즈 에피소드 6-제다이의 귀환〉에 나오는 카쿤의 큰 구덩이를 떠올려보라. 그 커다란 역 원추형 구덩이는 성체 절지동물 '살락'(살락은 대형 잡식성 절지동물로 입 주변에 긴 촉수가 나 있다)의 집이다. 여기서 절지동물을 유충으로 바꾼 다음, 비현

실적인 디자인의 가시와 촉수를 제거해보자. 그 모습이 바로 웜라이언의 유충이다.

이들은 고독한 개체들이다. 한 구덩이에 한 마리씩만 산다. 발을 헛디뎌 이 구덩이에 빠지고만 불운한 생물들은 유충이 구덩이 벽에 모래를 뿌리면 균형을 잃고 넘어지면서 최후를 맞게 된다. 구덩이의 밑바닥에 있는 유충을 향해 굴러떨어지게 되는 것이다. 그러면 유충은 몸으로 먹이를 감싸고, 위족으로 먹이를 밟는다. 그다음 프라이팬처럼 생긴 턱으로 먹이를 잡아먹는다.

이 유충은 독이 있는 것으로 여겨진다. 저스틴 슈미트Justin Schmit는 독충을 연구하는 미국의 곤충학자로, 이 유충에게 공격당한 먹이가 반항하지 않는 것이 파리매에게 공격당한 다른 먹이의 행동과 매우 유사하다는 것에 주목했다. 파리매는 독을 사용해 먹이를 제압하는 생물이다.

구덩이를 파서 먹잇감을 확보하는 생물은 웜라이언 외에도 있다. 말파리 스카프티아 무스쿨라Scaptia muscula의 유충 역시 앤틀라이언과 마찬가지로 구덩이 속에서 포식을 즐긴다.

포식성 모기 유충은 매우 다양한 곳에 서식한다. 일부는 연못처럼 언제나 물이 있는 곳에서 살고, 또 일부는 나무 구멍처럼 일정 시기에만 물이 있는 곳에서 산다. 낭상엽식물(대개 식충

식물이다-옮긴이)의 내부처럼 더욱 특이한 환경에 사는 종도 있다. 얼핏 생각하면 무척 가혹한 환경일 듯싶은데도 여러 종의 모기 유충이 피토텔마_phytotelma_(식물 속의 물이 고이는 구멍) 속의 물속에서 성장한다. 그중에는 낭상엽식물 모기인 위에오뮈아 스미티_Wyeomyia smithii_도 있다. 이 모기의 유충은 낭상엽식물 속에서 생존이 가능할 뿐 아니라, 식물 속으로 떨어진 곤충을 먹고 지낸다.

여기서 한 가지 궁금증이 생기기 마련이다. 이 모기 유충이 식물 속으로 떨어진 다른 곤충, 즉 이 식물의 먹이를 뺏어 먹는데도, 왜 이 식물은 모기 유충을 없애지 못하는가? 바로 낭상엽식물들에게 이 모기 유충들이 필요하기 때문이다. 이 식물들은 먹이를 분해하려면 대량의 소화 효소를 만들어야 한다. 그러나 노화가 진행될수록 소화 효소의 분비량은 줄어들고, 결국 큰 먹잇감은 소화할 수 없게 되어버리고 만다. 그런데 여기 사는 모기 유충은 대식가다. 식물 속으로 들어오는 것은 뭐든 먹는다. 그러나 지저분하게 먹는다. 먹이를 잘게 분해한 다음 여기저기 흩뿌린다는 얘기다. 이렇게 해서 생겨난 작은 파편들은 적은 양의 소화 효소로도 소화 가능하다. 모기 유충이 식물의 생존에 도움을 주는 것이다. 두 포식생물 간의 매우 훌륭한 공생 사례라

할 수 있다.

습지파리marsh fly(들파리Sciomyzidae과)는 매우 멋지게 생겼다. 얼굴이 길고, 머리 앞으로 뻗어 나온 더듬이도 굵고 길다. 이들은 달팽이사냥파리snail-killing fly로도 불리는데, 이름처럼 달팽이를 사냥하기 때문이다.

이 과에는 기생자 및 포식 기생자도 있지만 포식자도 상당히 많다. 일부 종의 유충은 달팽이, 민달팽이, 산골조개 등의 연체동물을 사냥해서 먹는데 그 실력이 매우 뛰어나다. 흥미롭게도 이들 종의 성체 파리는 갓 배설된 배설물 또는 점액에 끌린다. 어떤 것들은 땅속에 사는 벌레를 공격해 먹기도 한다. 그러나 이들이 먹는 먹이 대부분은 수생 또는 반수생이다. 그리고 대부분의 들파리 유충은 복부에 커다란 원반disc을 달고 있는데, 이것을 이용해 수면 위에 떠서 계속 호흡할 수 있다. 대부분의 파리 유충들은 항문 근처의 기관을 이용해 호흡을 한다. 효과적이면서 흔한 방식이다. 이 원반이 물 위에 나온 상태에서, 유충은 유연하게 움직여 물속의 먹이를 사냥해서 먹을 수 있다.

우리는 이 파리들의 생물적 방제 수단으로서의 가치도 연구하고 있다. 이들이 사냥하는 달팽이는 주혈흡충증 등의 위험한 기생충 감염을 일으키는 숙주이기 때문이다. 주혈흡충증은 치료를 받지 못할 시에 신부전, 간손상, 불임 등을 유발할 수 있는 감염 질환으로, 이 병이 인류에게 주는 타격은 실로 엄청나다. 아프리카에서 이 병은 말라리아에 이어 두 번째로 전염률이 높다. 다행히도 들파리 유충은 중간숙주인 다양한 속의 달팽이를 먹고 산다. 특히 비옴팔라리아*Biomphalaria*속을 좋아한다. 이들이 달팽이를 열심히 사냥하면 인간들 사이에 이 병이 전파되는 것을 막을 수 있다. 이는 화학 살충제를 뿌리거나 예방약, 치료제를 개발하는 것보다 더욱 저렴할 뿐 아니라 영구적으로 이들 기생충의 대인 감염을 예방할 수 있는 방법이다.

1960년대 하와이에서도 파리가 기생충 문제의 해결책으로 등장했다. 간흡충 파스키올라 기간티카*Fasciola gigantica*는 유우와 육우를 대량으로 감염시키는 기생충이다. 어떤 지역에서는 감염률이 87퍼센트에 달하기도 한다. 이는 소의 복지는 물론, 축산 업계에도 큰 타격을 준다. 이 기생충의 중간숙주는 어디에나 살고 있는 민물달팽이 룀나에아 올룰라*Lymnaea ollula*다.

호놀룰루의 미국농무부는 이 기생충의 전파를 막고자 곤충학자 클리포드 버그Clifford Berg, 스튜어트 네프Stuart Neff에게 도움을 요청했다. 이들은 달팽이사냥파리에 대해 훌륭한 연구 실적을 쌓은 사람들이었다. 이들은 연구 결과, 중미에 사는 파리인 세페도메루스 마크로푸스 Sepedomerus macropus를 도입할 것을 권했다. 이 파리는 속칭 간흡충달팽이사냥파리 liver fluke snail predator fly로 불린다. 아마도 긴 통속명 중 하나일 텐데, 긴 대신 뜻이 매우 정확하다. 이 종은 잠수한 민물달팽이를 사냥하는 실력이 무척 뛰어나기 때문이다.

그러나 민물달팽이는 연못이 이따금씩 말라버리면 육상에서 지낼 때도 있다. 육상에 올라온 민물달팽이를 사냥하려면 또 다른 파리가 필요하다는 얘기다. 이에 버그는 동료들과 함께 여러 유럽산 종을 알아본 다음, 덴마크산 페르벨리아 (케토케라) 도르사타 Pherbellia (Chetocera) dorsata종을 골랐고, 이 종의 개체 다섯 마리가 하와이로 공수되었다. 거짓말 같지만 엄연한 실화다.

이들 모두는 잘 지내고 교미도 잘했지만 안타깝게도 성공적으로 길러진 유충은 없었다. 그래서 번데기 80마리를 다시 구해 대서양을 건너게 했다. 이 중 61마리가 성체가 되었고, 이 성체들은 번식에도 성공했다. 3세대가 지나자 파리의 수는 12,000여 마리로 늘어났고, 이들은 자연환경에 방생되었다. 이들은 중간숙주 사냥에 특출난 한편, 현지의 멸종 위기종 달팽이 개체군이나, 현지의 육식종(위험한 달팽이를 잡아먹는 종)에 주는 피해는 경미하다는 것도 연구 결과 밝혀졌다.

달팽이사냥파리는 달팽이 사냥 외에도 쓸모가 많다. 회색정원민달팽이grey garden slug 등의 유해한 민달팽이에 대한 생물적 방제에 활용될 가능성을 연구하는 중이다. 농업에서의 병충해 유발 종을 통제할 수 있는 종을 알아보는 실험도 진행되고 있다. 그중 하나인 테타노케라 엘라타 Tetanocera elata는 민달팽이의 주된 천적이라 매우 면밀한 조사가 이루어지고 있다.

여러 파리종 중 들파리는 독을 갖고 있다. 그리고 독 있는 생물 중에 가장 연구가 덜 된 생물일 것이다. 보통 사람들은 파리와 독성을 함께 떠올리지 않는다. 그러나 실제로는 독파리가 많이 존재한다. 지난 2009년 독 전문 연구가 브라이언 프라이Brian Fry는 동료들과 함께, 독을 생성하는 동물들에 대한 중요한 연구 논문을 내놓았다. 그들은 독파리와 흡혈파리의 침에 들어 있는 단백질 성분이 서로 유사하므로, 흡혈파리가 만들어내는 침은 독의 특수 하위유형이라고 보았다. 따라서 모기에 물릴 경우에 우리는 극소량의 독을 전달받는 셈이다.

포식성 파리는 불리한 환경에 처하면 진화가 가속될 수 있다. 반면 파리보다 더욱 강한 동물들은 불리한 환경에 처했을 때 생존을 위해 더 버티는 모습을 보여준다.

동굴은 매우 불리한 환경일 수 있다. 조명이 적고, 습하며 식량은 종류를 막론하고 매우 적다. 케로플라티다이과는 주로 숲 속에 산다. 그러나 이 과에서 동굴에 사는 종 중 상당수는 포식을 하도록 진화하였고, 여러 속은 먹이 사냥에 매우 알맞게 적응되었다. 뉴질랜드와 오스트레일리아에서만 발견되는 소규모 속인 아라크노캄파*Arachnocampa*속은 종이 여덟 개뿐이다. 이 속의 유충은 매우 뛰어난 포식자다. 친척인 진짜 진균각다귀와 마찬가지로, 이들의 유충 역시 비단실을 생성하여 동굴 천장에 집을 만들고, 그 집에 매달려 있을 수 있다. 그러나 진짜 진균각다귀와는 달리 이 집을 덫으로 사용한다. 이들은 집에 매우 긴(최장 40센티미터) 비단실을 최대 70가닥까지 늘어뜨릴 수 있는데, 이 비단실 전체에는 매우 점도 높은 점액 방울이 들러붙어 있다.

동굴은 매우 어두운 곳이다. 동굴에 가보지 않은 사람이라도 그 점은 익히 알 것이다. 유충은 자신의 몸과 비단실로 먹이를 더 잘 유인하기 위해, 생체 발광을 한다. 발광 강도는 유충이 배고픈 정도에 따라 다르다. 날아다니던 곤충들은 비단실 덫에 반사된 이 빛을 반짝이는 별로 생각하고 유인된다. 비단실 덫

진균각다귀 아라크노캄파종은 아름답지만 위험한 점액을 사용해 먹이를 사냥한다.

에 먹이가 들러붙으면, 각다귀들은 실을 끌어당겨 먹이를 잡아먹는다.

1장에서도 언급했듯이, 또 다른 케로플라티드$_{Keroplatid}$속인 오르펠리아$_{Orfelia}$는 이 덫을 더욱 발전시켰다. 비단실에 산성 물질까지 발라놓은 것이다. 이 덫에는 옥살산 앰플이 있는데 이 앰플은 건드리면 깨진다. 여기서 나온 옥살산이, 포획된 먹이를 유충이 건드리기도 전에 분해한다. 유충 외 성체 포식자 중에도 행동과 생리 면에서 매우 특이한 것들이 있다. 특히 파리매과에 많이 분포돼 있다. 이 파리들의 유충 및 성체가 보유한 독성에 대한 연구는 이제 막 시작되었을 뿐이다.

런던 자연사 박물관 소장품 중에는 파리매 표본 수천 개는 물론, 채집 당시 이 파리매들이 먹고 있던 먹이들의 표본도 있다. 내가 특히 좋아하는 파리매 표본 서랍에는 말로포라 인페르날리스 Mallophora infernalis의 수컷과 암컷 표본이 있고, 그 아래에 긴뿔메뚜기 표본이 있다. 그리고 간단한 설명문이 적혀 있다.

'이 두 파리는 아래의 메뚜기목을 산 채로 운반하다가 포획되었다.'

그 두 마리의 파리 사이에 무슨 일이 있었는지는 알 수 없다. 수컷이 암컷에게 메뚜기를 선물로 주면서 환심을 사려고 했던 것일까? 또는 이 메뚜기는 암컷이 잡은 것인데, 지나가던 수컷이 이를 보고 먹이와 암컷을 모두 차지할 수 있는 기회로 여겼

파리매 말로포라 인페르날리스의 수컷과 암컷 표본은 아래에 보이는 사냥감 메뚜기를 운반하던 중에 채집되었다.

던 것일까? 하지만 그날 운수가 좋았던 쪽은 이들을 잡은 곤충학자뿐이었다.

박물관의 소장품 중에는 이들의 먹이가 매우 많다. 그중에는 딱정벌레, 다른 파리매, 잠자리도 있다. 잠자리는 곤충 중에서 비행 실력이 가장 뛰어난 축에 속한다. 그러나 이 작은 포식자에게는 이기지 못한 것이다. 일부 파리매는 매우 튼튼한 몸매를, 다른 일부는 매우 날씬한 몸매를 하고 있다. 그러나 암컷까지 포함해서 모두 콧수염을 기르고 있다. 이 콧수염은 마구 발버둥 치는 먹이의 다리로부터 파리의 민감한 구기를 보호하는 역할을 한다.

말로포라 *Mallophora* 속 파리매는 같은 과에서 거친 사냥꾼으로 잘 알려져 있다. 이 속은 꿀벌 사냥꾼으로 알려져 있다. 꿀벌, 말벌, 기타 근친종을 사냥해 먹는 모습이 관찰되었기 때문이다. 꿀벌은 비행 속도가 느리고 크기가 적당하며 흔하기(벌통 하나에 든 꿀벌의 수가 수만 마리에 달한다) 때문에 잡기 쉬운 표적이다.

미국 플로리다에서는 이 파리매들이 대량의 꿀벌을 사냥해 경제적 타격을 입히고 있다는 보고가 나오고 있다. 보고에 따르면 남방꿀벌사냥꾼 southern bee killer 인 말로포라 오르키나 *Mallophora*

가장 강하고 털이 많은 파리매 말로포라 레스케나울티아는 벌새 같은 동물도 공격해서 먹은 사례가 보고될 정도로 무서운 포식자다.

orcina는 수백 마리씩 무리를 지어 벌통을 공격했다고도 한다.

파리가 벌새를 사냥했다는 얘기도 있다. 에드 존슨이 2008년부터 텍스버즈리스트서버Texbirds ListServ에 공유한 게시물을 보면 그 구체적인 방법이 나와 있다. 그는 파리가 붉은목벌새를 사냥하는 모습을 30분 이상 관찰했다고 한다. 붉은목벌새를 붙잡아 제압하고 내장을 빨아 먹은 문제의 이 종은 말로포라 레스케나울티아 *Mallophora leschenaultia*이다. 통속명은 두 개가 있는데, 검은벌잡이파리black bee-eater, 그리고 더욱 지독한 느낌을 주는 벨제붑벌잡이파리Beelzebub bee-eater이다. 이들의 주식은 호박벌, 꿀벌, 말벌 등이다. 이들은 벌새보다도 작지만, 주저 없이 자기 몸보다 큰 먹잇감을 공격한다.

그 외에도 벌새를 공격하는 파리매종은 많다. 공격 사례 보고도 여러 건 있다. 그중에는 붉은발식인파리redfooted cannibal fly, 벌잡이표범파리bee panther 같은 으스스한 통속명을 지닌 프로마쿠스 루피페스Promachus rufipes에 의한 사례도 있다.

파리매는 내가 특히 좋아하는 파리다. 그중에서도 가장 좋아하는 종은 호박벌파리매bumblebee robber fly 라프리아 플라와Laphria flava다. 솔직히 말하자면 그때그때 연구하는 종에 따라 최애가 달라지기는 하지만 말이다. 아무튼 이 종은 정말 대단하다. 나는 스코틀랜드 현장 답사에서 이 종을 많이 만나보았다.

호박벌파리매는 유럽과 아시아 전 지역에서 볼 수 있다. 이 과의 다른 모든 종의 성체들처럼, 이들도 오직 육식만 하고 산다. 이들의 구기는 다른 모든 파리매와 같이 단단한 빨대 모양의 구문부가 있다. 그리고 이 구문부는 매우 길고 가느다란 하인두를 감싸고 있다. 하인두는 인간의 혀와 같은 구조물로서, 하인두 덕분에 창과 같은 구문부가 먹이를 관통할 수 있는 것이다.

호박벌파리매는 딱정벌레를 먹을 때 상대 몸의 약한 부분(특히 눈)에 구문부를 찔러 넣은 다음, 먹이의 몸속으로 침을 투입한다. 이 침에는 소화 효소와 독이 들어 있다. 파리는 짧은 시간

내가 매우 좋아하는 호박벌파리매 라프리아 플라와는 딱딱한 구문부로 먹이의 약한 부분, 특히 눈을 찌른다.

내에 먹이의 날개를 붙잡고 제압한 다음, 내부를 쪽쪽 빨아 먹어 치우고 껍질만 남은 먹이를 내버린다. 정말 효율적인 방식의 식사다. 호박벌파리매는 그 통속명에서도 알 수 있듯이 다른 모든 라프리아와 마찬가지로 호박벌 흉내를 낸다. 그러나 같은 과 내의 종 중에는 군거말벌이나 기생말벌을 모방하는 종도 있다.

홀코케팔라속의 속명은 '골이 파진 머리'라는 뜻이다. 이 속의 여러 종은 파리매과 중에서도 머리에 가장 뚜렷한 골이 파여 있다. 이들은 눈도 매우 크고 두드러져 있는데, 이는 모양새 그 이상의 기능을 한다. 이들은 각다귀와 톡토기 사냥이 특기다. 톡토기는 덩치가 매우 작은 동물 중 하나다. 그렇기 때문에 사냥에 성공하려면 엄청나게 좋은 시력을 갖춰야 한다. 모든 파리매는 매우 뛰어난 시력을 갖추고 있으며 이들의 눈은 수천 개의 낱눈(광수용체)으로 이루어져 있다. 낱눈의 크기는 다양하다. 이때문에 파리는 넓은 각도를 볼 수 있고, 빠르게 움직이는 물체를 탐지할 수 있다. 사람이 암만 열심히 파리채를 휘둘러도 파리는 쉽게 피해버리는 이유가 바로 여기에 있다. 파리는 빠른 움직임을 매우 쉽게 포착한다. 그러나 느린 움직임은 포착하기 어려워한다. 그래서 이를 이용해 파리를 잡으려면 손을 매우 천천히 움직여야 쉽게 파리를 잡을 수 있다.

이 밖에도 개인적으로 좋아하는 종이 또 있다. 파리매아과의 윌리에아 뮈다스*Wyliea mydas*다. 이 종은 펩시스*Pepsis* 속의 타란툴라사냥벌*Tarantula Hawk wasp*을 기가 막히게 모방하고 있다. 타란툴라사냥벌은 매우 큰 기생말벌로 대모벌과에 속한다. 이 말벌의 유충은 타란툴라 속에서 기생하며 성장한다. 윌리에아 뮈다스는 타란툴라사냥벌과 매우 비슷하다. 심지어 말벌과 비슷하게 생긴 작은 구문부도 갖추고 있다. 물론 다른 파리목 곤충들과 마찬가지로 독침은 없지만 말이다. 독침은 벌목의 암컷에서만 볼 수 있는 것으로, 변형된 산란관이다. 그러나 윌리에아 뮈다스에게는 가짜 독침이 있다. 이 가짜 독침 역시 산란관으로, 심지어는 찌르는 동작까지 한다. 이 모방자는 매우 지독하고 민첩하기 때문에 타란툴라사냥벌을 모방할 필요는 딱히 없어 보인다!

윌리에아 뮈다스 외에도 타란툴라사냥벌을 모방하는 종은 또 있다. 뮈다스Mydas 과(뮈디다이Mydidae)의 또 다른 종 역시 타란툴라사냥벌을 모방한다. 사실 이 세 종의 곤충은 별도로 설명하는 것 자체가 힘들 정도로 닮은 꼴이다. 뮈다스 잔토프테루스

모방 파리 중 하나인 윌리에아 뮈다스 왼쪽 위
도플갱어 펩시스 포르모사 *Pepsis formosa* 오른쪽 위
타란툴라를 마비시키고 있는 펩시스 종의
진짜 타란툴라사냥벌 오른쪽 아래

*Mydas xanthopterus*의 성체는 윌리에아 뮈다스, 타란툴라사냥벌과 생김새가 거의 같다. 그러나 이 과의 성체는 포식성이 아니며 독도 없다. 강한 다른 종을 모방할 필요가 절실할 수밖에 없다.

뮈다스Mydas과의 가우로뮈다스 헤로스Gauromydas heros야말로 학계에 알려진 것 중 가장 큰 파리일 것이다. 그 몸길이는 최대 6센티미터에 달하며, 성체는 매우 힘이 세다. 유충의 길이도 4센티미터나 된다. 성체는 초식성이다. 그러나 유충까지 그럴 거라고 착각하지는 말라. 이 종의 유충은 무서운 포식자다. 성체 암

가우로뮈다스 헤로스는 모든 파리목 곤충 중에서 가장 크고 인상적인 종이다.

컷은 일절 먹이를 먹지 않는 것 같다. 대신 유충기 때 복부에 저장한 지방을 이용해 생존한다.

뮈다스의 유충은 대부분의 파리목 곤충 유충과 마찬가지로 연구가 제대로 이루어지지 않았다. 따라서 이들의 생물학적 특징에 대해서도 알려진 게 별로 없다. 문헌에 따르면 일부 종들은 모래땅에, 또 일부 종들은 부패 중인 나무에 알을 낳는다고 한다. 그리고 이 알에서 태어난 모든 유충들은 딱정벌레의 유충을 먹는다. 가우로뮈다스 헤로스 유충의 섭식 습관은 이 과에서 가장 연구가 잘 이루어진 편이다. 이 유충들은 뿔쇠똥구리속에 속한 코엘로시스*Coelosis*종을 먹고 사는 것으로 추측된다. 코엘로시스종은 잎꾼개미의 개미집 속에 살면서 그 개미의 배설물을 먹고 산다.

춤파리상과도 식성 왕성한 육식성 파리다. 이 상과는 4~5개의 근친 집단으로 이루어져 있으며 이 근친 집단에는 장다리파리Dolichopodidae과, 춤파리과가 속한다. 장다리파리과는 매우 흔하고 널리 분포한다. 성체 전부와 대부분의 유충이 육식성이다. 이 과 성체의 섭식 방식은 나머지 춤파리상과와는 좀 다르다. 파리매는 구기를 먹이의 몸속에 찔러 넣고, 먹이의 내장을 녹여 빨아 먹는 방식을 사용한다. 그러나 장다리파리과 일부는 구기로 먹이를 잡아 붙든 다음 분쇄하여 내장이 튀어나오게 한다. 이들은 윗입술과 아랫입술을 가지고 있어, 먹이를 두 입술 사이에 끼워 넣는다. 아랫입술 바로 아래에는 비인두 엽상부라고 불리는 일련의 면들이 있어, 이것으로 먹이를 분쇄한다. 이 속은 이를 포함해, 같은 과의 다른 속에는 없는 여러 가지 고유한 특징을 지니고 있어 식별하기 쉽다.

이 과의 수컷은 사냥이나 섭식을 하지 않을 때면 매우 놀라운 방식으로 암컷에게 구애한다. 일부 종은 암컷에게 구애하기 전, 수컷 간에 영역을 놓고 매우 치열한 싸움을 벌이기도 한다.

여러 종은 사냥과 영역 방어, 구애를 위해 비행 속도를 엄청나게 높였다. 포에킬로보트루스 노빌리타투스 *Poecilobothrus nobilitatus*는 꽤 덩치가 크고 특징적인 외모를 하고 있는 장다리파리과 곤충이다. 비행 속도도 매우 빠르다. 연구에 따르면 비행 중 방향 전환에 걸리는 속도가 15밀리초에 불과하다. 실로 엄청나게 빠른 속도다. 그런데 모든 파리들은 본 것에 대한 반응 속도가 대부분의 다른 동물들보다 빠른 편이다. 새로운 자극을 보자마자 거의 동시에 반응하는 것으로 보인다. 자극 정보가 머리를 거치지 않고 날개로 바로 전달되면서 사고 및 처리 시간을 절약하는 것이다. 이는 사냥, 도피, 구애 시에 모두 도움이 된다.

포에킬로보트루스 노빌리타투스의 성체 또한 빠른 방향 전환을 통해 지상에서 복잡한 구애 의식을 할 수 있다. 그것도 암컷과의 거리를 2.5센티미터로 유지하면서 말이다. 이 종은 유럽 전역에서 흔하게 볼 수 있는 종인데도 오랫동안 통속명이 없었다. 그래서 2012년 6월 영국 신문 〈더 가디언The Guardian〉은 여러 종의 통속명을 공모할 때 이 종도 끼워 넣었다.

그다음 달 앨런 토마스Alan Thomas라는 사람이 제출한 이름인 '세마포파리semaphore fly'(semaphore는 수기手旗 신호를 뜻한다—옮긴이)가 이 파리의 통속명으로 채택되었다. 현재 이 명칭은 영국 전역의 파리 관련 논의에서 자랑스럽게 쓰이고 있으며, 수컷의 날개 끝이 흰색인 점을 감안하면 매우 적합한 이름이다. 수컷은 암컷에게 구애하기 위해 날개를 몸과 직각이 되게 흔든다. 수컷의 날개 크기는 몸의 크기와 비례하기 때문에 가슴이 클수록 날개도 길어진다.

이 과에서는 수컷의 날개에 점무늬가 들어가 있는 것을 어렵잖게 볼 수 있다. 그 외에도 더욱 화려한 특징들을 쉽게 볼 수 있다. 큰 발이나 물갈퀴, 화려한 날개, 은색 점, 큰 더듬이 등이 그것이다. 이 모두는 구애를 위해 쓰인다. 이들의 성기는 모든 파

플라기오조펠마_Plagiozopelma_ 종의 더듬이는 매우 화려하다.

리목 곤충 중에서 제일 크고 눈에 띈다. 대부분의 파리는 평소에 성기를 숨기고 다니는데, 이들은 언제나 성기를 자랑스럽게 내놓고 다닌다. 그래서 이 속의 여러 종은 성기가 매우 크다. 심지어 복부만큼 큰 것도 있다. 내가 특히 장다리파리속을 좋아하는 이유이다.

　대부분의 포식성 파리목 곤충들은 매우 세심하게 구애를 하는 것 같다. 춤파리과는 장다리파리과의 근친이다. 이들의 구애 행위 역시 장다리파리과 못지않게 화려하고 복잡하다. 하지만 장다리파리과와는 달리, 춤파리과에는 육식을 하지 않는 성체도 있다. 그리고 육식을 하는 종이라도 수컷만 사냥을 하는 종들도 많다. 춤파리아과에서는 극소수의 암컷들만이 수컷이 물어다 주는 먹이에 의존하지 않고 스스로 사냥을 한다.

　대부분의 암컷들은 수컷이 주는 먹이를 결혼 선물로 여긴다. 결혼 선물을 전달하는 수단은 각 종에 따라 다양하게 진화되어 왔다. 수컷이 먹이를 멀쩡한 상태로 암컷에게 전달하는 것이 가장 기본적인 방법이다. 그러나 어느 종은 수컷들이 무리 지어 다닌다. 그래야 암컷의 눈에 더 잘 띄기 때문이다. 또 어느 종은 수컷들이 갓 잡은 먹이를 가지고 나뭇가지 같은 곳에 각자 따로따로 앉아 있다. 이 먹이는 교미 중 암컷에게 줄 것이다. 그런데 암컷들이 먹이만 먹고 교미가 끝나기도 전에 떠나버리는 일도 많다. 교미가 완료될 때까지 암컷이 도망 못 가게 하려면, 그만큼 큰 먹이를 준비해야 한다는 얘기다. 그러려면 당연히 그만큼 많은 시간과 힘이 들어간다: 그래서 어떤 종은 마치 사람이 선물을 포장하듯이 먹이를 포장한다.

 흔히 볼 수 있는 힐라라*Hilara*속은 앞발이 매우 크다. 이 큰 발 속에는 비단을 만드는 샘이 있다. 이 비단으로 먹이를 포장하는 것이다. 성체 수컷은 먹이를 사냥한 다음 포장해 암컷에게 선물한다. 만약 암컷이 포장을 풀고 먹이를 먹는 데 시간이 오래 걸리면, 수컷은 암컷이 먹이를 다 먹기도 전에 교미를 끝내버리는

힐라라종의 크고 굵은 다리에는 비단샘이 있다.

경우가 많다. 수컷이 암컷이 먹다 남긴 먹이를 뺏어서 다시 포장해 또 다른 암컷에게 선물하는 경우도 관찰되었다. 사람으로 치자면 반쯤 먹어버린 초콜릿을 데이트 선물로 주는 것이다.

엠피스 *Empis* 속의 여러 종은 한술 더 떠 침으로 만들어 속에 아무것도 없는 풍선만 선물한다. 그 속에는 먹다 만 먹이조차도 들어 있지 않다. 불쌍한 암컷은 이 가짜 결혼 선물에 속아 수컷과 교미한다. 이 수컷들의 뛰어난 속임수에 경의를 표할지어다.

이 과의 암컷들은 가짜 결혼 선물에 낚이는 것보다도 더욱 지독한 상황을 겪기도 한다. 람포뉘아 *Rhamphonyia* 속의 수컷들은 암컷에게 구애 선물을 준비하되 절대 공짜로 주지 않는다. 물론 그들도 암컷을 위해 사냥을 하지만, 암컷들이 그 먹이를 먹으려면 일을 해야 한다. 더 정확하게 말하자면 춤을 춰야 한다. 이 속의 암컷들은 구애 시 2차성징을 나타내도록 진화되었다. 이는 자연계에서는 흔치 않은 일이다. 보통 구애 시 자신을 과시하는 것은 수컷들의 몫이기 때문이다. 여하간, 구애의 춤을 춰야 하는 암컷은 다리에 날개 모양의 비늘을 달고 있다. 이 때문에 다리털이 수북해 보인다. 또한 크고 둥근 날개를 지니고 있다. 그리고 마지막 성적 매력 포인트는 복부에 있는 뒤집기가 가능한 주머니다. 주머니는 암컷의 필요에 따라 팽창 또는 수축시킬 수 있고, 이를 이용해서 등 부분을 부풀릴 수 있다. 암컷은 비행 중에 털이 수북한 다리로 복부를 감싸고 주머니 안팎으로 공기를 펌프질할 수 있다. 이는 자신의 몸에 알을 밸 자리가 충분함을 수컷에게 보여주기 위한 행동으로 짐작된다. 그다음 인간이 감히 따라 할 수 없을 만큼 멋진 춤을 보여준다. 개인적으로 이 종의 수고스러운 암컷들이 별로 안됐다는 생각은 안 든다. 왜냐하면 수컷들은 매우 거대한 꽈배기 모양의 성기를 갖고 있기 때문이다.

제멋대로인 수컷들만 보자니 좀 섭섭한 것도 같다. 등에모기과의 등에모기를 다시 한번 들여다보자. 이 과를 더 나누면 등에모기아과가 있고, 이 아과에는 흡혈종과 식충종이 있다. 이 중 식충종의 암컷은 교미 중 다양한 종의 긴뿔파리를 먹는다. 그리고 일부 종의 암컷은 매우 멋진 교미 전략을 발달시켰다. 세로뮈아 페모라타 *Serromyia femorata*도 그런 종이다.

이 종의 암컷은 수컷이 교미를 시작하게 놔둔다. 그러나 일단 교미를 시작하고 나면, 수컷의 머리를 구문부로 찌른 다음 소화효소를 투입해 내장을 녹여 섭취한다. 수컷은 텅 빈 외골격 말고는 아무것도 남지 않는다. 그러고 나면 수컷의 성기 부분에서 외골격이 부러져 나간다. 이 둘이 아직 교미 중임을 기억하는가? 원래 수컷의 성기는 교미가 끝나기 전 암컷이 도망가지 못하게 막는 천연의 임시 족쇄 역할을 한다. 그런데 수컷의 성기가 부러져 버리면? 암컷은 바로 다른 수컷을 만나 또 교미한다. 만약 죽는 방법을 선택할 수 있다면 그중 최악은 아닐지도 모르겠다.

포식자 파리들은 나쁜 녀석들이다. 그러나 인간에게 유용하기도 하다. 여러 포식자 파리종들은 해충을 잡아먹는다. 민달팽이를 잡아먹는 달팽이사냥파리라든가, 진딧물을 잡아먹는 여러 떠돌이파리종 유충이 대표적이다. 한번 시간을 내어 연못 앞에 앉아 장다리파리를 찾아보라. 그들이 활동하는 모습을 구경하는 것은 어지간한 클럽에 놀러 가는 것보다도 훨씬 재미있다.

9장

기생 파리목

누구나 도움이 전혀 안 되는 기생충을 갖고 있다.

윌리엄 S. 버로스 William S. Burroughs

기생자, 그리고 그 능력이 더욱 특화된 포식 기생자는 그야말로 악몽 같은 존재다. 어디서부터 이들에 대해 얘기해야 할지는 나도 잘 모르겠다. 그러나 나에게 이들은 가장 흥미롭고 매력적인 파리목 곤충이기도 하다. 그동안 만나본 많은 쌍시류 연구가들은 기생 파리목 유충에 관한 재미있는 경험담을 내게 들려주었다. 어떤 연구가는 말파리를 자기 집에서 일주일 동안 키웠다고

◀ 쿠테레브라 에마스쿨라토르 *Cuterebra emasculator*는 너무나 사랑스러운 생물이다. 물론 다람쥐에게는 별로 사랑스럽지 않을 것이다. 이 파리의 알은 다람쥐의 피부 안쪽에서 부화하기 때문이다.

했다. 그런데 주위가 조용한 취침 시간에는 그 말파리들이 먹이를 먹는 소리까지 들릴 정도였다고 한다. 결국 연구가의 부인은 성화를 부렸고, 연구가는 말파리들을 내다 버릴 수밖에 없었다. 동료로서의 공감보다는 혐오감을 불러일으키기 알맞은 이야기다. 그러나 나는 그런 경험담이 없어 아쉬운 적이 많았다.

기생자의 정의는 다음과 같다. 생애주기의 일부 동안 다른 생명체(숙주)의 체내 또는 체외에 붙어살면서 영양분과 물, 산소 등을 취득하는 생물이다. 기술적으로 따지면 여기에는 내가 초식성으로 분류한 파리목 곤충종들 다수도 포함된다. 이들 때문에 숙주 식물이 손상을 입고, 심한 경우 죽기도 하기 때문이다. 하지만 기생자라고 한다면 보통 동물을 숙주로 삼아 서식하는 파리 유충을 떠올린다. 기생자는 숙주를 죽일 수도 죽이지 않을 수도 있다. 숙주를 죽이는 기생자는 포식 기생자라고 불린다. 파리목 곤충에서 기생자는 유충과 성체 모두에서 볼 수 있다. 그러나 포식 기생자는 유충기에만 보인다.
기생종 및 포식 기생종은 매우 많다. 이들 중에는 곤충, 그중에서도 말벌이 가장 많다. 지난 1997년 미국의 곤충학자 도널드 페너Donald Fenner와 브라이언 브라운Brian Brown은 모든 포식 기생자 중 78퍼센트가 벌목(개미, 꿀벌, 말) 곤충이고, 20퍼센트가 파리목이라고 추정했다. 그러나 앞서 언급한 혹파리 연구 결과를 감안한다면 이 수치는 완전히 바뀔 수 있다.

모든 포식 기생성 말벌들은 하나의 공통 조상에서 진화했다. 그러나 파리는 그렇지 않다. 파리종 또는 종집단이 기생성을 나타내는 경우는 최소 100건이 넘으며, 이러한 섭식 행동은 최소 31개 과에서 나타난다. 이를 회귀진화recurrent evolution라고 부른다. 특정한 특성이 반복적으로 활용된다는 뜻이다. 파리는 포식 기생자의 수라는 측면에서 봤을 때는 말벌에 뒤진다. 그러나 이들 중 다수가 벌목 곤충을 숙주로 삼고 있으므로 최후의 승자는 말벌이 아니라 이들이다.

이 책에서 기생종을 다룬 게 이번이 처음은 아니다. 1장에서 꿀벌파리의 특이한 육아에 대해 간단히 다루었기 때문이다.

이들은 공중에서 알을 무게추 속에 넣은 다음, 이 무게추를 단생벌의 둥지 속 또는 그 근처에 떨어뜨린다. 꿀벌파리는 가장 놀라운 포식 기생자다. 매년 봄이 되면 영국 전역에서 박물관에 특정 보고가 쇄도한다. 정원에서 작고 폭신폭신한 일각고래가 날아다니는 것을 봤다는 것이다. 그 일각고래는 사실 대형 꿀벌파리다. 학명은 봄빌리우스 마요르*Bombylius major*다. 몸이 털북숭이인 데다 긴 구문부 때문에 일각고래처럼 보인다. 나도 이들의 섭식 모습을 수 시간 동안 관찰한 적이 있다. 성체는 인간에게 해를 끼치지 않는다. 그러나 이들의 유충은 기생성이다. 그렇기에 성체들은 아침 햇살 속을 날아다니면서 유충을 기를 만한 숙주가 사는 둥지를 찾으려고 한다.

    벌목을 숙주로 선호하는 또 다른 과로는 벌붙이파리과의 굵은머리파리들이 있다. 그 통속명대로 성체의 모습이 매우 특이하다. 다른 파리목 곤충들보다 훨씬 각이 져 있다. 이 종은 또한 꿀벌과 말벌을 잘 흉내 낸다. 아마 눈에 띄지 않고 표적에 다가

강력한 굵은머리파리인 코노피드 *Conopid* 종은 꿀벌과 말벌을 닮았다. 이들은 꿀벌과 말벌을 마비시킨다.

가기 위해서일 것이다. 이 과의 여러 종의 암컷은 잡식성 유충을 기를 숙주를 까다롭게 고르지 않는다. 다양한 종류의 꿀벌과 말벌을 공격한다. 숙주를 공중에서 붙잡아 그 체내에 알을 산란하는 것이다. 여러 종의 암컷들은 복부 일부를 막이라고 불리는 형태로 변형시켰다. 이 막은 깡통따개라는 통속명으로도 불리는데, 이 막으로 숙주의 복부 일부를 비틀어 열기 때문이다. 막의 형태는 종마다 달라 종을 식별하는 특징이 된다. 이 때문에 수컷 성기가 아닌, 암컷 성기를 통해 종을 식별하는 신선한 변화가 파리목 연구계에 일어나고 있다.

암컷은 한 숙주에 한 번에 단 한 개의 알을 낳는다. 일단 유충이 부화하면 숙주의 내장을 먹기 시작한다. 이 때문에 결국 숙주는 죽게 된다. 숙주가 죽은 후에도 유충은 숙주의 시체를 번데기 시기의 엄폐물로 사용한다. 이는 여러 파리종이 사용하는 매우 흔하고 타당한 방법이다. 이렇게 하면, 더 단단한 외피를 만들거나 다른 안전지대를 알아보기 위해 귀중한 영양분을 낭비하지 않아도 된다.

굵은머리파리 중에는 숙주의 배를 따지 않는 종도 있다. 일부 종의 알은 작살 모양으로 생겼다. 스틸로가스트리나이 *Stylogastrinae*

▲ 스틸로가스테르종의 알은 보다시피 이렇게 작살 모양으로 생겼다. 이 때문에 표적인 집파리의 눈에 박아 넣을 수 있다.

는 스틸로가스트리다이Stylogastridae아과(이를 벌붙이파리과의 아과로 볼 것인지 독립된 과로 볼 것인지에 대해서는 아직도 학계 내에서 이견이 있다) 내에 스틸로가스테르Stylogaster속이 있다. 이 속의 유충은 바퀴벌레, 귀뚜라미, 집파리 등의 대형 파리, 기생파리 등에 기생한다. 기생파리는 아이러니하게도 자기들끼리 포식 기생자 노릇을 한다.

스틸로가스테르종들은 군대개미와 연관되어 있는 경우가 많으며, 군대개미를 이용해 유력한 숙주를 찾아내는 꼼수를 쓰기도 한다. 군대개미의 군락 하나에는 최대 1,500만 마리의 개미가 있다. 이 개미들이 약탈을 하고 돌아다니면서 숨어 있는 곤충들을 소탕하면 파리들이 남은 것을 해치운다. 파리 암컷들은 이동 표적을 향해 작살 모양의 알을 고속으로 쏘아 보내거나, 표적의 몸에 찔러 넣는다. 실로 대단한 정확성을 요하는 작업이다. 파리의 알은 표적의 눈을 포함한 전신에 명중한다.

집파리Muscidae과 집파리의 경우, 성체와 유충은 기생을 포함해 실로 다양한 섭식 전략을 취한다. 갈라파고스제도의 찰스 다윈 재단Charles Darwin Foundation에서 일하는 비르기트 페슬Birgit Fessl은 다윈 핀치Darwin's finches(갈라파고스제도와 코코섬에만 서식하는 작은 새들을 일컫는 별칭-옮긴이)의 조류를 비롯한 여러 명금류의 기생충 감염을 연구하고 있다. 페슬은 캐나다 쌍시류 연구가 브래들리 싱클레어Bradley Sinclair 등의 연구가들과 함께 침입종 집파리 필로르니스 도운시*Philornis downsi*를 연구 중이다. 이 종은 핀치 개체군에게 엄청난 타격을 주고 있다.

이 파리는 기묘하다. 제1령 때는 체내 기생충이다. 더 정확히 말하면 구더기증의 작용 인자다. 구더기증은 파리가 유발하는 기생충 감염이다. 이들의 유충은 새끼 새의 콧구멍은 물론 피부 밑에서도 발견된다. 제2령 후반 및 제3령에는 숙주의 몸 밖으로 나와 둥지 속에서 자유롭게 산다. 이 시기에는 체외 기생충으로 살면서 야간에 숙주의 피를 빨아 먹는다.

최근 만들어진 모델에서는 1960년대 이 파리가 갈라파고스 제도에 나타난 이래 핀치 개체군 규모에 가한 영향을 알아내고자 했다. 그 결과, 다른 조치가 없다면 핀치는 50년 이내에 멸종한다는 예측이 나왔다. 그래도 섣부른 걱정은 금물이다. 페슬이 동료들과 함께 핀치의 멸종을 막을 비책을 연구 중이니까. 다만 다윈과 그의 진화 이론에 큰 영향을 준 핀치가, 외래종 기생충에 맞설 만큼 빠르게 진화하지 못하고 있다는 점은 좀 아이러니하다.

기생파리는 기생파리과에 속해 있다. 기생파리는 현재까지 기록된 종만도 1만 종이 넘는 큰 종이다. 이들의 모든 유충은 포식 기생자이며, 대부분이 곤충을 숙주로 삼는다. 벌붙이파리과의 파리들은 그 이름에서도 알 수 있듯이 숙주를 가린다. 그러나 이 과는 그렇지 않다. 어쩌면 기생파리과는 병충해 구제에 매우 유용한 수단이 될 수 있을지도 모른다.

예전에 어느 생물적 방제 프로젝트에 참여한 적이 있다. 거기서 나는 헤더딱정벌레 로크메아 수투랄리스 *Lochmaea suturalis*의 복부에서 기생파리 메디나 콜라리스 *Medina collaris*의 유충이 나오는 것을 보고, 이를 관찰 및 촬영한 적이 있다. 또 한번은 유충이 헤더딱정벌레 속으로 도로 들어가기도 했다. 숙주 외부에서 번데기가 될 준비가 되지 않은 것이 분명했다.

헤더딱정벌레의 밀도가 높아지면, 헤더딱정벌레는 헤더(위스키의 풍미를 내는 데 쓰이는 꽃-옮긴이)를 무차별적으로 뜯어먹으므로 헤더 농사에 큰 피해를 입히게 될 것이다. 더군다나 관련한 다른 모든 종에게도 피해가 갈 것이다. 헤더는 위스키의 풍미를 내는 데도 중요한 역할을 하기에 나는 이 문제가 특히 신경쓰인다. 우리는 헤더를 반드시 지켜야 한다!

기생파리과의 성체는 매우 털이 많다. 이들 중 일부 종은 인

매우 털이 많은 고슴도치파리, 기생파리과의 에팔푸스종. 이렇게 털이 많은 이유는 알려지지 않았으나 이들이 가장 털이 많은 파리란 점은 확실하다.

간이 아는 것 중 가장 털이 많은 파리다. 그 이유는 알 수 없다. 그러나 에팔푸스*Epalpus*속은 특히 털이 많다. 이 속의 일부 종은 고슴도치파리hedgehog fly로 불릴 정도다. 일부 기생파리종들의 성체는 '귀'가 달려 있다. 더 정확히 말하면 고막형 청각 기관이다. 이들은 이 기관을 사용, 숙주의 위치를 알아내어 산란한다. 이들 기생파리와 쉬파리 일부 종은 딱정벌레, 메뚜기, 여치, 심지어는 매미 등의 울음소리를 알아들을 수 있다. 물론 매미는 못 들은 척하기에는 워낙 시끄러운 곤충이지만 말이다.

기생파리의 오르미니Ormiini아과는 종이 68개만 있는 비교적 소규모의 아과다. 주로 열대 지역, 특히 중남미에서 쉽게 볼 수 있다. 이들은 적어도 현재까지 발견된 것 중에는 유일하게 진정한 고막형 청각 기관을 가지고 있다. 이 아종의 암컷은 어깨 패드 같은 것을 가지고 있는데, 이것이 고막형 청각 기관의 골조 역할을 해 공기 중의 소리를 듣게 해주며 감각 기관 및 더 큰 공간(기관 공간)의 기반이 된다. 알을 밴 암컷 파리는 알을 낳기에 적합한 메뚜기 등 숙주들의 구애 소리를 들을 수 있다.

하지만 모든 암컷 파리들이 이런 숙주 발견 장비를 보유하거나 활용해 산란할 숙주를 찾는 것은 아니다. 많은 암컷들은 충분히 숙성된 알을 낳는다. 이 알들은 산란 직후 부화한다. 부화한 유충들은 바로 사냥을 시작한다. 또 식물에 산란하는 암컷들도 있다. 초식성 곤충들이 해당 식물을 먹을 경우, 유충이 그 곤충들을 숙주로 삼을 수도 있기 때문이다.

기생은 매우 쉽게 먹이를 확보할 수 있는 방법이다. 그러나 기생 시 호흡 등의 문제가 따라올 수 있다. 이 때문에 일부 종들은 숙주의 기관, 즉 호흡기로 침투하는 기술을 개발했다. 모든 곤충은 기관이 있다. 기관氣管은 체내에 있는 공기 통로망으로, 온

몸에 공기를 공급해준다. 기생충들도 이 관 속에 들어가기만 하면 필요한 공기를 공급받을 수 있다.

　기생파리 엑소리스타 라르와룸 Exorista larvarum의 유충은 더욱 복잡한 방법을 사용한다. 이들은 여러 나방과 잎벌 유충의 몸 안으로 파고 들어가 뜯어먹는다. 이들이 가진 간단한 형태의 구기는 숙주의 보호벽을 절개해 관통할 수 있다. 그러면 숙주가 면역 반응을 일으키고 이들이 관통한 부분 주변의 색이 짙어지고 단단해진다. 멜라닌화 작용 때문이다. 유충이 숙주의 몸속으로 파고 들어가면서, 이들이 지나간 자리에는 가느다란 터널이 남는다. 유충은 꼬리에 있는 흡기관을 갈고리를 이용해 터널에 고정한 다음, 편안하게 호흡하면서 숙주의 몸을 파먹을 수 있다.

　기생파리를 생물적 방제 수단으로 사용하기 위한 연구는 아직 초기 단계다. 그러나 다른 과들도 농업 병충해 방제에 매우 유용하다는 것이 이미 밝혀졌다. 그중에는 비늘파리 scale fly 크립토케티다이 Cryptochetidae 과도 있다. 이 과에서 현재까지 발견된 33종의 유충이 모두 반시류 깍지벌레상과 Coccoidea의 체내에 기생한다. 이 상과의 곤충들 중에는 경제적으로 큰 손실을 입히는 병충해의 원인인 개각충, 쥐똥나무벌레 등이 있다. 개각충은 밭작물을 공격하고 쥐똥나무벌레는 감귤류를 공격한다. 이 곤충들은 결코 크지 않다. 이들을 공격하는 파리는 더욱 작다. 어떤 것의 몸길이는 4밀리미터에 불과하다. 그러나 크기가 작다고 해서 경제적 가치까지 낮은 것은 아니다.

이케뤼아 푸르카시 Icerya purchasi는 막대한 경제적 피해를 입히는 개각충이다. 잡식성이긴 하나 감귤류를 특히 좋아한다. 원산지는 오스트레일리아고, 작은 딱정벌레처럼 생겼다. 1868년 뉴질랜드에서 온 아카시아나무에 붙어, 캘리포니아에 상륙한 것을 계기로 미국에도 전파되었다. 미국에는 이 곤충의 천적이 없었기 때문에 그 누구도 이들의 폭주를 막을 수 없었다. 미국에 상륙한 지 불과 20년도 되지 않아, 이들은 캘리포니아 남부의 감귤 산업을 초토화했다. 안 그래도 경제적 어려움을 심하게 겪던 지역이었다. 당연히 미국 정부는 이 곤충과의 전쟁을 선포했다. 당시 미국농무부 곤충학과의 과장 찰스 V. 라일리 Charles V. Riley는 이 생물의 정체와 출처, 대처방법을 조사하는 수석 조사관이었다. 시안화물을 포함한 고전적 방법은 이 튼튼한 생물에게 효과가 없었다. 엄청난 돈이 허비되고 있는 상황에서 라일리는 이들이 오스트레일리아에서 왔으리라고 추측했다. 당시 미국은 오스트레일리아에서 대량의 농업용 및 관상용 식물을 수입하고 있었기 때문이다. 그는 곤충학자 앨버트 쾨벨Albert Koebele을 조사관으로 채용했다. 그리고 오스트레일리아 곤충학자 프레이저 크로퍼드Frazer Crawford와 함께 공동 대응에 나섰다.

그들은 이 곤충의 천적을 찾아다녔고, 얼마 못 가 크로퍼드는 비늘파리 크립토케툼 이케뤼아이Cryptochetum iceryae가 이 곤충의 포식 기생자임을 알아냈다. 현장 실험에서 그는 비늘파리가 오스트레일리아 아들레이드 주변 지역의 개각충 개체수에 큰 타격을 입힌다는 것을 입증했다. 얼마 안 있어 쾨벨 역시 같은 결론을 냈다. 그는 비늘파리, 그리고 생물적 방제에 효과가 입증된 또 다른 생물인 무당벌레를 가지고 귀국했다. 두 생물은 개각충 방제에 즉각 큰 효과를 보였고, 불과 몇 달 만에 개각충의 개체수는 무해한 수준으로 떨어졌다.

마침내 이 종의 천적이 크립토케툼 이케뤼아이임을 알아냈으나 파리의 생태를 이해하는 데는 훨씬 오랜 시간이 걸렸다. 에밀 한스 빌리 헤니히Emil Hans Willi Hennig는 뛰어난 생물학자이며 진화 이론 발전에 큰 공헌을 했다. 헤니히는 분기학의 아버지로 불린다. 분기학이란 공통된 특징을 기반으로 여러 생물 간의 관계를 묘사하는 학문이다. 그는 또한 위대한 쌍시류 연구가이기도 했다. 이 책에서는 그 부분에 초점을 맞춰보겠다.

1952년은 크립토케툼 이케뤼아이 파리종에 학명이 붙은 지 50년도 넘게 지난 시점이었다. 그해 그는 이런 글을 썼다.

"이 속의 유충들의 생태는 주목할 만한 연구된 사실들과 함께 아직 풀지 못한 퍼즐도 함께 가지고 있다."

당시 사람들은 유충이 몇 개의 령을 거치는지도 제대로 몰랐다(현재는 4령을 거친다는 것이 드러났다). 당연히 이들의 성장 과정에 대해서도 아는 게 없었다. 그러나 이들이 번데기 껍질에서 나올 때 뚜껑lid 한 개를 날린다는 것은 알고 있었다. 이는 모든 원열이마류 파리들이 번데기 껍질에서 나올 때와 같다. 반면 근친 관계인 다른 종들은 두 개의 뚜껑을 날린다. 현재 우리는 크립토케툼 이케뤼아이의 생애주기에 대해 예전보다 더 많은 것을 알고 있다. 이들이 유충기의 제2령에 숙주를 공격한다는 것, 이들이 유충과 성체를 모두 공격한다는 것, 그리고 이러한 지식이 방제에 도움이 된다는 것도 알고 있다.

특이한 기생파리 무리를 논하면서 개구리에 기생하는 파리들을 빼놓을 수는 없다. 이들은 개구리파리frog fly라는 통속명으로 불린다. 오스트레일리아에만 사는 노랑굴파리Chloropidae과 바트라코뮈아*Batrachomyia*속의 프릿파리 유충은 여러 종류의 개구리의 피부 아래에 안전하게 기생하면서 성장한다. 개구리 피부는 연해서, 그 밑에 유충이 들어가면 혹이 생겨 밖에서도 쉽게 알아볼 수 있다. 그리고 개구리 한 마리에 여러 마리의 유충이 기생하는 경우도 많다. 이 유충은 숙주의 크기에 비교해 보면 꽤 크다. 이는 아마 숙주에게도 꽤나 성가신 부분일 것이다. 이 속에 대해 오스트레일리아 동물학자 프랜시스 렘커트Francis Lemckert가 쓴 논문에 따르면, 유충 한 마리의 길이는 개구리 몸길이의 70퍼센트에 달한다. 그리고 개구리 몸에서 적출된 유충 중 제일 큰 것의 체중은 개구리 체중의 7.1퍼센트나 되었다.

숙주 체내에 사는 체내 기생파리들은 그 숙주가 다양하지 않고 주로 포유류에게서만 볼 수 있다. 기생파리 때문에 포유류 숙주가 죽는 경우는 매우 드물다. 그러나 숙주의 건강에는 분명 부정적인 영향을 준다. 개구리파리의 경우 개구리의 피부를 찢고 나오는데, 그 과정에서 과다출혈이 발생해 개구리가 죽는 경우도 많다.

가장 카리스마적인 체내 기생파리 중에는 쇠파리Oestridae과의 쇠파리도 있다. 이 과에는 네 개의 아과가 있다. 그중 하나인 쇠파리아과에는 코쇠파리nasal bot fly가 있다. 코쇠파리는 더욱 애정을 담은 이름인 코딱지쇠파리snot bot로도 불린다. 낙타쇠파리camel bot fly는 주로 아프리카에서 서식하며, 그 이름에서도 알 수 있듯이 대형 포유류의 비강 내에서 볼 수 있다. 또한 아프리카 외에도 낙타가 사는 곳이라면 어디서나 볼 수 있다. 유충은 내가 어릴 적 즐겨 먹던 오렌지색의 '레인보우 드롭스(설탕 넣은 밀 뻥과자)'처럼 생겼다. 학명은 케팔로피나 티틸라토르*Cephalopina titillator*다. 낙타쇠파리라는 이름을 들으면, 낙타도 이 파리로부터 뭔가 이득을 얻는 게 아닐까 싶은 느낌이 든다. 그러나 내가

낙타쇠파리 케팔로피나 티틸라토르의 유충들. 오른쪽에 있는 것은 령수가 적은 것으로, 주둥이에 달린 갈고리가 똑똑히 보인다.

알기로는 그런 것은 전혀 없다. 실제로 낙타들은 이 파리 때문에 지독한 염증에 시달린다. 이 파리의 알은 산란 직후 부화하여 낙타 콧구멍 근처로 날아간다. 낙타 콧구멍 속으로 들어간 다음, 인두를 따라 움직인다. 이후 이들은 인두에서 계속 성장한다. 번데기가 될 때쯤에는 기관으로 움직이는데, 이때 낙타에게 염증을 유발한다. 낙타는 염증으로 인해 지독한 재채기와 기침을 해대고, 그 결과 아직 번데기가 되지 않은 유충들이 점액에 실려 튀어나오게 된다.

우리 인간은 아주 먼 옛날 고기를 먹기 시작하면서부터 이미 이 흥미로운 생명체의 존재를 분명히 인지했다. 물론 다행히도 지금은 대부분 익힌 고기를 먹지만 말이다. 아리스토텔레스도 2,300년 전 케페네뮈아*Cephenemyia*속의 사슴쇠파리deer bot fly의 어느 종에 대해 다음과 같이 글을 쓴 적이 있다.

"이 생물들은 가장 큰 딱정벌레만큼 크다."

아마 그가 본 가장 큰 딱정벌레 유충은 유럽산 장수풍뎅이의 유충(몸길이 최대 10센티미터)이었을 것이다. 이렇게 큰 곤충이 비강에 들어가 있다면 어떤 느낌일까? 아리스토텔레스가 딱정벌레라는 표현을 쓴 것은 이 유충의 크기를 더 작은 곤충 유충과 비교하려는 의도였으리라 생각하는 편이 타당할 성싶다.

이 생물들에게는 또 다른 놀라운 특징이 있다. 미국의 곤충학자 찰스 타운센드Charles Townsend는 1927년, 자신의 관찰 결과 사슴쇠파리 케페네뮈아 프라티 *Cephenemyia pratti* 수컷의 속도가 초속 365미터에 달했다고 주장했다. 시속으로 환산하면 무려 1,316킬로미터나 된다. 암컷의 속도는 이보다 약간 느린 정도였다. 후일 그는 파리 채집가들에게, 이 파리의 암컷이라도 잡으려면 총이 필요하다고 말했다. 구체적으로 말하면 모래를 채운 탄을 발사하는 22구경 소총이 있어야 한다는 것이었다.

1938년 〈사이언스Science〉지에 노벨 화학상 수상자인 어빙 랭뮤어Irving Langmuir는 타운센드의 주장을 반박하는 기사를 게재했다. 그러나 대중 언론이 심어놓은 이 파리 속도에 대한 상식을 깨는 데는 실패했다. 랭뮤어는 타운센드의 주장을 검증하기 위해, 사슴쇠파리 관측 내용을 제펠린 비행선의 비행 장면 관측 내용과 비교했다. 당연한 얘기지만 랭뮤어는 타운센드가 주장한 속도가 나올 수 없다는 증거만 여럿 발견했다. 무엇보다도 파리가 그렇게 빨리 날면 사람 눈에 보이지 않는다. 랭뮤어는 이

파리의 실제 비행 속도는 시속 42킬로미터 정도일 거라고 계산했다.

확실히 타운센드의 주장대로라면 사슴쇠파리는 비행 중 소닉붐sonic boom(제트기가 비행 중에 음속을 돌파하거나 음속에서 감속했을 때 또는 초음속비행을 하고 있을 때 지상에서 들리는 폭발음-옮긴이)도 일으켜야 한다. 섭씨 20도 기온 기준으로 시속 1,224킬로미터를 넘는 속도로 비행하면 소닉붐이 생긴다. 그러나 랭뮤어의 계산 결과는 물론이요, 실제 사례를 봐도 사슴쇠파리가 소닉붐을 일으킨 사례는 없었다.

타운센드는 랭뮤어의 기사를 보고 반론을 제기했다. 랭뮤어가 계산에서 착오를 한 부분이 있다는 것이다. 당시 학계에서 추정하던 빛의 속도는 그 이후 밝혀진 속도의 절반밖에 되지 않았다. 그래서 타운센드도 자신의 계산값을 시속 640~1,316킬로미터 사이라고 정정했다. 그래도 그는 여전히 이런 주장을 고수했다. 이 파리는 최고 속도에서는 보이지 않으며, 관찰자와의 충돌을 피하기 위해 방향 전환을 하면서 감속할 때만 하늘에 잔상을 남긴다는 것이다.

해럴드 올드로이드는 저서 《파리의 자연사》에서 이 관찰 내용에 대해 언급하면서, 타운센드의 관찰은 정확한 계측 장비 없이, 대략의 추측으로만 이루어졌다고 말했다. 그는 타운센드의 부정확한 관측 결과에 넘어가지 않았다. 그러나 타운센드의 이 믿을 수 없는 주장은 〈뉴욕타임스The New York Times〉에 게재되었고, 〈기네스북Guinness Book of Records〉은 곧바로 사슴쇠파리를 지구에서 가장 빠른 생물로 등재했다.

훗날 더 정확하게 측정해본 결과로는 이 파리의 비행 속도는 시속 40킬로미터였다. 빠르기는 하지만 말파리 휘보미트라 히네이Hybomitra hinei 보다는 느렸다. 이 말파리 수컷은 암컷을 추격할 때 시속 146킬로미터 이상의 속도를 낸다. 남자가 마음먹으면 이렇게 초월적인 힘도 낸다.

비강 감염 쇠파리는 태반이 있는 포유류라면 가리지 않는다. 그러나 오스트레일리아에 사는 유대류, 붉은캥거루만 좋아하는 종도 있다. 그 이름은 캥거루쇠파리kangaroo bot fly로 학명은 트라케오뮈아 마크로피Tracheomyia macropi다. 이 종은 1913년 처음 기록된 이후 늘 과학자들의 주시하에 놓여 있다.

2014년 캥거루 전문가 린다 스테이커Lynda Staker는 《유대류의 사육, 건강관리와 의약품Macropod Husbandry, Healthcare and Medicinals》이라는 책을 썼다. 그 책에서 그녀는 10개월령의 캥거루 '넬리'

의 사례 연구를 들었다. 넬리는 계속 콧소리를 냈다. 처음에는 바이러스 감염을 의심했다. 그러나 치료를 해도 콧소리는 계속되었다. 사육자들은 넬리를 마취시키고 비강을 세척, 원인으로 의심되는 비강 내 진균 포자를 제거하고자 했다. 그런데 그 과정에서 큰 쇠파리 유충이 나왔다. 이후 7일간 구충제 이버멕틴을 투여하자 네 마리가 더 나왔다. 불쌍한 넬리.

넬리는 운이 좋은 편이었다. 기생충 중증 감염은 숙주를 기관지염으로 죽일 수도 있기 때문이다. 최종령의 유충 다수가 폐 안으로 들어가 막에 염증을 일으키면 말이다. 숙주는 조직 손상에 이은 2차 박테리아 감염을 당할 수도 있다.

캥거루 넬리보다 좀 더 유명한, 코끼리 넬리도 있다. 코끼리도 쇠파리 감염의 피해자다. 그러나 다른 종과는 달리, 비강 인근에는 감염이 일어나지 않는다. 거기까지 가려면 유충이 너무 먼 길을 이동해야 하기 때문이다. 코끼리를 감염시키는 쇠파리종은 가스트로필리나이 *Gastrophilinae* 아과에 속해 있다. 그 이름에서도 알 수 있듯이 숙주의 위에서 성장한다. 현대의 코끼리만 쇠파리에 시달렸던 것도 아니다. 지난 1973년, 잘 보존된 매머드 시체의 위 속에서 멸종된 쇠파리 코볼디아 루사노비 *Cobboldia russanovi*가 발견되었다.

위 속에 기생하는 쇠파리들은 코끼리는 물론이고, 말과 코뿔소에서도 발견된다. 지구상에서 가장 심각한 위기에 처한 멸종 위기종은 아마도 코뿔소쇠파리rhino bot fly, 귀로스티그마 르히노케론티스Gyrostigma rhinocerontis일 것이다. 이들이 멸종 위기에 처한 것은 숙주가 멸종 위기종이기도 하지만, 이들의 개체가 너무 적어 교미 상대를 찾기 어렵기 때문이기도 하다. 이러한 문제는 전 세계 박물관에 보관된 이들의 표본이 매우 적다는 데서도 드러난다. 그중 소수는 야생 코뿔소에게서 채취한 것이다. 그러나 코뿔소에게서 이 파리를 채집하는 것은 쌍시류 연구가들에게도 매우 어려운 일이라 대부분은 동물원에서 사육 중이던 동물에게서 기증받은 것이다. 짐작건대 아마 최초의 코뿔소쇠파리 표

매우 희귀한 코뿔소쇠파리인 귀로스티그마 르히노케론티스의 번데기와 성체.

본은 죽은 코뿔소의 위에서 얻었을 것이다. 안타깝게도 이 작은 생물체를 보호하자는 자연 보호 단체는 아직 보지 못했다.

코뿔소쇠파리는 유충 및 성체 모두 매우 강렬한 이미지를 준다. 성체는 아프리카에서 발견된 것 중 제일 큰 파리다. 런던 자연사 박물관에는 코뿔소쇠파리의 유충이 든 용기가 있다. 이 유충은 모든 파리 유충 중 가장 큰 것으로, 과학자들의 연구 대상이 되고 있다.

2012년까지, 이 종을 처음으로 발견한 사람은 프레더릭 호프 Frederick Hope(1840년)로 알려졌다. 그러나 그해, 미국의 저명한 쌍시류 연구가인 닐 이븐휘스 Neal Evenhuis는 이 종을 처음으로 발견한 사람이 런던 자연사 박물관의 창립자 리처드 오언 Richard Owen 임을 알아냈다. 오언이 연구를 하던 런던의 왕립외과의과대학의 소장품 중에 이 종이 있었던 것이다. 오언의 연구 기록은 호프보다도 10년 먼저 발간되었다.

쇠파리 유충의 생활 방식은 매우 역겹다 할 수 있겠다. 그러나 그 성체는 귀여울 정도로 폭신폭신하고, 구기도 흔적만 남아 있을 만큼 작다. 성체는 아무것도 먹지 않는다. 코쇠파리와 위쇠파리의 유충은 크지만 숙주의 크기에 비하면 작다. 반면 쿠테레브리나이 Cuterebrinae 아과는 그렇지 않다. 여기에는 신세계피부

쇠파리New World skin bot fly가 포함된다.

이 종 역시 성체의 모습이 매우 특이하다. 눈은 매우 큰 반면 구기는 매우 작다. 나는 이런 이들의 모습을 볼 때마다 약간 놀라곤 한다. 이들의 눈이 큰 것은 귀여워 보이기 위함이 아니다. 매우 움직임이 빠르거나 잘 숨을 줄 아는 숙주를 찾아내어 알을 낳기 위해서다. 나무다람쥐쇠파리tree squirrel bot fly, 또는 미국 거세쇠파리American emasculating bot fly로도 불리는 쿠테레브라 에마스쿨라토르Cuterebra emasculator는 이 아과의 전형적인 종이다. 그 통속명에서는 분류학자가 이들의 숙주인 다람쥐에 대해 품은 동정심이 느껴진다. 이 쇠파리는 한 마리의 숙주에 다수가 기생하는 경우도 많기 때문이다.

포유류 숙주의 경우 체구가 작을수록 더 많은 유충이 기생한

죽은 설치류. 그리고 그 옆에 있는 설치류쇠파리 쿠테레브라 폰티넬라의 번데기.

다. 설치류쇠파리rodent bot fly 쿠테레브라 폰티넬라Cuterebra fontinella 가 그 좋은 사례다. 이들은 쥐, 얼룩다람쥐, 기타 소형 설치류를 숙주로 삼는다. 이들의 유충은 숙주의 새끼보다도 큰 경우가 많다.

눈도 크지만 머리도 그에 못지않게 큰 피푼쿨리다이Pipunculidae 과의 곤충들은 정말로 대단하다. 이들의 큰 눈은 머리 대부분을 차지하고 있다. 그리고 머리는 너무나도 가느다란 목을 통해 가슴에 연결되어 있다. 이들의 머리는 몸에 비해 너무 크다. 그래서 이들의 표본을 만들 때, 머리를 몸에서 떨어뜨리지 않고 핀을 꽂는 것은 상당히 어렵다. 암컷이건 수컷이건 엄청나게 눈이 크기 때문에 교미 상대 및 숙주를 찾을 때 매우 유리하다.

내 동료 쌍시류 연구가는 이들이 공중에서 교미하고, 그다음 날에도 계속 생존해나가는 모습을 보며 경이로워하곤 한다. 이들은 근친 관계에 있는 떠돌이파리와 마찬가지로 뛰어난 제자리비행 능력을 보유하고 있다. 피푼쿨리드Pipunculid는 매우 좁은 공간에서도 제자리비행이 가능하다. 새끼를 낳을 숙주인 매미아목이 있는, 밀도가 높고 키가 작은 식생 지대 같은 데서도 말이다.

매미아목은 반시류의 아목 중 하나다. 이 중에는 매미, 노린

재, 거품벌레 등이 포함된다. 이 작은 벌레들은 식물을 주식으로 삼기 때문에 늘 식물에 붙어 있다. 또한 위장 실력도 뛰어나다. 피푼쿨리드는 이렇게 숨기 좋은 서식처에 사는 숙주를 발견하기 위해 엄청난 시간을 들여야 한다. 흥미롭게도 일부 종은 식물 속에 숨은 숙주를 낚아채어 공중에서 숙주의 몸에 알을 낳은 다음, 다시 식물 위에 올려놓기도 한다. 암컷들은 숙주의 유충 또는 성체의 몸 일부를 절개한 후 내부에 알을 낳는다.

한동안은 피푼클리드는 매미아목에만 기생한다고 여겨졌다. 그러나 2005년, 크레인파리를 연구하던 미국 곤충학자인 데이비드 쾨니히David Koenig와 천 영Chen Young은 채집 활동 중 네프로케루스 제테르스테드트*Nephrocerus zetterstedt*의 기생충이 들어 있는 크레인파리를 발견했다. 이는 흔치 않은 사례였다. 매미아목이 아닌 숙주가 기록된 첫 사례였고, 벌붙이파리과, 기생파리과, 집파리과를 제외하면 파리목 곤충 간의 기생이 이루어진 유일한 사례였기 때문이다.

일부 잡동사니파리들은 다른 생물의 몸을 관통할 수 있는 산란관이 있다. 프세우닥테온*Pseudacteon* 및 아포케팔루스*Apocephalus* 속의 파리목 곤충들, 그리고 메토피니나이Metopininae아과의 여러 종은, 칼같이 생긴 산란관이 있다. 이 산란관으로 개미의 등을

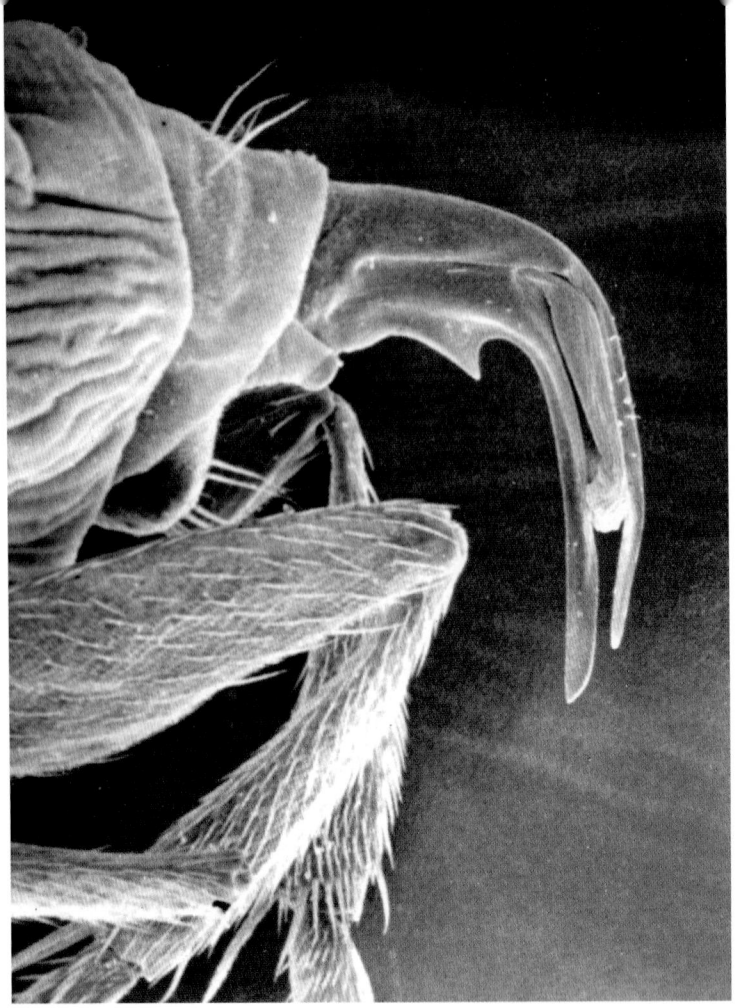

프세우닥테온 쿠르와투스 *Pseudacteon curvatus*의 갈고리 달린 산란관은 개미의 체절 일부를 제거할 때 사용된다.

절개한 다음 개미의 체내에 산란하는 것이다. 유충들은 개미 체내의 빈 공간을 이용하여 개미의 머릿속으로 이동한 다음, 향후 2~3주에 걸쳐 그 내용물을 먹는다. 기묘하게도, 개미는 이 기간 중 아무 일도 없다는 듯이 평소와 똑같이 생활한다. 그러나 계속해서 기생충들이 머릿속을 파먹으면 결국 머리가 몸에서 떨어져 나간다. 완벽한 단두다. 일부 떠돌이파리들은 최종 단계에서 소화 효소를 분비하여 개미의 목을 녹여 몸통에서 분리하기도 한다.

이렇듯 갖가지 방식으로 유충은 완벽한 피신처인 개미 머리껍질 속에서 번데기가 된다. 번데기 상태로 몇 주를 지내다가 우화, 성체가 된 후에는 개미들에게 다시 한번 공포를 선사한다. 일부 종의 구기는 톱 모양으로 진화되어 있다.

브라이언 브라운은 이 파리들을 주로 연구하는 미국의 쌍시류 연구가다. 그는 이 신기한 곤충들의 활동 장면을 영화로 촬영할 기회가 있었다. 이들 벼룩파리들은 도르니포라 *Dohrniphora* 속에 속하며, 청소 동물로 여겨져 왔다. 그러나 이들 중 일부는 기생성인 것으로 추정된다. 그들의 숙주는 부상 당한 암컷 턱개미 오돈토마쿠스 *Odontomachus* 다. 이 개미는 포식을 위해서 가장 빨리 몸을 움직인다. 이들이 턱을 다무는 평균 속도는 초속 130미터에 달한다. 암컷 파리는 부상 당한 턱개미 주변을 빠르게 돌아다니면서, 이 턱개미가 제대로 된 저항을 할 수 있는지를 몇

도르니포라종의 벼룩파리 암컷이 죽어가는 오돈토마쿠스종의 턱개미를 공격하고 있다.

번이고 살핀다. 턱개미가 더 이상 위협이 되지 않는다고 판단되면 턱개미의 목을 썰기 시작한다. 브라운의 기록에 따르면, 이들은 소화관과 신경삭, 체절간막(머리와 가슴 간의 부분)까지도 썰어낸다. 그는 개미의 머리보다도 작은 파리가 톱질을 하고, 개미의 머리를 잡아당겨 떼어낸 후, 들고 사라지는 장면을 촬영했다.

 이는 불쌍한 개미에게는 매우 처참한 죽음일지 모른다. 그러나 이 기생성 파리는 인간에게 익충이다. 불개미는 1930년대 남미에서 미국으로 우연히 유입되었고, 이후 재난을 불러왔다. 이 공격적인 작은 개미는 인간의 주거지 근처에 살아 인간은 이들과 직접 접촉할 일이 많다. 접촉시 이들은 인간을 쏘고 또 물어 고통스럽게 하는 강력한 양동 공격을 한다. 그러나 다행히도 인간의 편에는 벼룩파리가 있다. 벼룩파리는 개미 위 상공에서 적기를 노리다가, 파리의 존재를 알아채고 필사적으로 도망치려는 개미에게 알을 낳는다. 이렇듯 벼룩파리는 개미 사냥에 뛰어난 실력을 지니고 있다. 하지만 일부 종은 꿀벌 사냥에 더욱 관심을 보인다. 죽은 꿀벌 한 마리에게서 최대 13마리의 아포케팔루스 보레알리스*Apocephalus borealis* 유충이 발견된 적도 있다. 이 파리들은 꿀벌의 건강을 크게 위협하는 병원체인 날개 변형 바이러스*deformed wing virus*와 노제마*Nosema ceranae*를 보유하고 있는 데다가, 그 밀도 또한 높아 이들 병원체의 주요 매개 동물이다. 그리고 이 파리는 뛰어난 생태 적응성을 지니고 있어 인간에게도 문제가 되고 있다. 이 파리들이 기생하게 되면 숙주인 호박벌, 쌍살벌, 꿀벌은 밤에 집을 떠나 좀비처럼 움직인다.

근친 관계에 있는 여러 과에는 또 다른 포식 기생자 무리가 있다. 작은머리파리(꼽추등에과), 얽힌무늬파리(어리재니등에과), 꿀벌파리(재니등에과) 등이 그들이다. 이들의 성체는 그 생김새가 모두 귀엽다. 어떤 것은 마치 민들레 홀씨 같기도 하다. 그러나 그들의 유충은 포식 기생자들이다. 이들은 극한 환경에서도 살 수 있도록 진화해 언론의 머리기사를 장식하는 경우도 있다.

작은머리파리small-headed fly는 거미사냥파리spider-killing fly로도 불린다. 이들 유충의 먹이가 뭔지 알 수 있는 이름이다. 성체는 크고 혹이 난 흉부와 작은 머리를 달고 있다. 이 모습 때문에 꼽추파리hunchback fly로도 불린다. 성체의 모습은 잘 발견되지 않는다. 그래서 런던 자연사 박물관에 수장된 표본들 대부분은 거미 표본을 모으려다가 실망한 거미 연구가들이 준 것이다.

이들의 유충은 거미 포식 기생자다. 그리고 얽힌무늬파리, 꿀벌파리와 마찬가지로 과변태를 한다. 즉 이 과들은 유충의 형상이 한 가지가 아니다. 유충기 중에도 형상과 행동이 크게 바뀌는 때가 있다는 것이다. 이 세 과 유충의 제1령은 편평유충으로 불린다. 3장에서 이야기했던 기생파리와 마찬가지로 이 시기는 매우 활발하다. 파리의 편평유충은 딱정벌레, 말벌의 편평유충과는 달리 다리가 없다. 다리가 없으니까 활발한 숙주를 찾으러 가는 데 방해가 되지 않을까 싶지만, 그래도 이들에게는 이런 단점을 극복할 다른 방법이 있다. 작은머리파리 중에서 제일 규모가 큰 속인 오그코데스Ogcodes속은 주로 늑대거미에 기생한다. 하지만 그 외에도 매우 많은 거미에 기생한다. 그중에는 매우 빠르게 뛰는 거미도 있다.

암컷 파리는 낮은 생존 확률을 보전하고자 매우 많은 수의 알을 낳는다. 무려 네 시간 동안 3,000개, 또는 10일 동안 5,000개의 알을 낳은 기록이 있을 정도다. 기록상 최대의 산란 능력을 보여준 암컷은 5초당 알을 한 개씩 낳았다. 이렇게 낳은 알 중 다수가 건조되어 죽거나 천적에게 먹혀 없어진다. 그러나 살아남아 부화한 유충은 알에서 나오자마자 바로 대지에 서서 지나가는 숙주를 기다린다. 이들은 갈고리가 달린 흡반이 있고 이를 지면에 댈 수 있다. 그리고 몸체 뒤쪽의 긴 털로 몸을 지지하여 몸을 흔들 수 있다. 유충의 구기에는 천공기 piercer 한 개와 한 쌍의 갈고리 두 개가 있어 지나가는 숙주를 붙잡고, 숙주 위로 올라갈 수 있다. 한참을 기다려도 숙주가 나타나지 않으면, 유충은 숙주 확보에 더 유리한 위치로 이동한다. 이들은 몸을 굽혔다가 펴면서 한 번에 5~6밀리미터 정도를 도약할 수 있다. 관찰에 따르면 이들은 숙주의 눈에 들키지 않게 접근하기 위해 숙주의 움직임에 맞춰 움직인다. 숙주인 거미가 움직일 때만 움직이는 것이다. 이들의 또 다른 이동 방식은 미세 포복 inch crawling이다. 많은 유충들이 사용하는 방식으로, 일단 뒷다리를 앞다리 쪽으로 최대한 전진시킨 다음, 앞다리를 전진시키는 것이다. 이 방식을 이용하면 거미줄 위에서도 막힘 없이 이동할 수 있다.

이들은 숙주를 발견해도 절대 흥분하지 않는다. 그 대신 땅에 찰싹 달라붙어 최대 6일 동안 숙주를 향해 천천히 접근한다. 행운이 함께해서 숙주와 접촉할 수 있다면, 보통 거미의 다리를 타고 올라가 거미의 복부 속으로 들어간다. 관찰에 따르면 어떤 유충은 다리 속으로 들어가기도 하지만, 흔한 사례는 아니다.

일단 거미의 체내에 들어가면 제1, 2령 유충은 6~9개월간 숙주를 이용해 성장하지만, 아직까지는 욕심이 크지 않다. 심지어 숙주가 아직 다 성장하지 않았다면, 다 성장할 때까지 휴지 상태로 지내기도 한다. 이 휴지 상태는 수년이 될 수도 있다. 유충이 제3령에 접어들면 식욕이 왕성해진다. 숙주의 주요 장기를 제외한 모든 것을 다 먹어버린다. 주요 장기는 번데기가 될 준비가 다 된 후에야 먹는다. 그래야 숙주가 오랫동안 생존할 수 있고, 그만큼 먹잇감의 신선도를 장기간 유지할 수 있기 때문이다.

유충은 숙주 밖으로 나와서야 번데기가 된다. 작은머리파리의 번데기는 성체와 약간 닮아 있다. 둘 다 머리가 눈에 띄게 작다. 일부는 단생성, 일부는 군생성이다. 덴마크의 거미 전문가인 소렌 토프트Soren Toft는 늑대거미 파르도사 프라티와가Pardosa prativaga의 체내에 유충이 한 마리만 있다면 기생을 억제할 수 있지만, 두 마리 이상이 되면 기생을 억제하지 못하고 수명주기 동안 부정적인 영향을 받게 된다는 것을 알아냈다. 늑대거미 한 마리에서는 최대 여덟 마리의 파리 유충이 발견된 적도 있다. 작은머리파리의 번데기 시기는 매우 짧다. 최단 2~3일, 길어도 한 달 정도다. 그러나 이들의 사촌인 꿀벌파리의 일부 종들은 번데기 시기를 무려 3~4년간 거친다. 작은머리파리의 마지막 성체기는 짧다. 종에 따라서 다르지만 3일~1개월 사이다. 이 시간 동안 그들은 흩어져 교미를 한다.

꿀벌파리는 여러 종에 기생한다. 그중에서도 단생벌을 특히 좋아한다. 단생벌에 기생하는 꿀벌파리 유충은 벌집의 방 안에서 성장 중인 벌 유충과 함께 머물면서 번데기가 된다. 우화 직

회색꿀벌파리 아나스토에쿠스 멜라노할테랄리스 *Anastoechus melanohalteralis*의 성체는 아마도 지구상에서 가장 귀여운 동물일 것이다. 그러나 유충은 기생성이다.

전, 이 번데기는 방을 빠져나간다. 열심히 몸을 뒤틀어 벌집 입구를 향해 움직이고 마침내 벌집을 빠져나간다. 이들의 등 구조는 이 작업을 하기 쉽도록 마찰력이 높다. 번데기 시기는 휴지기라는 고정관념에 대해, 파리들이 또 한 번 반기를 든 셈이다.

성체는 유충 시절을 보냈던 숙주 밖으로 나오기는 하지만, 그 숙주에 대해서는 알 수 없는 경우도 많다. 물론 모두가 숙주 몸 밖에서 체외 기생을 하는 파리들에게는 상관없는 얘기다. 드물지만 성체 때 체외 기생을 하는 경우도 있다. 이 경우 유충은 어미에게서 영양분을 얻는다. 가장 주요한 체외 기생파리는 박쥐파리(거미파리과 및 박쥐파리과), 이파리(이파리과) 등이다. 이들 중 일부는 매우 이상하게 생겼다. 흔히 떠올리는 파리의 특징인 날개가 없다.

과거 나는 카리브해에서 현장 연구를 수행한 적이 있다. 그때 박쥐 전문가들과 함께 일했던 것은 큰 행운이었다. 밤이 되면 그들은 박쥐를 채집했다. 그리고 채집한 박쥐의 체중 등 특징을 기록하고자 박쥐 체외에 붙어 있는 파리를 제거했다. 박쥐의 등과 배에 날개 없는 파리들이 붙어 술 취한 거미처럼 기어 다니는 모습은 매우 이상한 동시에 매혹적이었다.

이 생물들에 대해 본격적으로 관심이 생긴 것은 그로부터 좀 시간이 지난 후 있었던 한 사건 때문이다. 어느 날 런던 자연사 박물관의 동료가 이상하게 생긴 생물을 가져왔다. 박물관에 있던 버마재비 표본에서 분리해 낸 것이라고 했는데, 그 동료는 그것을 이물질이라고만 생각했다. 그러나 자세히 보니 박쥐 이^{louse}였다.

통상 거미파리과와 박쥐파리과 두 과를 통틀어 박쥐파리로 부른다. 박쥐파리과는 모든 성체가 날개가 없다. 그러나 이들은 아직 평균곤이 있다. 평균곤은 균형을 잡을 수 있게 해주는 장기로, 이게 있기 때문에 숙주의 몸 위를 걸어 다닐 수 있다. 날개 근육이 완전히 분해되었으므로 이들의 흉부는 매우 작다. 이들의 머리와 다리는 흉부의 연장물처럼 보인다. 머리가 다리 앞에 달린 다른 파리와는 달리, 이들의 머리는 앞다리 뒤쪽, 가슴 위쪽으로 튀어나와 있다. 이들의 발목 체절은 완벽히 둥글게 굽어 있으며 큰 발톱이 붙어 있어 박쥐의 털가죽을 붙잡고 이동하기 편하다. 머리가 도저히 머리같이 보이지 않기 때문에, 어느 쪽이 위쪽인지 알아보기도 어렵다. 이들의 머리는 작은 계란형 구조물이며, 눈도 없는 경우가 많다. 이들 종들의 이러한 체형은 체외 기생 방식에 잘 적응한 결과물이다.

성체의 평균 몸길이는 5밀리미터에 불과하다. 박쥐의 털가죽

속에서 잘 움직이기 위해서이다. 이 작은 성체는 사실상 박쥐의 피만 먹고 산다. 수컷이건 암컷이건 5일 동안 자기 체중만큼이나 피를 빨아 먹을 수 있다. 그럼에도 이 종은 흡혈종으로 간주되지는 않는다. 흡혈종과는 달리 일생 거의 대부분을 숙주와 함께 보내고, 산란할 때만 숙주를 떠나기 때문이다.

박쥐파리과의 일부 종은 이러한 신체적 변화를 극한까지 추구했다. 그런 점에서 암컷은 자궁 그 이상도 이하도 아니다. 아

박쥐이파리 뉴크테리비아*Nycteribia*종은 발목에 큰 발톱이 있어 박쥐의 털가죽을 붙들기 쉽다. 머리는 매우 작고 눈은 없는 경우가 많다.

스코디프테론Ascodipteron속의 경우 암컷은 처음에는 일반적인 파리와 비슷한 모양이다. 그러나 숙주를 찾아 숙주의 몸속에 침투하면 날개와 다리를 떼어버리고, 상상을 초월하는 변태를 하게 된다. 다시 한번 유충과 비슷한 모습이 되는 것이다!

또 다른 놀라운 체외 기생 파리목 곤충들은 벌이bee lice 브라울리다이Braulidae과다. 거미파리와 마찬가지로 이들은 모두 날개가 없다. 그리고 그 이름에서도 알 수 있듯이 벌에 기생한다. 이들의 더욱 특이한 점은 홑눈, 소인부(흉부 후부의 망토 같은 구조물)가 없다는 것이다. 더더욱 특이한 것은 평균곤도 없다는 것이다. 평균곤은 비행 시 균형을 잡는 데 필수적인 기관이다. 비행을 하지 않는 종에게서는 중요성이 떨어지긴 하지만 평균곤이 완전히 사라진 집단은 이들뿐이다. 성체 벌이는 벌과 매우 친근한 관계를 유지한다. 그리고 유감스럽게도 그 때문에 영국을 포함한 많은 나라에서 의도적 또는 비의도적으로 멸종되었다. 이들은 엄밀히 말해 기생 생물이 아니라 절취 기생 생물이다. 숙주에게서 먹이를 훔쳐 먹는다는 것이다.

이들은 보통 여왕벌에서 많이 발견된다. 여왕벌은 가장 많은 먹이를 먹기 때문에, 이 파리들에게 확실한 식량 공급원이 되어

준다. 이들의 존재는 처음에는 그리 큰 문제가 아닌 것처럼 보인다. 숙주 한 마리당 몇 마리 없기 때문이다. 물론 최대 180마리까지 있었다는 기록도 있긴 하지만 말이다.

그러나 양봉업자들이 바로아Varroa응애가 꿀벌 군락에 큰 피해를 입힌다는 것을 알게 되면서 벌이파리의 운명도 끝장이 났다. 바로아응애를 구제하기 위해 양봉업자들은 벌통에 진드기 살충제를 투입했다. 이는 벌이파리 개체군에게도 치명타를 입혔다.

바로아응애는 보통 성장 중인 수벌 유충에 기생한다. 과거 양

숙주인 벌에게서 식량을 훔치는 대단한 벌이파리bee louse fly 브라울라 코에카*Braula coeca*는 영국에서는 멸종되었다.

봉업자들은 벌통에서 수벌 유충을 꺼내 먹었다(나도 먹어본 적이 있는데 엄청나게 맛있었다). 그러나 요즘은 수벌 유충을 꺼내 먹지 않는다. 바로아응애가 증식할 수 있던 이유다.

영국에서 벌이파리종은 전멸한 것 같다. 요 몇 년 동안 벌이파리는 영국에서 보이지 않는다. 그러나 이상하게도, 어떤 야생 생물 보호 단체에서도 벌이파리의 복원 프로그램을 진행한다는 소리는 아직 들어본 적이 없다. 정말로 대단한 작은 동물 하나가 또 이렇게 우리 곁을 떠났다.

사람들은 기생충을 무서워하는 경우가 많다. 솔직히 말해 이들의 생존 전략 중에는 매우 무서운 것도 있다. 그러나 이들의 생태와 형태적 특징은 매우 매력적이다. 이들의 신체는 파리의 원형에서 극도로 벗어난 형태로 진화되었다. 경험 많은 쌍시류 연구가들도 그 모습을 보면 아이처럼 즐거워하곤 한다. 문제는 사람들이 이들을 진정으로 가치 있는 종으로 여기지 않는다는 것이다. 그로 인해 이들은 사람들에게서 지독한 탄압을 받고 있다.

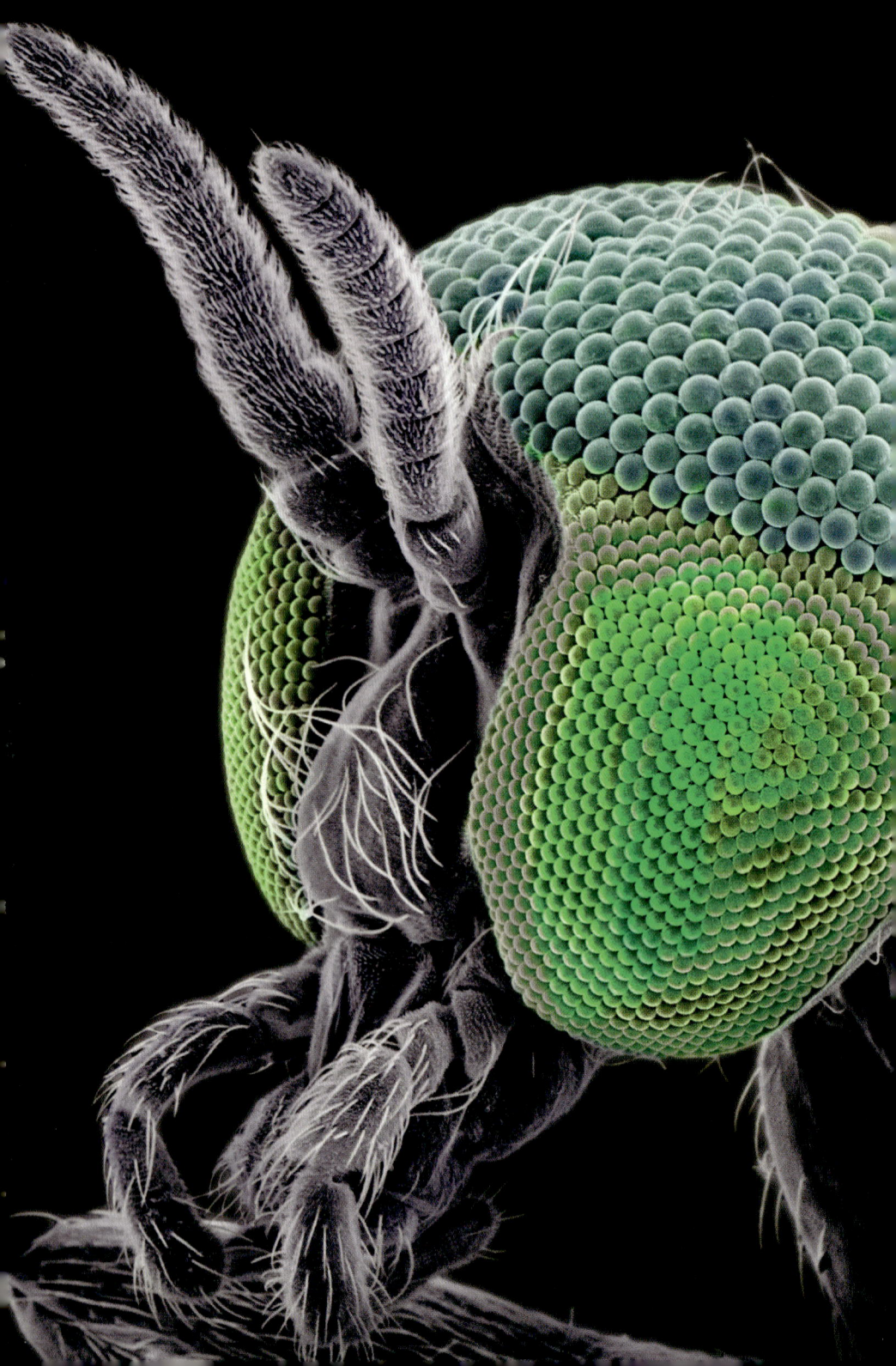

10장

흡혈 파리목

너의 서 있는 모습을 본다.
생피를 빨아들이는 너는 잠시 동안 모든 것을 잊고 경련을 일으키며,
외설적인 황홀경에까지 빠진다.
다름 아닌 내 피를 빨아들이면서.

D. H. 로렌스D. H. Lawrence, 〈모기The Mosquito〉

마지막으로 살펴볼 파리목 곤충들은 아마도 인간을 가장 짜증 나게 하는 부류일 것이다. 모기가 포함되어 있기 때문이다. 나는 때때로 이런 질문을 받는다. "왜 우리가 모기와 함께 살아가야 합니까? 모기는 왜 중요하죠?" 물론 그런 질문을 하는 사람들의 어조는 결코 유쾌하다는 표현을 적용할 수 없는 상태다. 대부분의 사람들은 이 작고 정밀한 흡혈 생물들을 싫어한다. 충

◀ 흑파리 시뮬리움 담노숨*Simulium damnosum*의 겹눈. 서로 크기가 다른 두 가지 낱눈으로 이루어져 있음을 알 수 있다.

분히 이해할 수 있다. 흡혈성 또는 식혈성으로 불리는 피 빨아 먹는 파리목 곤충들은 여러 지독한 질병들의 매개체 내지는 보균자 역할을 하기 때문이다. 그러나 흡혈 파리목 곤충 자체로 인해 사람이 사망하는 경우는 매우 드물다. 실제로 사람을 죽이는 것은 이들이 나르는 기생충, 바이러스, 박테리아 등의 병원체들이다.

이 장에서 나는 흡혈 파리목 곤충들이 전파하는 질병보다는 곤충 자체에, 그리고 이들이 흡혈을 하며 살게 된 경위에 주안점을 두고자 한다. 대부분의 흡혈 파리목 종에서 피는 암컷만 먹는다. 수컷은 보통 채식주의자다. 꿀 등 식물의 산물을 먹는다. 물론 암컷들도 꿀을 먹는다. 그러나 피가 알을 발달시키는 데 필수적인 경우가 많다. 피에는 단백질이 매우 풍부하기 때문이다. 특히 포유류의 피는 거의 대부분이 적혈구로 되어 있는데, 이 적혈구의 대부분(96퍼센트)이 헤모글로빈이라는 이름의 단백질이다. 나머지 4퍼센트는 지질(지방, 당), 뉴클레오티드 등의 필수 구성 요소들이다.

단백질은 성장과 발달에 필수적인 요소인 한편, 자연 속에서 필요량을 확보하기 무척 힘든 요소이기도 하다. 초식 동물은 필요로 하는 단백질을 얻기 위해 엄청나게 많은 식물을 먹어야 한다. 식물의 단백질 함량은 많아봤자 30퍼센트이기 때문이다. 물론 자연계에 식물이 많긴 하지만, 대량의 식물을 섭취하여 복잡한 구조를 분해, 단백질을 흡수하려면 많은 시간과 노력이 필요하다. 반면 육식을 하면 더 적은 양의 음식을 먹어도 동일한 양의 단백질을 섭취할 수 있다.

곤충만 보더라도 종마다 다르기는 하지만 몸 중 13~77퍼센트가 단백질로 이루어져 있다. 그러니 적게 먹어도 되는 것이다. 물론, 흡혈은 곤충 중에서는 비교적 보기 드문 일이다.

파리목 중에도 효율 좋은 먹이인 흡혈을 채택하고 적응한 14개 과의 흡혈종들이 있다. 사실 가장 좋은 단백질 공급원인 피를 구태여 외면할 이유도 없지 않은가?

파리목 곤충이 흡혈을 하게 된 진화적 기원은 크게 두 가지로 짐작된다. 첫 번째 가설은 포식 파리목 곤충들이 진화하여 흡혈에 특화되었다는 설이다. 노랑등에과의 노랑등에가 여기에 속한다. 이들 대부분은 포식성이지만, 소수는 흡혈을 한다. 두 번째 가설은 파리목과 다른 종 간의 밀접한 관계 때문에 흡혈을 하게 되었다는 것이다. 예를 들어 새나 박쥐의 서식처에 사는 많은 파리목 곤충들은 원래 척추동물의 배설물이나 부산물을 먹고 살았다. 그러다 진화 과정을 통해 척추동물 자체에서 영양분을 취할 수 있게 되었다는 것이다. 이렇게 하면 두 가지 이점이 있다. 첫 번째로 숙주의 서식처에서 생활한다는 이점, 두 번째로는 유충과 성충의 식품 공급원을 분리할 수 있다는 이점이다.

모든 성체 파리목 곤충들은 주로 뭘 먹건 간에 입의 일부를 연장하여 액체를 빨아 먹을 수 있다. 이 과정을 도와주는 흡수기도 하나 이상 가지고 있다. 모기, 등에모기, 등에 등의 흡혈군을 보면, 암컷의 턱에 연장된 구문부가 있다. 이 구문부는 끝이 날카롭거나 작은 톱처럼 미세한 치아가 줄지어 나 있는 경우가 많다. 두 가지 특징을 다 가진 구문부도 있다.

흡혈 파리목들의 돌출된 구문부를 사용하여 포유류, 조류, 개구리 등의 피부를 관통, 그 속의 체액을 빨아 먹는다. 모기나 등에모기에 물리는 것은 누구에게나 간지럽고, 짜증 나고, 고통스럽고, 성가신 일이다. 이러한 반응의 대부분의 원인은 흡혈 파리목들의 침 속에 있는 여러 가지 화학 물질 때문이지만, 흡혈 파리목들의 주둥이가 매우 강력한 주삿바늘이라는 사실을 부인할 수는 없다.

파리목 곤충들은 두 가지 방법으로 다른 생물의 피를 얻는다. 첫 번째로 주둥이를 피부에 꽂아 정맥까지 관통시키는 방법이 있다(모기). 두 번째로는 동물의 피부를 절개한 다음, 고이는 피를 핥아 먹는 방법이 있다. 후자는 암컷 등에가 사용한다. 암컷 등에의 주둥이는 언저리에 날카로운 칼날이 달린 단검과도 같다. 그런데 암컷 등에는 피만 먹고 살지 않는다. 피를 먹어서 알을 발달시켜야 하기 전까지는 꿀을 먹는다. 암컷 등에는 두 개의 입을 가진 유일한 파리목 곤충이다.

2장에서 다루었다시피, 남아프리카에서 발견된 등에 중 필로리케종의 암컷은 주요 수분매개자임에도, 알을 발달시키기 위해 피를 먹어야 한다. 이 암컷은 머리에 더 가까이 있는 짧은 입은 다른 동물의 피부를 관통하여 고이는 피를 빨아들일 때 사용한다. 그리고 매우 긴 입은 관이 긴 식물에게서 꿀을 빨아들일 때 사용한다. 즉 두 가지 먹이관으로 먹이를 먹는 것이다. 이 곤충의 침도 다른 흡혈 동물들과 마찬가지로 피의 응고를 지연시키는 항응고제가 들어 있다. 피가 응고하면 먹이관으로 빨아들일 수 없기 때문이다.

등에는 활발하고 끈질기게 다른 동물들을 물어뜯는다. 사람도 빈번하게 물어뜯는다. 등에는 사슴파리, 말등에cleg, 쇠파리 등 다양한 이름으로 불리고 있다. 오죽하면 비판적인 의견을 고집해 타인의 짜증을 유발하는 사람을 쇠파리로 부를 지경이다. 그런 사람의 행동 양식이나, 피를 먹기 위해 집요하게 괴롭히는 쇠파리의 행동 양식이나 다를 바가 없기 때문이다.

이들이 해충으로 악명을 떨치게 된 데는 중남미에서의 활약도 한몫했다. 그곳에서 이들은 인간을 공격했을 뿐 아니라, 인간구더기파리human bot fly 데르마토비아 호미니스*Dermatobia hominis*의 전달자 역할까지 했다. 인간구더기파리는 중간숙주(등에)의 등에 알 다발을 낳는다. 이 알들은 최종숙주(인간)의 몸에 접착된다. 최종숙주의 체온으로 인해 유충이 태어나고 유충은 피부를 관통한다.

생각해보라. 등에한테 공격당해 피를 빨리고, 그걸로도 모자라서 인간구더기파리의 유충에게까지 뜯어먹혀야 한다니! 물론 등에보다 모기와 집파리가 인간구더기파리의 알을 더 많이 전달한다. 그러나 등에는 모기와 집파리와 달리 비행음이 거의 없다. 숙주의 신경을 끌지 않고 몰래 접근할 수 있는, 이상적인 전달자인 셈이다.

현재까지 발견된 등에는 4,400종이 넘어 파리목에서 큰 과를 이루고 있다. 등에는 모두 땅딸막하고 강인한 생명체다. 등에 중에는 눈에 띠 문양, 사각형, 삼각형, 원형, 물결무늬 등이 뚜렷이 새겨진 것도 많다. 이런 문양들은 안면 외곽의 각막 색 필터에 의해 생겨난다. 색 필터들은 서로 다른 파장의 빛을 반사하고, 따라서 이들의 눈은 관찰 각도가 달라질 때마다 다른 색을 반사하게 되는 것이다. 유감스럽게도 파리가 죽으면 사체의 건조가 진행되고 이때 수분이 많은 파리의 눈은 쪼그라든다. 물론 파리가 죽은 지 수년이 지나도 다시 수분을 공급하면 이 문양을 잠시나마 다시 볼 수는 있다. 이 문양은 파리의 종을 식별하는 데 유용하다.

흡혈파리들은 속마다 식성도 다르다. 흔히 말등에라고 불리는 하이마토포타 *Haematopota* 속은 사람의 허리에서 피를 빨기를 좋아한다. 반면 사슴파리라고 불리는 크뤼소프스 *Chrysops* 속은 보통 사람의 머리를 많이 공격한다.

이 두 속의 무서운 암컷들은 햇살이 눈부신 여름 아침이나, 따스한 늦은 오후에 대량의 피를 빨아 먹곤 한다. 이 두 시간대는 이들이 제일 공격을 많이 가하는 때다. 이 곤충들이 불쌍한 소 한 마리에 집단 공격을 가하는 모습도 어렵잖게 볼 수 있다. 미국의 말파리 연구자 코닐리어스 B. 필립 Cornelius B Philip에 따르면, 이러한 파리목 곤충들 20~30마리가 여섯 시간 동안 빨아들이는 피의 양은 최대 100밀리리터에 달한다고 한다.

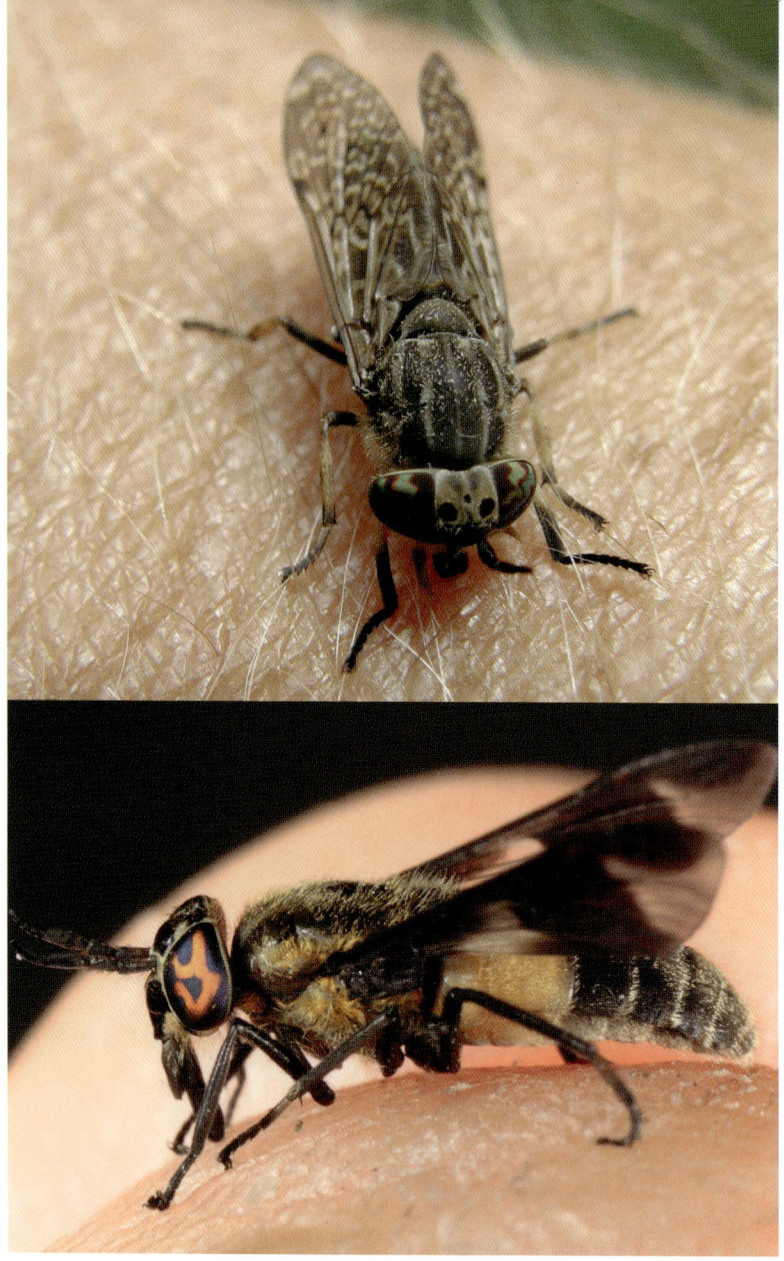

하이마토포타 플루위알리스*Haematopota pluvialis*는 날개에 점이 있고 눈에 띠가 있다. 위
사슴파리 크뤼소프스 카에쿠티엔스*Chrysops caecutiens*는 눈에 점이 있고 날개에 띠가 있다. 아래

이렇게 대량의 피를 빨아들이는 데 특화된 과는 말파리 외에도 많다. 그중에서 가장 유명한 것은 역시 모기다. 물론 모기 한 마리가 흡혈하는 피의 양은 매우 적다. 하지만 모기들 역시 큰 무리를 지어 다니며 엄청난 식탐을 보이기도 한다.

집파리과의 스토목쉬스*Stomoxys*속 새금파리stable fly에는 무서운 흡혈종들이 많다. 이 과 성체의 일반적인 주식은 부패물이다. 그러나 이 속의 일부 종들은 거기에 만족하지 않았다. 그들은 구기를 흡혈에 맞게 변화시켰고, 마침내 가장 고통스럽게 다른 동물을 물어뜯는 곤충이 되었다.

얼마 전 나는 동료들과 토론을 한 적이 있다. 다른 동물을 물어뜯을 때 가장 큰 고통을 주는 파리목 곤충은 무엇인가가 토론 주제였다. 거기서 수위권을 차지한 것은 역시나 새금파리였다. 다른 동물을 물어뜯는 곤충들 대부분과 마찬가지로, 새금파리 역시 길고 조금씩 굵어지는 구문부를 지니고 있다. 그리고 이 구문부에는 잘 발달된 큰 치아가 달려 있어, 상대의 피부를 잘라낼 수 있다.

새금파리는 말, 당나귀, 노새 등의 대형 포유류를 숙주로 선호한다. 물론 인간도 즐겨 공격한다. 관찰에 따르면 암컷은 방해받지 않는 한 숙주에게서 10~15분간 피를 빨 수 있다. 나는 에티오피아고원의 콥트 정교회 삼림에 가서, 여러 나라에서 온 곤충학자들과 함께 이들을 채집할 기회가 있었다. 그곳 야외에서 방목되던 가축들은 이 삼림을 휴식처로 사용했는데, 안타깝게도 그 휴식처는 대가를 요구했다. 햇빛을 가려주는 시원한 그늘 아래, 다수의 스토목쉬스속 파리들이 사냥감을 노리고 있는

어디에나 있는 새금파리인 집파리과 스토목쉬스 칼키트란스 *Stomoxys calcitrans*. 숙주를 정말 아프게 물기로 유명하다.

것이다. 그 덕분에 거기서 매우 많은 표본을 채집할 수 있었다. 흡혈종치고는 드물게, 이들은 수컷도 흡혈을 한다. 또한 양성 모두 대식가다. 하루에 2~3회씩 먹이를 먹는다. 그리고 먹이를 찾

새금파리 스토목쉬스 칼키트란스의 구문부 끝에는 매우 크고 잘 발달된 치아가 있어 숙주의 피부를 자를 수 있다.

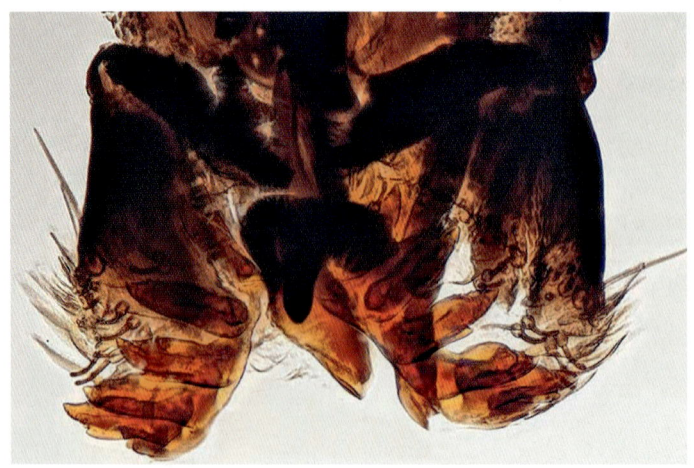

새금파리 스토목쉬스 칼키트란스의 구문부 끝에는 매우 크고 잘 발달된 치아가 있어 숙주의 피부를 자를 수 있다.

아 하루에 최대 40킬로미터나 비행할 수 있다.

새금파리는 매우 집요하면서도 현명하다. 케임브리지대학교의 동물학자 윌리엄 소프William Thorpe는, 1939년 아마니에서 오랫동안 곤충들을 연구할 기회가 있었다. 아마니는 탄자니아의 동東우삼바라산맥 안으로 1.5킬로미터 정도 가면 나오는 곳이다. 그는 현지의 군대개미 도릴루스 몰레스투스Dorylus molestus 연구에 심취해 있었다. 그런데 관찰 도중 검정파리 벵갈리아 데프레사Bengalia depressa가 군대개미의 입에서 먹이를 낚아채 가는 것이 아닌가. 검정파리는 군대개미의 군락에 혼란을 조성하는 데 꽤 재미를 들인 것 같았다. 성체는 먹이를 훔쳐 가고, 번데기들은 개미를 이용해 이동한다. 그러나 그의 시선을 사로잡은 것은 군대개미도 검정파리도 아니었다.

어느 날, 아내와 함께 저녁 산책을 즐기던 소프는 개미집으로 돌아가는 개미들 대열 위에 파리 한 마리가 떠 있는 것을 보았다. 그리고 파리의 복부에서 삐져나온 흰 크림색의 무언가도 보았다. 처음에 그는 그 물체가 파리의 유충이 아닌가 싶었다. 그런데 가만히 지켜보고 있자니 파리가 그 물체를 빈손의 군대개미 앞에 떨어뜨려 놓았고, 개미는 의무적으로 그 물체를 집어 들어 개미집으로 가져갔다.

소프는 그 파리를 잡았다. 그러나 파리와 함께 개미 몇 마리를 같이 잡아 넣는 실수를 저질러버렸다. 개미들은 파리를 공격해 산산이 조각냈으나 그나마 아직 표본화는 가능한 상태였다. 이후, 그 파리 표본을 조사한 곤충학자 헬무트 판 엠덴Helmut van Emden은 이를 스토목쉬스 오크로소마 *Stomoxys ochrosoma*로 판단했다. 이 종의 성체는 노새 및 새끼 버펄로의 피를 빠는 것이 관찰되었으나 아직 유충은 무엇을 먹는지 정확히 알지 못한다. 개미를 먹을 수도, 개미의 배설물을 먹을 수도 있다. 그러나 이 종의 성체와 유충 간의 먹이가 다르다는 점은 확실하다.

집파리의 하이마토비아*Haematobia* 및 하이마토보스카*Haematobosca* 속도 흡혈을 한다. 통속명은 각각 뿔파리horn fly와 버펄로파리 buffalo fly다. 하이마토비아속은 모습과 행동이 새금파리와 비슷하다. 하이마토보스카에 속한 종들은 더 굵은 구문부를 지니고 있다.

뿔파리는 원래 유럽에서만 볼 수 있었다. 그중에서도 제일 짜증 나는 종은 그에 걸맞은 학명을 가진 하이마토비아 이리탄스 *Haematobia irritans*였다. 유감스럽게도 이 종은 유럽에만 있지 않았다. 1889년 북미로 우연히 전파되어, 두 개 대륙을 휩쓸다시피 했

뿔파리 하이마토비아 이리탄스는 떼를 지어 다니며 소의 피를 빨아 먹는다. 원래 유럽에서만 볼 수 있던 이 종은 북미로 전파되어 그곳 축산 업계에도 피해를 주고 있다.

다. 큰 무리를 지어 다니는 이들의 특성은 축산 업계에 큰 타격을 입혔다. 미국 한 나라만 놓고 보더라도, 이 파리는 매년 가축 손실과 방제 비용 등으로 인해 연간 7~10억 달러(한화 8,000억~1조 원 이상)의 피해를 입힌다고 한다.

이들 뿔파리는 무서운 작은 추적자다. 11~15킬로미터 떨어진 표적의 냄새도 맡을 수 있다. 이 뛰어난 후각 덕분에 미국의 광활한 방목지도 이들에게는 아무 문제가 되지 않는다. 또한 이들은 양성 모두 흡혈을 하는데, 암컷이 더 공격적이며 흡혈량도 수컷의 두 배에 달한다. 암컷은 하루에 최대 40회나 흡혈을 하는 경우도 확인되었다. 암컷들은 갓 배설된 대변을 산란 장소로 이용하는데, 그중에서도 매우 신선도가 높은 것만 이용한다. 때로는 소의 배설이 다 끝나지 않은 시점에서도 산란을 한다.

순록파리 하이마토보스카 알키스*Haematobosca alcis*는 그 이름에서도 알 수 있듯이 주로 순록을 공격한다. 집파리인 이들을 6장에서 거론한 순록파리와 혼동해서는 안 된다. 물론 라틴어 학명만을 사용한다면 혼동의 여지가 아예 없긴 하겠지만. 아무튼 순록파리는 한때는 멸종한 종으로 간주되었다. 처음으로 표본이 채집, 기록된 후 무려 30년 동안이나 다시 발견된 적이 없기 때문이다. 이 종은 현재도 거의 채집되지 않는다.

현재 대부분의 표본은 1974년 미국의 옐로스톤 국립공원 Yellowstone National Park에서 500마리의 순록파리가 순록 한 마리에 들러붙어 흡혈하던 중에 채집한 것이다. 놀랍게도 흡혈을 당하던 순록은 그 와중에도 매우 침착해 보였다고 한다.

근친 검정파리과의 성체 중 흡혈을 하는 것은 아직 발견되지 않았다. 그러나 유충 때 흡혈을 하는 종은 많다. 그중에는 인간과 매우 가까운 관계인 것도 있다. 콩고마루구더기 Congo floor maggot 아우크메로뮈아 세네갈렌시스 *Auchmeromyia senegalensis*는 사하라 이남 아프리카, 서아프리카 해안 카보베르데에서 발견되었다. 이 유충은 동물과 인간 주거지의 틈새에 살면서 밤이 되면 자고 있는 표적을 공격해 피를 빨아 먹는다. 이 같은 특성 때문에 흡혈귀구더기 vampire maggot라는 별칭이 붙었다. 아우크메로뮈아속의 다섯 개 종이 모두 흡혈을 하지만 아우크메로뮈아 세네갈렌시스를 제외한 다른 흡혈종들은 인간 대신 멧돼지, 땅돼지를 공격한다.

체체파리 Glossinidae과의 체체파리 tsetse fly는 결코 몰래 왔다 몰래 가지 않는다. 매우 아프게 표적을 물어뜯어 자신의 등장을 과시하고야 만다. 성별을 막론하고 구문부 끝에 둥근 총검 같은 부분이 있는데, 이것으로 표적을 찌른다. 성체는 같은 표적에게서 최대 20분간 흡혈한 다음 또 다른 표적을 공격한다. 이것을 밤새도록 반복할 수 있다. 그들의 구문부는 새금파리의 것과 비슷하다. 그러나 성체의 체형은 좀 더 편평하고 근친인 이파리와 닮아 있다.

이 과의 글로시나 *Glossina* 속에서 발견된 종은 23종뿐이다. 그러나 이렇게 적은 종수로도 엄청난 문제를 일으킨다. 이 속은 파리목 중 날개에 자귀형 중실이 있는 유일한 속이다. 마체테(열대 지방에서 주로 길을 내거나 작물을 자르는 데 이용되는 큰 칼―옮긴이)처럼도 보이는 그 모습은 이들의 호전적인 성격과 잘 어울린다. 이들은 숙주에게 상해를 입힐 뿐만 아니라 질병의 주요 전파자 역할도 한다. 그중 최악의 질병은 인간에게서 발병하는 수면병 sleeping sickness이다.

체체파리는 히포보스코이데아 *Hippoboscoidea* 상과에 속한다. 그리고 여기 속하는 다른 과와 마찬가지로 선공급태생이라는 번식 방식을 취한다. 암컷은 알을 한 번에 하나만 생산하고 이 알을 몸속에 넣어둔다. 이 알에는 유충을 발달시킬 만큼의 난황이 있다. 체체파리는 단 한 번만 교미하는데, 이때 수컷은 정협이라고 부르는 정자 뭉치를 암컷의 몸속으로 집어넣는다. 암컷은 이 정자를 수정낭에 저장하고, 저장한 정자를 주기적으로 배출한다. 이 정자가 난소 끝에서 알과 만나 수정되면 자궁으로 이동해 발달하게 된다.

유충은 머리에 달린 난치卵齒(부화 후 떨어져 나간다)로 알을 깨고 나온다. 자궁에는 난각기choriothete라는 특수한 부위가 있는데, 이곳의 표면은 안쪽으로 접혀 있고 끈적끈적해 부화를 도와준다. 알이 이곳에 단단히 들러붙게 되면, 유충은 자궁벽에 몸을 밀어붙인 다음 꿈틀대며 나오는 것이다. 유충은 어미의 몸속에서 세 번의 령을 거친다. 어미는 영양분이 매우 풍부한 식량인 피를 우유 같은 물질로 변환해 체내 수유선으로 공급해준다. 최종령의 유충은 몸 후부에 귀처럼 생긴 부위가 있어 매우 기묘한 모습을 하고 있다. 하지만 그것은 사실 청각 기관이 아니라 호흡 기관인 다수면엽polyneustic lobe이다. 유충은 매우 영양가 높은 먹이를 먹기 때문에 빠른 시일 내에 어미만큼 체중이 증가하여 어미의 복부 내부를 거의 다 차지하기에 이른다.

대부분의 흡혈 파리목 종들은 긴뿔파리아목이다. 그중 코레트렐리다이Corethrellidae과는 개구리각다귀frog midge로도 불리는데, 이들이 개구리의 피를 먹는 데 특화되어 있기 때문이다. 이들은 외모와 행동 면에서 모기와 매우 닮았기에 처음에는 모기와 같은 과로 분류되었다. 그러나 모기와는 날개 시맥이 다르고, 체격도 모기에 비하면 매우 작다. 몸길이가 2.5밀리미터밖에 안 되는 종이 많다. 이 멋지고 기묘한 파리는 두 개 속 66종뿐이다. 열대 지역(적도를 기준으로 남북으로 위도 50도 이내) 중심부라면 어디에서나 발견된다.

개구리각다귀는 다른 모든 긴뿔파리아목과 마찬가지로 암컷만이 흡혈을 한다. 이들이 개구리에 접근하는 방법은 두 가지가 있다. 수컷 개구리가 중간에 침묵기를 둬가면서 간헐적으로 운

개구리각다귀가 불쌍한 수컷 개구리의 코에서 피를 빨아 먹고 있다. 개구리각다귀 중 흡혈을 하는 것은 암컷뿐이다.

다면, 암컷 개구리각다귀는 그에 맞춰 수컷 개구리가 울 때만 비행하고, 수컷 개구리가 침묵하면 땅으로 내려온다. 그러다 개구리가 또 울면 비행을 재개한다. 개구리의 울음소리를 이용해 접근을 은폐하는 것이다. 숙주로부터 20센티미터 이내까지 접근하면 일단 멈춘다. 그다음부터는 걸어서 몰래 접근한 다음 잽싸게 숙주 위에 올라탄다. 만약 개구리가 쉬지 않고 울어댄다면 고도를 높였다 낮췄다 하면서 계속 날아가서 개구리의 몸에 착지해 공격한다.

이들의 유충은 다른 많은 흡혈 파리목 곤충의 유충과 마찬가지로 인간에게 이롭다. 인간과 가축에 해가 되는 다른 곤충종들의 유충을 잡아먹기 때문이다. 코레트렐라*Corethrella* 유충들은 모기와 선충류를 먹는 것으로 알려져 있다. 악력이 있는 더듬이와 위족을 활용, 먹이를 붙들어 놓고 먹는다. 이들을 아시아호랑이모기Asian tiger mosquito 아이데스 알보피크투스*Aedes albopictus*에 대한 생물적 방제 수단으로 사용할 경우의 효용성을 알아내려는 연구도 진행 중이다. 아시아호랑이모기는 번식력이 왕성하며, 뎅기열, 일본뇌염, 지카 바이러스의 매개체다.

모기의 데이노케리테스*Deinocerites*속은 18개 종으로 이루어져

데이노케리테스 칸케르의 매우 긴 더듬이와 발목 발톱.

있다. 이들 모두가 북미, 중미, 남미의 게 굴 속에 산다. 하지만 암컷 모기는 새의 피만 먹고 살기 때문에 게에게는 해를 입히지 않는다. 특히 근처 습지에 사는 황새를 좋아한다. 이들 모기의 성체와 유충은 모두 게 굴을 은폐물로만 사용한다. 성체 수컷은 암컷보다 먼저 우화해서, 암컷이 우화하기를 끈기 있고 주의 깊게 기다린다.

데이노케리테스 칸케르 Deinocerites cancer 종의 성체 수컷은 두 앞다리에 매우 큰 발목 발톱 tarsal claw 이 있고, 더듬이도 매우 길다. 대부분의 모기와는 달리, 이 더듬이에는 청각 능력을 보조하는 가는 섬유 fibrillae 가 적다. 그러나 그 대신 돌출 감각기 sensilla basiconica 와 종형 감각기 sensilla camponiforma 가 많고, 이들은 각각 냄새와 동작 감지 역할을 수행한다.

모기는 의외로 민감한 생명체다. 이들은 날개의 진동 차이만으로 자신과 다른 종을 구분할 수 있만 아니라, 수컷들은 미래의 배우자를 찾아내기도 한다. 수컷은 암컷의 소리를 듣지 않고, 후각과 촉각으로 감지한다. 흔치 않은 진화 과정을 거쳐 그렇게 되었는데, 이는 물속에 있는 암컷 번데기의 위치를 알아내고 다른 구애자로부터 지키는 데 매우 중요한 역할을 한다. 수컷이 물 위에 뜬 번데기의 성별을 알아맞히는 방법은 아직 알려지지 않았다. 그러나 수컷은 성별을 맞히고 암컷일 경우 보호한다. 암컷이 우화하면 수컷은 암컷의 호흡관(번데기의 머리 쪽에 있다)을 붙들어 우화를 돕는다. 교미가 시작되면 수컷은 날개를 빠르게 진동한다. 교미가 완료될 때까지 최대 30분을 진동한다. 일반적인 모기의 교미 시간이 1분이 안 되는 점을 감안하면 매우 긴 교미 시간이다. 수컷은 큰 발톱과 교미기가 있기 때문에 이 긴 시간 동안 잘 달라붙어 있을 수 있다.

내가 보기에 가장 매력적인 모기는 숲속에 사는 사베데스 *Sabethes*속이다. 이 속은 양성 모두 색상이 매우 아름답다. 외피는 금속색이고, 가운뎃다리에는 깃털도 달려 있다. 어느 종이건 암컷의 몸에 장식이 있는 경우는 보기 드물다. 보통 수컷이 암컷을 유혹하기 때문이다. 모기도 예외는 아니다. 8장에서도 언급했듯이, 많은 종이 구애를 위해 물갈퀴를 사용한다. 그런데 왜 암컷도 이런 발을 하고 있는 것인가? 아직 그 답은 나오지 않았다. 실험 결과, 물갈퀴가 없는 수컷도 물갈퀴가 있는 수컷과 마찬가지의 확률로 교미에 성공한다. 그러나 물갈퀴가 없는 암컷에게 가는 수컷의 수는 확 줄어든다. 이는 암컷이 수컷을 고

를 때 물갈퀴 여부는 따지지 않기 때문일 수도 있고, 또는 구애 행동에서 암컷이 더욱 능동적으로 활동하는 성별이라 암컷의 장식 유무가 교미 성공 여부를 판가름하기 때문일 수도 있다.

물갈퀴 없는 수컷과 암컷도 비행 및 산란 기능에 아무 문제는 없다. 즉 물갈퀴 없는 암컷이 교미에 실패하는 것은 신체적 문제 때문이 아니다. 그저 수컷은 그렇게 생긴 암컷이 마음에 들지 않을 뿐이다. 그 이유는 누구도 모른다. 물갈퀴가 과연 무슨 역할을 하는지도 모른다. 그러나 물갈퀴가 있는 쪽이 더 매력적이라고 여겨진다는 데엔 대부분 이견이 없다.

또 다른 작은 종으로 동부염습지모기eastern saltmarsh mosquito 아이데스 솔리키탄스Aedes sollicitans도 있다. 북미 동해안과 카리브해에서 발견된다. 사냥 기회를 놓치지 않는 이들은 숙주를 찾아 40킬로미터 이상도 이동한다. 이 종은 미국 동부와 베네수엘라에서 말 뇌염과 개 심장사상충을 옮기는 종으로 알려져 있다. 또한 가축에게서 너무 많은 피를 뽑아내어 과다출혈로 죽이는 생물이기도 하다.

1980년 허리케인 앨런이 카리브해, 멕시코, 미국 남부를 타격했다. 텍사스주 남부의 목장 수천 에이커가 침수되었고, 이 상황에서 비가 내리자 모기가 창궐했다. 모기가 어찌나 많이 증식했는지, 물이 빠지고 난 후에 빈혈로 죽은 것으로 보이는 소 15마리가 발견되기도 했다. 텍사스 A&M 수의 진단 연구소Texas A&M

동부염습지모기 아이데스 솔리키탄스는 다리에 줄무늬가 있다. 숙주를 찾아 40킬로미터 이상도 이동할 만큼 사냥에 진심이다.

Veterinary Medical Diagnostic Laboratory에서 수의병리학자로 일하는 브루스 애빗Bruce Abbitt 박사는 이 소들의 사인이 모기의 흡혈에 의한 과다출혈임을 밝혀냈다. 그의 추산에 따르면 소 한 마리를 과다출혈로 죽이려면 모기가 380만 회를 물어야 한다고 한다. 이 정도로 물면 소의 평균 혈액량의 절반에 달하는 20리터의 피가 없어지고, 이는 소의 사망으로 이어진다. 실로 천문학적인 수치다. 참고로 인간은 피가 2리터만 없어져도 생명이 위태로워진다.

흡혈 모기 암컷에 대해 또 주목해야 할 사실이 있다. 이들이 체온 상승(섭씨 10도)을 이겨내는 방법을 알아냈다는 점이다. 모기는 변온성이다. 신체 여러 부분의 체온이 변화하는 것이다. 체온이 상승하면 다른 모기가 이들을 숙주로 오인하고 흡혈을 시도할 수도 있다. 아노펠레스Anopheles속은 이 문제를 해결하는 법을 알아냈다. 섭식 중 항문에서 체액 한 방울을 배출(이 과정을 전이뇨라고 부른다)하는 것이다. 이 체액이 증발되면서 냉각 효과가 발생되고, 암컷은 열응력을 억제할 수 있다.

먹파리black fly 역시 떼로 몰려다니며 흡혈을 통해 숙주를 죽인다. 수의사 겸 의료곤충학자인 클로드 누아탱Claude Noirtin은 유럽 전역의 동료들과 함께, 1978년 봄 수천 마리의 시물리움 오르타눔Simulium ornatum이 소 28마리를 죽인 사건을 조사해 기록했다. 다른 종은 보통 소의 등이나 다리를 물어뜯는데, 이 종은 특이하게 배를 주로 물어뜯는다. 누아탱과 동료들은 죽은 동물 한 마리가 평균 25,000회 물렸을 거라고 추산했다. 사체 중엔 심지어 55,000회 이상 물린 경우도 있었다. 모기와 마찬가지로 시물리움 오르타눔 역시 암컷이 흡혈을 한다. 그러나 소를 공격한 무리에는 암컷과 수컷이 다 있었다. 이 파리 떼는 구름 모양으로 모여 상공에서 표적을 쫓아가며, 이동하는 동안 엄청난 규모의 교미 파티를 벌인다.

2015년 7월 흥미로운 사례가 있었다. 어느 캐나다 여성이 발목에 수백 군데를 물린 것이다. 그녀는 야외에서 정원을 가꾸던 중에 이들의 공격을 당했다. 처음에는 몰랐다고 했다. 그러나 집 안으로 들어오고 나서, 남편이 그녀의 발목에서 피가 나는 것을 눈치챘다고 한다. 흥미롭게도 물린 자국은 여러 개의 줄을 지어 있었다. 이런 종에서는 매우 보기 드문 물어뜯기 양상이다. 혹 친구들과 함께 있다가 이런 파리 떼를 만날 경우엔, 무조건 친구들보다 자세를 낮춰라. 그래야 이 파리들이 당신을 안 물고 친구들을 문다.

긴뿔파리아목은 대개 모기나 크레인파리처럼 날씬하고 섬세한 외모를 하고 있다. 그러나 먹파리는 몸매도 땅딸막하고 마치 불도그처럼 생겼다. 이 아종의 특징인 실 같은 긴 더듬이도 없다. 메이너즈 와인 껌(영국의 유명 과자 브랜드-옮긴이)의 튜브와도 닮은 매우 작은 더듬이가 있을 뿐이다.

유럽종 먹파리인 시물리움 포스티카툼 *Simulium posticatum*은 영국 도싯 주의 블랜드퍼드 포럼 마을에서 1960년대와 1970년대 사이에 대규모 창궐을 했기 때문에 블랜드퍼드파리 Blandford fly로도 불렸다. 이 종은 영국뿐 아니라 유럽 전역에 산다. 물리면 물린 곳이 엄청나게 부풀어 오를 뿐만 아니라 못 견디게 아프고 가렵기까지 하다.

1980년대 영국에서만 이 파리에 수천 명이 물렸다. 영국 정부는 이 파리를 방제하기 위해 생물적 살충제인 바킬루스 투링기엔시스 이스라엘렌시스*Bacillus thuringiensis israelensis: Bti*를 이 파리의 유충이 사는 물에 투입했다. 이 박테리아가 합성한 단백질은 파리 유충의 내장을 분해하고 파열시켜 죽인다. 이 작전은 대성

포에비스 세나이*Phoebis sennae*의 유충이 포르키포뮈아 에리오포라*Forcipomyia eriophora* 파리들의 숙주가 되고 있다.

공을 거두었고, 파리의 개체수는 원래의 10퍼센트로 급감했다.

한편, 당시 이 파리에 물린 사람들에게는 맥주가 치료제로 제시되었다. 지극히 영국적인 치료제였다. 이 에일은 처음에는 '블랜드퍼드플라이'로 불렸으나 현재는 '블랜드퍼드플라이어'로 불린다. 환자에게 효험이 좋다고 소문이 났지만, 내 생각엔 특별한 게 없는 것 같다. 단지 술이기 때문에 파리에 물려 생긴 간지러움과 통증을 완화하는 게 아닐까 했는데, 내가 직접 그 술을 잔뜩 마셔본 후 확신을 얻었다!

등에모기과는 더욱 전형적인 긴뿔파리아목의 외양을 하고 있다. 모기와 매우 가까운 이 과는 날씬한 몸과 긴 더듬이를 달고 있고, 대부분이 흡혈을 한다. 이들은 척추동물과 무척추동물을 모두 공격한다. 무척추동물 중에서는 특히 곤충을 좋아한다. 2장에서 나는 포르키포뮈아속을 초콜릿 수분매개자로 소개했다. 그러나 이 속의 여러 종은 풀잠자리 및 그 근친(맥시류), 잎벌, 나비, 나방의 유충, 거미, 크레인파리, 잠자리, 실잠자리를 흡혈한다.

처음에는 포르키포뮈아속의 단 한 종만이 이 모든 숙주에게서 흡혈을 한다고 여겨졌으나 현재는 그 외에도 많은 종들이 흡혈을 한다는 것이 밝혀졌다. 이 작은 파리들은 성체 숙주의 여러 신체 부위에 들러붙는데, 해당 부위에는 비행 곤충의 날개, 거미의 배 등도 포함된다. 그들은 붙은 채로 시맥에서 림프액을 빨아 먹는다.

그중 일부는 체외 기생종으로 분류되어야 한다. 암컷들은 진드기처럼 거의 평생을 숙주의 몸에 들러붙어서 지내기 때문이다. 암컷들은 알을 낳기 직전에야 섭식을 멈추는데 이즈음에는 워낙 통통해져서 생김새도 진짜 진드기와 비슷하게 보인다.

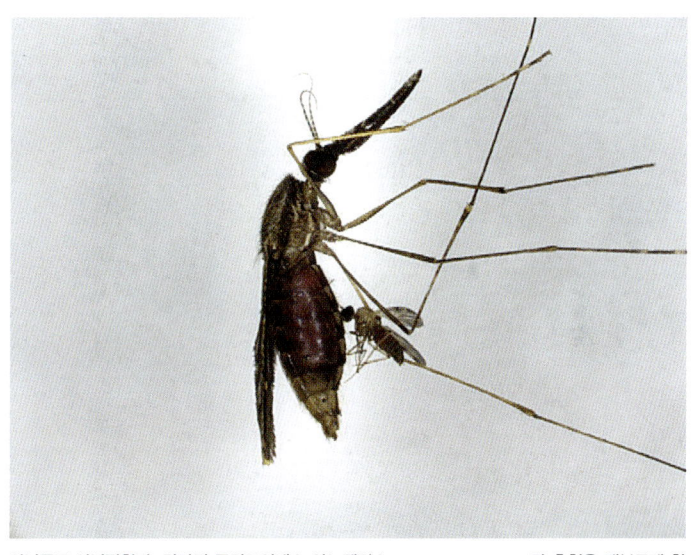

사냥꾼도 사냥당한다. 각다귀 쿨리코이데스 아노펠리스 *Culicoides anophelis*가 흡혈을 배부르게 한 아노펠레스 모기가 먹은 피를 먹고 있다.

색다른 등에모기도 있다. 이 곤충은 다른 흡혈 곤충이 먹은 척추동물의 피를 빼앗는다. 그 이름은 쿨리코이데스 아노펠리스다. 이 파리는 크기가 매우 작아 몸길이가 3밀리미터 미만이다. 이렇게 크기가 작기 때문에 암컷은 비열한 행위를 하기가 쉽다. 이들은 척추동물에게서 직접 흡혈하지 않고, 더 큰 모기가 먹은 피를 흡혈한다.

지난 1922년 쌍시류 연구가 프레더릭 에드워즈Frederick Edwards는 한 무리의 아노펠레스 모기로부터 쿨리코이데스 아노펠리스 암컷을 채집했다. 처음에 에드워즈는 쿨리코이데스 아노펠리스가 아노펠레스 모기의 피를 흡혈한다고 생각했다. 그러나 사실은 아노펠레스 모기의 피가 아니라, 아노펠레스가 방금 먹은 다른 동물의 피를 흡혈한 것이었다.

쿨리코이데스 아노펠리스는 아노펠레스뿐 아니라 다른 모기들도 귀찮게 한다. 이 각다귀는 위험한 일은 죄다 모기에게 떠맡긴다. 크고 위험한 척추동물에게 접근해 피를 흡혈하는 것은 위험한 일이다. 그게 끝나고 나면 그제야 나타나서 모기가 먹은 피를 빠는 것이다. 각다귀 중 비행각다귀와도 비슷하다. 비행각다귀 중 일부는 모기에 기생하고, 모기를 이동 수단으로도 사용한다.

좋건 싫건 간에 흡혈 파리목 곤충들은 독특하고 위험하기까지 한 생활 스타일에 적응해야 한다. 런던 자연사 박물관의 표본들을 잘 보면 그 사실을 확실히 알 수 있다. 박물관에는 기증받은 말파리 표본들이 많이 있다. 모두가 멋지게 핀으로 고정되어 라벨이 붙어 있는 동시에 모두가 납작해져 있다. 아마도 기증자가 선택한 채집 기술 때문일 것이다. 그 말파리들은 건드려서는 안 될 사람을 건드린 끝에 표본이 된 것이다.

맺는말

이렇게 여러분은 갖가지 파리목을 만나보았다. 이 환상적으로 유용하고 적응력이 뛰어나며 특징이 가지각색인 곤충의 이야기는 절대 이것으로 끝이 아니다. 이 책에서 다루지 못했던 이야기들도 얼마든지 있다. 그중 파리목의 중요성, 그리고 파리 연구의 이유를 강조하기에 충분한 이야기도 있다.

◀ 기묘하게 생긴 수컷 본스키퍼파리. 적을 피해 밤에 돌아다닌다. 이 때문에 멸종될 것으로 여긴 사람도 있었다.

한 가지 사례로 말라야속의 모기들을 들어보자. 이들은 아프리카, 아시아, 오스트랄라시아(오스트레일리아·뉴질랜드·뉴기니를 포함한 남태평양 제도 전체를 가리키는 지명—옮긴이)에 산다. 이들의 구문부는 특이하게도 털이 많고 굽어 있다. 끝부분이 부푼 이 구문부는 모기가 휴식할 때에는 배 아래쪽으로 접힌다. 이 특징 덕택에 다른 모기들이 먹지 못하는 먹이인, 개미가 토한 체액에서 영양분을 얻을 수 있다. 즉 개미의 토사물을 먹는 것이다. 성체 모기는 상공에서 개미를 주시하다가 타이밍을 노려 붙잡곤 구기 끝을 개미의 구기에 가져다 댄다. 그러면 개미는

말라야종 모기는 털이 많고 굽은 구문부를 지니고 있다. 이것으로 개미의 토사물을 먹는다.

몸을 비틀어 모기를 떼내면서 체액을 토해낸다. 이 과정은 매우 빠르게 이루어지고, 개미는 비교적 멀쩡하게 풀려난다. 이런 이야기를 접할 때마다 나는 파리목에 대한 큰 애정을 새삼 느끼게 된다.

파리가 먹이로 무엇을 먹는지 알았을 때도 또 한 번 놀라게 된다. 초파리 드로소필리아 플라워히르타 *Drosophila flavohirta*는 꽃가루를 먹는다. 그러나 그 실체에 대해서는 그리 많이 알려지지는 않았다. 이들의 원산지는 오스트레일리아지만 매우 단시간 내에 전 세계로 퍼졌다. 아마도 유충 때 머무르는 숙주와 함께 퍼졌을 것이다. 그 숙주는 도금양과에 속하는 유칼리나무와 쉬쥐기움 *Syzygium*이다. 드로소필리아 플라워히르타는 숙주와 함께 거의 한평생을 보내는데, 유충은 숙주 외 다른 식물들에게도 상당한 병충해를 입힌다. 이들이 도래한 지역에서는 꽃가루 생산량과 꿀벌의 꿀 생산량이 현저하게 줄었다. 이러한 현상은 특히 남아프리카에서 심각하다.

성체는 보통 나비와 나방에서 많이 보이는 특이한 섭식 수단을 지니고 있다. 이들은 꽃가루를 작은 공 모양으로 뭉친 다음, 그 젖은 뭉치를 구문부 위에서 진동한다. 이들의 장내에서 꽃가루가 나오지 않는 걸 보면 이들은 꽃가루를 체외에서 완전 분해한 다음 그 영양소를 흡수하는 것으로 추정된다. 파리목 곤충들의 뛰어난 적응성, 새로운 숙주를 이용하는 능력, 혁신적인 섭식 형태가 생태계에 몰고 온 변화에 대해서는 앞으로도 많은 연구가 필요하다.

이들 외에도 식성이 특이하다 못해 괴상한 종은 많다. 앞서도 논했던 벼룩파리 메가셀리아 스칼라리스는 구두약과 유성 페인트까지 먹는 모습도 발견되었다. 이 과의 곤충들이 실로 다양한 먹이를 먹는 것을 보면 이들의 다양성이 엄청나다는 것을 실감하게 된다. 또한 이는 이들이 인간과의 동거에 매우 잘 적응했다는 증거이기도 하다.

이 엄청난 종이 보여주는 괴상한 능력의 한계가 실감 나지 않는다면 2015년 멕시코의 거미학자 살리마 마코우르 므라베트Salima Machkour-M'Rabet가 동료들과 함께 발표한 논문을 읽어보라. 그 논문에는 거미 한 마리의 몸 안에 이 파리들의 유충이 무려 500여 마리 있었다는 발견 내용이 적혀 있다. 대부분의 파리목 기생충은 숙주 하나에 보통 많아봤자 100마리 미만이 기생한다. 이렇게 높은 밀도를 자랑하는 기생은 보통 기생말벌에서나 많이 보이던 것이었다. 이 파리의 유충이 성체에 비해 매우 작긴 하지만, 이들이 아직은 인간을 좋아하지 않는다는 것에 감사해야 할 지경이다. 이렇듯 새로운 환경에 적응하는 파리의 유전적 유연성에 대해 여러 연구가 진행되고 있지만 여전히 답을 찾지 못한 질문들이 많다.

멜란데리아 만디불라타 *Melanderia mandibulata*는 장다리파리과 중 물가에 사는 종이다. 오직 캘리포니아에서만 발견되며 형태학적으로 특이하다. 현재까지 이 종은 연구자들이 파악한 모든 종 중 진정한 의미에서의 무는 파리, 그것도 유일한 무는 파리라고 할 수 있다. 이 종의 입술 끝은 매우 단단하고, 턱과 비슷한 형상 및 기능을 갖추고 있다. 그러나 문헌 연구를 하고 장다리파리과 전문가들을 만나봐도, 이 종의 먹이가 뭔지는 알 수 없었다. 유감스럽게도 이렇게 특이하며 아직 연구가 안 된 파리는 이 외에도 꽤 많다.

물론 모든 파리가 이렇게 인간과의 접점이 적은 것은 아니다. 우리의 가까운 이웃인 집파리 중 일부는 인간을 따라다니는 능력이 매우 뛰어나다. 심지어 고도 5,364미터에 설치된 에베레스트산 등정 베이스캠프에서도 발견된 적이 있다. 이들은 인간과 그 배설물을 지극히 사랑하는데, 이 점은 현실적인 문제가 될 가능성을 내포하고 있다. 영국의 연구자 데이브 굴슨 Dave Goulson 과 동료들이 발표한 논문에 따르면, 2080년이 되면 기후 변화로 인해 집파리 개체수가 2005년의 244퍼센트로 늘어날 거라고 한다. 파리를 좋아하는 나에게도 너무 많은 수다. 기후 변화의 구체적 양상과, 그것이 인간과 환경에 줄 영향을 완벽히 점칠 수는 없다. 그러나 파리의 삶에도 영향을 줄 것은 확실하다.

모든 종의 파리가 늘어나는 것은 아니다. 유감스럽게도 꽤 많은 종의 수가 급속히 줄고 있다. 낙도落島, 아남극, 매우 높은 고지대에 사는 종들 중 상당수는 비행 능력을 잃었다. 천적이 없고 서식지가 풍부하기 때문에 비행할 필요가 없는 것이다. 이런 종들 중 다수는 현재 멸종 위기에 처해 있거나 이미 멸종되었다. 장다리파리의 일종인 캄프시크네무스 미라빌리스*Campsicnemus mirabilis*는 한때 하와이의 탄탈루스 언덕에서 흔히 발견됐다. 그러나 과거 아무도 찾지 않던 이 화산 언덕이 현재 관광객이 많이 찾는 명소가 되었고, 이는 파리의 서식지 환경을 크게 바꾸었다. 이 파리의 천적인 포식성 파이돌레*Pheidole* 개미종도 침입해왔다. 캄프시크네무스 미라빌리스가 마지막으로 관측된 것은 1980년대. 이 종은 현재 멸종된 것으로 간주되고 있다. 종 손실은 큰 문제다. 그리고 유감스럽게도 완전히 멸종되고 나서야 기록에 남을 종들이 있을 것이다.

다행히 어둠 속에도 빛은 있다. 한때 멸종된 줄 알았던 종의 재발견, 그리고 신종의 발견이 그것이다. 통속명 본스키퍼파리 bone skipper fly로 알려진 튀레오포라 퀴노필라 *Thyreophora cynophila*는 한때 인간이 멸종시킨 최초의 파리종으로 여겨졌다. 이 종은 야외에 널린 대형 동물의 사체를 먹고 살았는데, 점차 야외에 동물 사체가 방치될 일이 없게 되자 1850년경부터 보이지 않게 되었다. 그러나 2009년에 재발견되었고, 이제는 이 종 수컷의 밝은 주황색 머리가 교미 중 야간에 빛을 낸다는 과거의 주장을 검증할 수도 있게 됐다. 그러나 그 외에도 연구해야 할 것은 산더미다.

지난 2016년 캐나다 겔프대학교의 생물다양성 유전체학 연구 본부의 폴 허버트 Paul Hebert는 동료들과 함께 DNA 바코딩 기술을 사용하여 생물의 종수 양상을 예측하는 연구를 하고, 그 상세를 설명하는 논문을 냈다. 그 논문은 뛰어났지만 한편으로는 무서웠다. 이들은 DNA 바코딩에 관해서만큼은 세계 최고급의 기술을 보유한 연구진으로써, 이들의 연구 결과 막시류와 쌍시류가 예상을 한참 초월하는 다양성을 보였기 때문이다. 딱정벌레에 비해 제대로 기록된 종이 비교적 적다는 점도 예상하지 못한 점이었다. 특히 중요하게 본 과는 흑파리과다. 흑파리과에 속한 종들은 대부분의 경우 형태적 차이를 발견할 수 없으며 전 세계적으로 6,000여 종이 기록되었다. 그러나 이들의 연구 결과에 따르면 캐나다 한 나라에만도 16,000종이 있다고 추산된다고 한다. 캐나다는 전 세계 동물종의 1퍼센트를 가지고 있는 나라다. 이러한 수치를 기반으로 전 세계의 종적 다양성을 추산해보면 이 과의 생물이 전 세계에 180만 종이나 있는 것이다. 파리의 이 한 과만으로도 딱정벌레 전체를 간단히 압도할 판이다.

이 엄청난 숫자를 접한 내 심장은 거칠게 뛰기 시작했다. 현실과 얼마나 들어맞는 숫자일까? 당분간은 답을 알아내지 못할 것이다. 그럼에도 나는 학예사로서 그 엄청난 수의 표본을 둘 자리가 있을지가 벌써부터 걱정되기 시작했다. 그 많은 종들을 다 들여놓을 자리를 확보할 수 있을까? 우리는 이제 파리의 DNA를 들여다보기 시작했지만, 앞으로도 참조용 표본은 필요하다. 또한 나는 생태학자로서 그 모든 종의 생태 기록이 엄청난 일이 될 것임을 알고 놀라워했다. 물론 새로 알게 된 종의 이름은 알게 될 것이다. 그러나 그건 연구의 시작점일 뿐이다. 그들이 어떻게 살고 번식하는가? 세계에 좋은 영향을 줄 것인가, 나쁜 영향을 줄 것인가? 우리는 실로 막대한 양의 자료를 접해야만 할 것이다.

현재 파리의 세계는 아직도 밝혀지지 않은 부분이 많다. 비밀스러운 만큼 내게 수많은 궁금증을 불러일으킨다. 누군가 나에게 왜 그리도 파리를 좋아하냐고 묻는다면, 이만큼 적응력이 뛰어나고 훌륭하며, 형태가 독창적이고, 행동 방식이 특이한 생명체는 없기 때문이라고 답하겠다.

실없는 지식 한 가지를 알려드리며 책을 마무리할까 한다. 세상에서 제일 학명이 긴 동물 역시 파리, 더 정확히 말하면 병사파리의 어느 종이다. 그 학명은 파라스트라티오스페코뮈아 스트라티오스페코뮈오이데스 *Parastratiosphecomyia stratiosphecomyioides*다. 번역하면 '병사꽃등에에 가깝고 꽃등에와 같은 (곤충)'이라는 뜻이다. 이 학명을 어떻게 읽는지 외에, 우리가 이 종에 대해 아는 것이 또 무엇이 있는가? 이 종 외에도 흥미로운 파리종들은 얼마든지 있다. 이들에 대해 더 많은 것을 알고 싶지 않은가?

감사의 말

우선, 이 책을 만들기 위해 힘써주신 편집자, 검토자, 영상 제작자, 또한 자료와 기사, 연구 내용을 기증해주신 모든 분들께 감사를 표하고 싶다. 그분들 덕분에 흥미로운 일화들로 이 책을 구성할 수 있었다. 또한 다수의 메스꺼운 사진들의 출처를 명시하느라 고생한 사진 편집자에게는 사과를 전한다(유감스럽게도, 그중 대부분은 책에 실리지 못했다).

런던 자연사 박물관 및 직원 일동(특히 쌍시류 팀)에게도 감사를 표하고 싶다. 이들의 열정이야말로 내가 집필을 하게 된 이유이자 원동력이라 할 것이다. 쌍시류 포럼에도 크게 감사한다. 그곳 회원들은 내게 많은 것을 가르쳐주었고 많은 시간을 들여 뛰어난 전문 지식을 제공해주었다.

친구들(특히 루스 니키, 폴리, 사라)과 가족들에게도 감사를 전한다. 이들은 파리에 대한 역겨운 대화에 몇 년이나 참여해주었다. 그 대화들 대부분이 부적절한 시간에 이루어졌는데도 말이다. 이 책이 만들어질 수 있던 것은 그들 덕택이다.

마지막으로 어머니와 데이브에게 가장 큰 감사를 표하고 싶다. 그 두 사람은 평상시 파리에게 무례하게 행동했지만, 다행히도 내가 쓴 글에 대해서는 매우 까다로운 편집자가 되어주었다.

추가 참고 도서

머리말

Balashov, Y.S. (1984), Interaction between blood-sucking arthropods and their hosts, and its influence on vector potential. *Ann. Rev. Entom.*, 29: 137-156.

Borkent, A. & Spinelli, G.R. (2007), Neotropical Ceratopogonidae (Diptera, Insecta): Ceratopogonidae. *Ser. Aquat. Biodivers. Latin America*, 4, 198 pp.

Brown, B.V. et al. (2010), *Manual of Central American Diptera, Volume 1*. NRC Research Press, Ottawa, 714 pp.

Brown, B.V. et al. (2010), *Manual of Central American Diptera, Volume 2*. NRC Research Press, Ottawa, 728 pp.

Disney, R.H.L. (1994), *Scuttle Flies: The Phoridae*. Chapman & Hall, London.

Hering, E.M. (1951), *Biology of the Leaf Miners*. W. Junk, The Hague, 420 pp.

Markow, T.A. & O'Grady, P.M. (2006), *Drosophila*. Elsevier, London, 259 pp.

Marshall, S.A. (2012), *Flies: The Natural History and Diversity of Diptera*. Firefly Press Ltd., 616 pp.

Oldroyd, H (1966), *The Natural History of Flies*. W.W. Norton and Co., 372 pp.

Pape, T. et al. (eds.), (2009), *Diptera Diversity: Status, Challenges, and Tools*. Brill Academic, Leiden, 459 pp.

Skidmore, P. (1985), The biology of the Muscidae of the world. *Ser., Entomol.*, 29, xiv, 550 pp.

Yeates, D.K. & Wiegmann, B.M. (2005) *The Evolutionary Biology of Flies*. Columbia University Press, 440 pp.

1장 성체가 되기 전

Attardo, G.M. et al. (2008), Analysis of milk gland structure and function in *Glossina morsitans*: milk protein production, symbiont populations and fecundity. *J. Insect Physiol.*, 54(8): 1236-1242.

Attardo, G. et al. (2014), Genome sequence of the tsetse fly (*Glossina morsitans*): vector of African trypanosomiasis. *Science*, 344 (6182): 380-386.

Byrne, K. & Nichols, R.A. (1999), *Culex pipiens* in London Underground tunnels: differentiation between surface and subterranean populations. *Heredity*, 82: 7-15.

Li, Y. et al. (2013), A new species of *Ocydromia* Meigen from China, with a key to species from the Palaearctic and Oriental Regions (Diptera, Empidoidea, Ocydromiinae). *ZooKeys*, 349: 1-9.

Sukontason, K. et al. (2004), Ultrastructure of eggshell of *Chrysomya nigripes* Aubertin (Diptera: Calliphoridae). *Parasitol. Res.*, 93(2):151-154.

2장 수분매개 파리목

Goldblatt, P. et al. (2004), Pollination by fungus gnats (Diptera: Mycetophilidae) and self-recognition sites in *Tolmiea menziesii* (Saxifragaceae). *Plant Syst. Evol.*, 244: 55-67.

Holloway, B.A. (1976), Pollen-feeding in hover-flies (Diptera: Syrphidae). *New Zeal. J. Zool.*, 3:4, 339-350.

Karolyi, F. et al. (2013), Time management and nectar flow: flower handling and suction feeding in long-proboscid flies (Nemestrinidae: Prosoeca). *Naturwissenschaften*, 100 (11): 1083-1093.

Karolyi, F. et al. (2014), One proboscis, two tasks: adaptations to blood-feeding and nectar-extracting in long-proboscid horse flies (Tabanidae, Philoliche). *Arthropod Struct. Dev.*, 43(5): 403-413.

Orford, K.A. et al. (2015), The forgotten flies: the importance of non-syrphid Diptera as pollinators. *Proc. R. Soc. Lond., B*, 282: 1805.

Potts, S. et al. (2013), *Sustainable pollination services for UK crops*. http://www.reading.ac.uk/caer/Project_IPI_

Crops/project_ipi_crops_index.html.

Ssymank, A. et al. (2008), Pollinating flies (Diptera): a major contribution to plant diversity and agricultural production. *Biodivers.*, 9, 86-89.

Tiusanen, M. et al. (2016), One fly to rule them all - muscid flies are the key pollinators in the Arctic. *Proc. R. Soc. Lond., B*, 283: 20161271.

3장 부식성 파리목

Akers, A.A. (1996), Chapter 19: Adapted to greatest depth. In: *Book of Insects*. University of Florida.

O'Connor, T.K. et al. (2014), Microbial interactions and the ecology and evolution of Hawaiian Drosophilidae. *Front Microbiol.*, 18 (5): 616.

Tamura, K. et al. (1995), Origin of Hawaiian drosophilids inferred from alcohol dehydrogenase gene sequences. In: *Current Topics in Molecular Evolution*, (eds. M. Nei and N Takahata). Pennsylvania State University, pp. 9-18.

Wihlm, M.W. & Courtney, G.W. (2011), The distribution and life history of *Axymyia furcata* McAtee (Diptera: Axymyiidae), a wood inhabiting, semi-aquatic fly. *Proc. Entomol. Soc. Washington* 113(3):385-398.

4장 분식성 파리목

Alltech (2015), *2015 Global Feed Survey*. http://www.alltech.com/sites/default/files/global-feed-survey-2015.pdf.

Bernasconi, M.V. et al. (2000), Phylogeny of the Scathophagidae (Diptera, Calyptratae) based on mitochondrial DNA sequences. *Mol. Phylogenet. Evol.*, 16(2): 308-315.

Danovich, T. (2014), *What To Do With All of the Poo*? http://modernfarmer.com/2014/08/manure-usa/.

Emerson, P.M. & Bailey, R.L. (1999), Trachoma and fly control. *Community Eye Health*, 12(32): 57.

Gillieson, D. (2009), *Caves: Processes, Development and Management*. Blackwell Publishing, Malden, 324 pp.

Gleeson, D.M. et al. (2000), The phylogenetic position of the New Zealand batfly, *Mystacinobia zelandica* (Mystacinobiidae; Oestroidea) inferred from mitochondrial 16S ribosomal DNA sequence data. *J. R. Soc. New Zeal.*, 30(2): 155-168.

Holloway, B.A. (1977), A new bat-fly family from New Zealand (Diptera : Mystacinobiidae). *New Zeal. J. Zool.*, 3(4): 313-325.

McAlpine, D.K., (2007), Review of the Borboroidini or Wombat Flies (Diptera: Heteromyzidae), with reconsideration of the status of families Heleomyzidae and Sphaeroceridae, and descriptions of femoral gland-baskets. *Rec. Australian Museum*, 59(3): 143-219.

Petersson, E. & Sivinski , J. (1996), Attraction of a kleptoparasitic sphaerocerid fly (*Norrbomia frigipennis*) to dung beetles (*Phanaeus* spp. and *Canthon* sp.). *J. Insect Behav.*, 9(5): 695-708.

Rozendaal, J.A. (1997), Chapter 6: Houseflies. In: *Vector Control: Methods for Use by Individuals and Communities*. WHO Publications, pp. 302-323.

Sivinski, J., Marshall, S. & Peterson, E. (1999), Kleptoparasitism and phoresy in the Diptera. *The Florida Entomol.*, 82: 179-197.

Unger, K. (2014), *Farm 432: Insect Breeding*. http://www.kunger.at/161540/1591397/overview/farm-432-insect-breeding.

5장 시식 파리목

Batzer, D.P. & Sharitz, R.R. (eds.) (2007), *Ecology of Freshwater and Estuarine Wetlands*. Univ. Calif. Press.

Robinson, W. H. (2005), *Urban Insects and Arachnids: a Handbook of Urban Entomology*. Cam. Univ. Press, 490 pp.

Benecke, M. (2008), Brief survey of the history of forensic entomology. *Acta Biol. Benrodis*,14: 15-38.

Bexfield, A. et al. (2004), Detection and partial characterisation of two antibacterial factors from the excretions/secretions of the medicinal maggot *Lucilia sericata* and their activity against methicillin-resistant *Staphylococcus aureus* (MRSA). *Microbes Infect.*, 6(14):1297–304.

Bhadra, P. et al. (2014), Factors affecting accessibility of bodies disposed in suitcases to blowflies. *Forensic Sci. Int.*, 239: 62–72.

Bonduriansky, R. & Brooks, R.J. (1998), Copulation and oviposition behaviour of *Protopiophila litigata* (Diptera: Piophilidae). *Can. Entomol.*, 130(4): 399–405.

Cannings, R.A. (2012), *Dronefly or rat-tailed maggot (Diptera: Syrphidae)*. http://www.guelphlabservices.com/files/PDC/071DroneFly.pdf.

Carles-Tolra, M. & Prado e Castro, C. (2011), Some dipterans collected on pig carcasses in Portugal Diptera Carnidae, Heleomyzidae, Lauxaniidae and Sphaeroceridae. *Bol. SEA*, 48: 233–236.

Čičková, H. et al. (2012), Biodegradation of pig manure by the housefly, *Musca domestica*: a viable ecological strategy for pig manure management. *PLoS ONE*, 7(3): e32798. doi:10.1371/journal.pone.0032798.

Dowding, V.M. (1967), The function and ecological significance of the pharyngeal ridges occurring in the larvae of some cyclorrhaphous Diptera. *Parasitol.*, 57: 371–388.

Greenberg, B. (1973), *Flies and Disease, Vol. 2: Biology and Disease*. Princeton University Press, NJ, xii + 447 pp.

Marshall, S.A. (1983), *Ceroptera sivinskii*, a new species of Sphaeroceridae (Diptera), In: A genus new to North America, associated with scarab beetles in Southwestern United States. *Proc. Entomol. Soc. Washington*, 85:139–143.

Martín-Vega, D. et al. (2011), The 'coffin fly' *Conicera tibialis* (Diptera: Phoridae) breeding on buried human remains after a postmortem interval of 18 years. *J. Forensic Sci.*, 56: 1654–1656.

McAlpine, D.K. (2011), Review of the Borboroidini or Wombat Flies (Diptera: Heteromyzidae), with reconsideration of the status of families Heleomyzidae and Sphaeroceridae, and descriptions of femoral gland-baskets. *Rec. Australian Museum*, 59 (3): 143–219.

Miller, P.L. (1984), Alternative reproductive routines in a small fly, *Puliciphora borinquenensis* (Diptera: Phoridae). *Ecol. Entomol.*, 9(3): 293–302.

Özsisli, T. & Disney R.H.L. (2011), First records for Turkish fauna: *Megaselia brevissima* (Schmitz, 1924) and *Megaselia scalaris* (Loew, 1866) (Diptera: Phoridae). *Türk Entomol. Bült.* 1: 31–33.

Thomas, S. (2010), *Surgical Dressings and Wound Management*. Medetec, Cardiff, 778 pp.

http://www.sea-entomologia.org/PDF/001007BSEA46Thyreophorabr.pdf.

6장 채식 파리목

Badii, K.B. et al. (2015), Review of the pest status, economic impact and management of fruit-infesting flies (Diptera: Tephritidae) in Africa. *Afr., J. Agric. Res.*, 10(12): 1488–1498.

Camazine, S. (1985), Leaping locomotion in *Mycetophila cingulum* (Diptera: Mycetophilidae): prepupation dispersal mechanism. *Ann. Entomol. Soc. Am.*, 79(1):140–145.

de Bruijn, F.J. (2015), *Biological Nitrogen Fixation*. Wiley-Blackwell Publishers, pp. 1–1196.

Felt, E.P. (1918), Gall insects and their relations to plants. *Sci. Monthly*, 6(6): 509–525.

Heads, P.A. & Lawton, J.H. (1983), Studies on the natural enemy complex of the holly leaf-miner: the effects of scale on the detection of aggregative responses and the implications for biological control. *Oikos*, 40(2): 267–276.

Hutson, A.M. et al. (1980), Mycetophilidae (Bolitophilinae, Ditomyiinae, Diadocidiinae, Keroplatinae, Sciophilinae and Manotinae) Diptera, Nematocera. *Handbooks for the Identification of British Insects, Vol. IX, Part 3*.

Katayama, N. et al. (2014), Sexual selection on wing interference patterns in *Drosophila melanogaster*. *PNAS*, 111(42): 15144–15148.

Shevtsova, E. et al. (2011), Stable structural color patterns displayed on transparent insect wings. *PNAS*, 108(2): 668-673.

7장 진균식 파리목

Broadhead, E.C. (1984), Adaptations for fungal grazing in Lauxaniid flies. *J. Nat. Hist.*, 8:639-649.

Chandler, P.J. (2001), The flat-footed flies: (Diptera: Opetiidae and Platypezidae) of Europe. *Fauna Entomol. Scand.*, 36, 276 pp.

Colless, D.H. (1962), A new Australian genus and family of Diptera (Nematocera: Perissommatidae). *Australian J. Zool.*, 10(3): 519-536.

Colless, D.H. (1969), The genus *Perissomma* (Diptera: Perissommatidae) with new species from Australia and Chile. *Australian J. Zool.*, 17(4): 719-728.

Hackman, W. & Meinander, M. (1979), Diptera feeding as larvae on macrofungi in Finland. *Ann. Zool. Fennici*, 16(1): 50-83.

Hippa, H. et al. (2005), New taxa of the Lygistorrhinidae (Diptera: Sciaroidea) and their implications for a phylogenetic analysis of the family. *Zootaxa*, 960: 1-34.

Hippa, H. et al. (2009), Review of the genus *Nepaletricha* Chandler (Diptera, Rangomaramidae), with description of new species from Thailand and Vietnam. *Zootaxa*, 2174: 18-26.

Lewandowski, M. et al. (2012), Biology and morphometry of *Megaselia halterata*, an important insect pest of mushrooms. *Bull. Insect.*, 65:1-8.

McAlpine, D.K. (1973), Observations on sexual behaviour in some Australian Platystomatidae (Diptera, Schizophora). *Rec. Australian Museum*, 29(1): 1-10.

Rindal, E. & Gammelmo, Ø. (2007), On the family Diadocidiidae (Diptera, Sciaroidea) in Norway. *Norw. J. Entomol.*, 54: 69-74.

Rohacek, J. (1999), A revision and re-classification of the genus *Paranthomyza* Czerny, with description of a new genus of *Anthomyzidae* (Diptera). *Studia Dipterologica*, 6(2): 239-270.

8장 포식 파리목

Berg, C.O. & Knutson, L. (1978), Biology and systematics of the Sciomyzidae. *Ann. Rev. Entomol.*, 23: 239-258.

Burger, J.F. et al. (1980), The habits and life history of *Oedoparena glauca* (Diptera: Dryomyzidae), a predator of barnacles. *Proc. Entomol. Soc. Wash.*, 82: 360-377.

Cregan, M. B. (1941), *Generic relationships of the Dolichopodidae (Diptera) Based on a Study of the Mouthparts*. Urbana, University of Illinois Press.

Cumming, J.M. (1994), Sexual selection and the evolution of dance fly mating systems (Diptera: Empididae: Empidinae). *Can. Entomol.*, 126: 907-920.

Davis, C.J. et al. (1961), Introduction of the liver fluke snail predator, *Sciomyza dorsata* (Sciomyzidae, Diptera), in Hawaii. *Proc. Hawaiian Entomol. Soc.*, 17:395-397.

Davis, C.J. & Krauss, N.H.L. (1962), Recent Introductions for Biological Control in Hawaii. *Proc. Hawaiian Entomol. Soc.*, 18: 125-127.

Downes, J.A. (1978), Feeding and mating in the insectivorous Ceratopogoninae (Diptera). *Mem. Entomol. Soc. Can.*, 104: 1-62.

Fry, B.G. at al. (2009), The toxicogenomic multiverse: convergent recruitment of proteins into animal venoms. *Ann. Rev. Genomics Hum. Genet.*, 10:483-511.

Germann C. et al. (2010), Legs of deception: disagreement between molecular markers and morphology of long-legged flies (Diptera, Dolichopodidae). *J. Zool. System. Evol. Res.*, 48: 238-247.

Hurley, R.L. & Runyon, J.B. (2009), A review of *Erebomyia* (Diptera: Dolichopodidae), with descriptions of three new species. *Zootaxa*, 2054, 38-48.

Land, M.F. (1993), Chasing and pursuit in the dolichopodid fly *Poecilobothrus nobilitatus*. *J. Comp. Physiol. A*, 173 (5): 605-613.

Menin, M. & Giaretta, A.A. (2003), Predation on foam nests of leptodactyline frogs (Anura: Leptodactylidae) by larvae of

Beckeriella niger (Diptera: Ephydridae). *J. Zool.*, 261: 239-243.

Oba, Y. et al. (2011), The terrestrial bioluminescent animals of Japan. *Zool. Sci.*, 28:771-789.

Piper, R. (2007), *Extraordinary Animals: An Encyclopaedia of Curious and Unusual Animals*. Greenwood Publishing, 321 pp.

Sadowski, J.A. et al. (1999), The evolution of empty nuptial gifts in a dance fly, (Diptera: Empididae): bigger isn't always better. *Behav. Ecol. Sociobiol.*, 1999:161-166.

Satô, M. (1991), Comparative morphology of the mouthparts of the family Dolichopodidae (Diptera).*Insecta Matsumurana*, 45: 49-75.

von Reumont, B.M. et al. (2014), Quo vadis venomics? A roadmap to neglected venomous invertebrates. *Toxins*, 6: 3488-3551.

Zimmer, M. et al. (2003), Courtship in long-legged flies (Diptera: Dolichopodidae): function and evolution of signals. *Behav. Ecol.*, 14: 526-530.

9장 기생 파리목

Brauer, F (1885), Systematisch-zoologische Studien. *Sber. Akad. Wiss. Wien*, 1(91): 237-413, 1 pl.

Calhau, J. et al. (2014), Taxonomic revision of *Pseudorhopalia* Wilcox & Papavero, 1971 (Insecta, Diptera, Mydidae, Rhopaliinae), with description of a new species from the Brazilian. *Zootaxa*, 3884 (4): 333-346.

Coupland, J. & Barker, G.M. (2004), Diptera as predators and parasitoids of terrestrial gastropods, with emphasis on Phoridae, Calliphoridae, Sarcophagidae, Muscidae and Fanniidae, In: *Natural Enemies of Terrestrial Molluscs*, Barker, G.M (ed). CABI, Cambridge, pp. 85-154.

Feener, D.H. & Brown, B.V. (1997), Diptera as parasitoids. *Ann. Rev. Entomol.*, 42: 73-97.

Fessl, B. et al. (2006), The life-cycle of *Philornis downsi* (Diptera: Muscidae) parasitizing Darwin's finches and its impacts on nestling survival. *Parasitol.*, 133(6):739-47.

Halbert, S.E. (2008), *Tri-Ology Report: Entomology section: Arthropod Detection*. FDACS-Div. Plant Industry.

Koenig, D.P. & Young, C.W. (2007), First observation of parasitic relations between big-headed flies, *Nephrocerus* Zetterstedt (Diptera: Pipunculidae) and crane flies, *Tipula* Linnaeus (Diptera: Tipulidae: Tipulinae), with larval and puparial descriptions for the genus *Nephrocerus*. *Proc. Entomol. Soc. Wash.*, 109: 52-65.

Land, M.F. (1993), The visual control of courtship behaviour in the fly *Poecilobothrus nobilitatus*. *J. Comp. Physiol. A*, 173: 595-503.

Schmidt, J.O. (1982), Biochemistry of insect venoms. *Ann. Rev. Entomol.*, 27:339-68.

Toft, S. et al. (2012), Parasitoid suppression and life-history modifications in a wolf spider following infection by larvae of an acrocerid fly. *J. Arachnol.*, 40(1):13-17.

Wardlaw, J.C. et al. (2000), Observations on the life cycle of Medina collaris (Fallén) (Dipt., Tachinidae). *Entomol. Monthly Mag.*, 136: 21-29.

Zayed, A.A. (1998), Localization and migration route of *Cephalopina titillator* (Diptera: Oestridae) larvae in the head of infested camels (*Camelus dromedarius*). *Vet. Parasitol.*, 80(1): 65-70.

10장 흡혈 파리목

Abbitt, B. & Abbitt, L.G. (1982), Fatal exsanguination of cattle attributed to an attack of salt marsh mosquitoes (*Aedes sollicitans*). *J. Am. Vet. Med. Assoc.*, 179(12):1397-400.

Benoit, J.B. et al. (2011), Drinking a hot meal elicits a protective heat shock response in mosquitoes. *Proc. Nat. Acad. Sci., USA*, 108 (19): 8026-8029.

Bowman, D.D. (1985), *Georgis' Parasitology for Veterinarians*. Elsevier, 496 pp.

Braack, L. & Pont, A.C. (2012), Rediscovery of *Haematobosca zuluensis* (Zumpt),

(Diptera, Stomoxyinae): re-description and amended keys for the genus. *Parasites and Vectors*, 5(267): 1–7.

Burger, J.F. & Anderson, J.R. (1974), Taxonomy and life history of the moose fly, *Haematobosca alcis*, and its association with the moose, *Alces alces shirasi* in Yellowstone National Park. *Ann. Entomol. Soc. Am.*, 67: 204–214.

Camp, J.V. (2006), *Host Attraction and Host Selection in the Family Corethrellidae (Wood And Borkent) (Diptera)*. Electronic Theses & Dissertations. Paper 728.

Downes, J.A. (1966), Observations on the mating behaviour of the crab hole mosquito *Deinocerites cancer* (Diptera: Culicidae). *Can. Entomol.*, 98(11):1169–1177.

FAO, United Nations (2013), *Edible Insects: future prospects for food and feed security*. FAO Forestry Paper, 208 pp.

Hancock, R.G. et al. (1990), Tests of *Sabethes cyaneus* leg paddle function in mating and flight. *J. Am. Mosq. Control Assoc.*, 6(4):733–5.

Lahondare, C. & Lazzari, C.R. (2012), Mosquitoes cool down during blood feeding to avoid overheating. *Current Biol.*, 22 (1): 40–45.

Mullen, G.R. & Durden, L.A. (2002), *Medical and Veterinary Entomology*. Academic Press, New York. 597 pp.

Noirti, N.C. & Boiteu, X.P. (1979), Death of 25 farm animals (including 24 cattle) attributed to the bites of Simuliidae (black flies) in the Vosges. *Bull. mens. Soc. vét. prat. Fr.*, 63: 41–54.

Noirtin, C. et al. (1981), Les simulies, nuisance pour le bétail dans les Vosges : les origines de leur pullulation et les méthodes de lutte. Cahiers ORSTOM. *Sér. Entomol. Médicale et Parasitol.*, 19(2): 101–112.

Pollock, J.N. (1982), *Training Manual for Tsetse Control Personnel, Vol. 1: Tsetse biology, systematics and distribution, techniques*. FAO, Rome.

Provost, M.W. & Haeger, J.S. (1967), Mating and pupal attendance in *Deinocerites cancer* and comparisons with *Opifex*

fuscus (Diptera: Culicidae). *Ann. Entomol. Soc. Am.*, 60: 565–574.

Rozendaal, J.A. (1997), Chapter 2, Tsetse flies. In: *Vector Control: Methods for Use by Individuals and Communities*. WHO, pp. 178–192.

Sallum, M.A.M. & Flores, D.C. (2004), Ultrastructure of the eggs of two species of *Anopheles* (Anopheles) Meigen (Diptera, Culicidae). *Rev. Bras. Entomol.*, 48(2):185–192.

Thorpe, W. H. (1942), Observations on *Stomoxys ochrosoma* Speiser (Diptera Muscidae) as an associate of army ants (Dorylinae) in East Africa. *Proc. R. Entomol. Soc. Lond. A*, 17: 38–41.

Walker, A.R. (1994), *Arthropods of Humans and Domestic Animals: A Guide to Preliminary Identification*. Springer, The Netherlands, 214 pp.

Wirth, W.W. (1972), Midges sucking blood of caterpillars (Diptera: Ceratopogonidae). *J. Lepid. Soc.*, 26: 65.

Wirth, W.W. (1975), Biological notes and new synonymy in *Forcipomyia* (Diptera: Ceratopogonidae). *Florida Entomol.*, 58(4): 243–245.

Wirth, W.W. (1994), The subgenus *Atrichopogon* (*Lophomyidium*) with a revision of the Nearctic species (Diptera: Ceratopogonidae). I*nsecta Mundi*, 8:17–36.

맺는말

Hebert, P.D.N. et al. (2016), Counting animal species with DNA barcodes. *Can. Insects. Phil. Trans. R. Soc. B*, 371.

Goulson, D. et al. (2005), Predicting calyptrate fly populations from the weather, and probable consequences of climate change. *J. App. Ecol.*, 42, 795–804.

Machjour-M'Rabet, S. et al. (2015), *Megaselia scalaris* (Diptera: Phoridae): an opportunistic endoparasitoid of the endangered Mexican redrump tarantula, *Brachypelma vagans* (Araneae: Theraphosidae). *J. Arachnol.*, 43(1): 115–119.7.

사진 출처

p.11 ©Laszlo Ilyes/Wikimedia Commons;
p.14, 264 ©Solvin Zankl/naturepl.com;
p.37 ©Kim Taylor/naturepl.com;
p.40 위 ©Maria Anice Mureb Sallum; © Stephen L. Doggett;
p.47 ©Dr. Chen W. Young (Carnegie Museum);
p.55 ©Arlo Pelegrin;
p.73, 111 ©Steven Falk;
p.77 ©Australian Museum, Sydney;
p.91 ©C T Johansson/Wikimedia Commons;
p.93 ©Neil Lucas/naturepl.com;
p.96, 117 ©Piotr Naskrecki;
p.101 ©Xavier Vázquez/Wikimedia Commons;
p.107 ©Kevin Mackenzie, University of Aberdeen, Wellcome Images;
p.120 ©Mark W. Moffett, Minden Pictures;
p.139 ©Robin Bailey;
p.142 ©Seth Ausubel;
p.158 ©Amir Weinstein;
p.162 ©Eye of Science/Science Photo Library;
p.179 ©Rod Williams/naturepl.com;
p.181 ©Stephen Luk;
p.183 ©R. Bonduriansky;
p.187 ©Edward L. Ruden;
p.190 ©Susan Wineriter, USDA Agricultural Research Service, Bugwood.org;
p.199 ©Smithsonian Libraries;
p.207 ©Alvesgaspar/Wikimedia Commons;
p.215 ©Scott Bauer/US Department of Agriculture/Science Photo Library;
p.220 ©Karsten Sund, NHM, Oslo, Norway;
p.229, 307 ©University of Nebraska Department of Entomology;
p.231 ©Peter Kerr;

p.237 ©Graham Wise;
p.239 ©Gaimari, S.D., & V.C. Silva. 2010. Revision of the Neotropical subfamily Eurychoromyiinae (Diptera: Lauxaniidae). Zootaxa 2342: 1-64.), and specifically that it is Figure 5E, reproduced with permission of the first author;
p.242 ©Tony Daley;
p.267 ©Greg W. Lasley ALL RIGHTS RESERVED;
p.271 아래 오른쪽 ©Astrobradley/Wikimedia Commons;
p.282,350 ©Tom Murray;
p.286 ©Michael Bell;
p.288 ©Márcia Couri;
p.291 ©Pavel Kirillov/Wikimedia Commons;
p.312 ©Wendy Porras;
p.310 ©United States Department of Agriculture, Agricultural Research Service;
p.317 ©Joyce Gross;
p.322 ©Miles Zhang;
p.331 위 ©Steven Falk;
p.331 아래 ©Magne Flåten;
p.334 ©Gayle and Jeanell Strickland;
p.335, 339 © A. W. Thomas, Ph.D.;
p.339 위 ©Scott Bauer;
p.343 ©G. Kunz;
p.348 ©Paul Bertner;
p.353 ©Suzanne Koptur;
p.355 ©Ma et al.; licensee BioMed Central Ltd. 2013;
p.360 ©J. Stoffer, Walter Reed Biosystematics Unit.

별도의 저작권 표기가 없는 사진의 저작권은 런던 자연사 박물관에 있습니다.

모든 저작권자와 접촉하여 출처를 정확하게 기재하기 위해 최선을 다했습니다. 잘못된 부분이 있다면 차후에 수정하겠습니다.

찾아보기

〈사랑을 위해 모든 것을 바치다〉 155
《구북구 쌍시류 설명서》 103
《기소하는 파리》 173
《분류 곤충학 개정 증보판》 23
《세원집록》 168
《외과 치료와 환부 관리》 177
《유대류의 사육, 건강관리와 의약품》 303
《유랑》 250
《자연계》 15, 49
《파리와 질병 제2권. 생물학과 질병 전파》 175
《파리의 자연사》 62, 184, 302
《해안 지침서》 127

G. W. 히스 104
M1-M2 시맥 225-226

ㄱ

가노데르마 아플라나툼 57-59
가시날개파리 150, 153
가우로뤼다스 헤로스 272-273
각다귀애벌레(크레인파리 유충) 32, 47, 200
간흡충달팽이사냥파리 261
개각충 294-296
개구리각다귀 342-344
거미사냥파리 314
거미파리 43, 318-319, 321
거세쇠파리 307
검은별잡이파리 267
검은청소파리 129, 154
검정날개버섯파리 70, 202, 223
검정파리 11, 85, 140, 166-167, 169-170, 174, 179, 336, 340
고니우렐리아 트리덴스 209
고슴도치파리 292
공진화 78-79, 136
과변태 77, 314
과실파리 13-15, 34, 36, 119, 124, 182, 203-208, 210, 214
관파리 185-187
구더기증 62, 108, 164, 180, 290
구름버섯(폴뤼포로우스 스쿠아모수스) 230, 232, 234
구아노 145, 147-149, 152

굴파리 85, 139, 195-196, 203, 214, 218, 298
굴파리좀벌 195
굵은머리파리 35, 286-287
귀신벌레 134
그노리스테 메가르히나 81
그물날개각다귀 54-55
글로시나 341
금파리 7, 167, 176, 179, 333-337, 339, 341
기생말벌 195, 269, 270, 362
기생파리 35, 44, 62, 289-294, 297-298, 309, 314, 318
기주식물 12
긴뿔메뚜기 265
긴뿔파리 16-17, 44, 280, 342-343, 352, 354
긴주둥이말파리 80
긴촉수크레인파리 200
깍지벌레 294
껍질파리 18
꼭지파리 129, 154-155
꼽추등에 313
꼽추파리 314
꽃등에 46, 72, 159, 160, 367
꿀벌파리 41, 285, 313

ㄴ

나나니벌 110-111
나방파리 105-108, 189
낙타쇠파리 299
날리니 퍼니아무어시 155
남방꿀벌사냥꾼 266
납작유충 76-77
낭상엽식물 257-258
네마토케라 16
네메스트리니나이 75-76
네프로케루스 제테르스테드트 309
노란똥발파리 58-59
노랑굴파리 85, 298
노랑등에 81, 327
노씨음(케라토포고니다이) 66
노제마 313
녹파리 203
뉘크테리비아 319
늑대거미 314, 316

늪깔따구 252

ㄷ
다수면엽 342
단생벌 74, 285, 317
달팽이사냥파리 259, 261-262, 281
담자균 57-59
대눈파리 210-212, 214
대모벌 270
대모파리 253
덤불파리 137
데이노케레테스 344-346
데이노케레테스 칸케르 345-346
데이비드 그리말디 211
데이비드 맥알파인 153-154, 214
데이비드 쾨니히 309
뎅기열 39, 344
도널드 콜레스 235
도널드 페너 284
도윌루스 몰레스투스 336
독파리 262
동부염습지모기 349-350
동애등에 141-144
드로소필리아 13-15, 126, 204, 361
드로소필리아 수주키 204
드로소필리아 플라워히르타 361
드로소필리아 멜라노가스테르 13-14
들파리 259-260, 262
디글뤼푸스 이사에아 195
디아도키디다이 223
디아도키디아 스피노술라 221
디욥시스 213
디크라노뮈아(디크라노뮈아) 카우아이엔시스
  카우아이엔시스 197, 199
디크라노뮈아 폴리오쿠니쿨라토르 198
디토뮈다이 223
떠돌이파리 10, 46, 72-74, 82, 94, 112-113, 159,
  237, 281, 308, 311
똥파리 85, 129, 150, 152, 154, 156-158

ㄹ
라키케루스 112
라프리아 플라와 268
람포뉘아 279
랑고마라미다이 223
러셀 본두리안스키 182
레이 잉글 127

렙토닥틸리네 253
로널드 브룩스 182-183
로널드 셔먼 178
로뤼에우코뮈아 티그루나 239
로버트 코플랜드 150
로크메아 수투랄리스 291
루이 파스퇴르 165
루킬리아 7, 140, 176, 179
루킬리아 세리카타 7, 176, 179
뤼기스토르르히니다이 224
뤼코리엘라 227-228
륌나에아 올룰라 260
르휜코헤테로트리카 스투켄베르가이 70
르힌기아 82
리 넬슨 219
리모니드 크레인파리 196
리벨리아 213
린다 스테이커 303
린데로뮈아 241-242

ㅁ
마예티올라 데스트룩토르 215
마크 트웨인 130
마틴 메이난더 222
마틴 베가 185
마틴 홀 171
만소니아 39-40
말등에 329, 332
말로포라 265-267
말로포라 레스케나울티아 267
말로포라 오르키나 266-267
말로포라 인페르날리스 265
말파리 36-37, 80, 82, 102, 117, 237, 257,
  283-284, 303, 332-333, 357
매디슨 리 고프 166, 173-174
맥알파인파리 154
먹파리 351-352
메가셀리아 말로키 255
메가셀리아 스칼라리스 188, 362
메가셀리아 할테라타 245
메디나 콜라리스 291
메리 호윗 61
메역취혹파리 204
멜라노할테랄리스 317
멜란데로뮈아 241
멜란데리아 만디불라타 363
명주잠자리 134

모기붙이 83, 120
모래파리 106
모르모토뮈다이 114, 149
모르모토뮈아 히르수타 133, 149-151
모에기스트로르휜쿠스 롱기로스트리스 78-80
무각 유충 54
무두형 유충 45
무스카 도메스티카 137-138
무스카 소르벤스(얼굴파리) 139
무스카 웨투스티시마 137
물가파리 57, 130, 152, 253, 255
뮈다스 잔토프테루스 271
뮈스타키노비다이 148
뮈스타키노비아 젤란디카 145-146
뮈케토필라 킹굴룸 230
뮈케토필라이 60, 229, 232
미크로사니아 242-243
민다리깔따구 254

ㅂ

바로아응애 322-323
바킬루스 투링기엔시스 이스라엘렌시스 353
바트라코뮈아 298
박쥐이파리 43, 320
박쥐파리 146, 148-149, 152, 154, 318-320
박트로케라 도르살리스 205
박트로케라 올레아이 207
반두형 유충 45
반시류 237, 294, 308
배수구파리 107
버나드 그린버그 175
벅 럭스턴 168-169
벅 럭스턴 살인 사건 170
벌붙이파리 35, 286, 289, 291, 309
벌이파리 322-323
벌잡이표범파리 268
범의귀 81, 84-85
법의곤충학 167-168, 171, 174
베라 실바 238-240
베르밀레오니다이(웜라이언) 256
베케리엘라 니게르 252
벤자민 프랭클린 163
벨기카 안타르크티카 121
벨제붑벌잡이파리 267
벵갈리아 데프레사 336
벼룩파리 88-89, 185, 188, 244-246, 311-313, 362

변소파리 24
변연절제술 176
병사꽃등에 367
병사파리 112, 141, 166, 367
볼레투스 236
볼리토필라이 222-223
분기학 25, 296
붉은목벌새 267
붉은발식인파리 268
붉은장구별레 159
브라 울리다이 321
브라뒤시아 디포르미스 227-228
브라뒤시아 임파티엔스 202
브라뒤시아 콘피니스 255
브라올라 코에카 322
브라이언 프라이 262
브래들리 싱클레어 290
브루스 애빗 350
브리지트 하워스 210
블랜드포드파리 352
비늘파리 294, 296
비르기트 페슬 289, 290
비버리 홀러웨이 145-148
비비오노모르파 115
비옹팔라리아 260
빌리 헤니히 25, 28
빗살뿔크레인파리 110, 112
뿌리구더기파리 85, 129
뿔쇠똥구리 273

ㅅ

사베데스 347-348
사베데스 타르소푸스 348
사슴뿔파리 120, 182-183, 214
사슴쇠파리 300-303
사슴파리 329, 331-332
삭시프라가 오포시티폴리아 84
살충제 205, 217, 227, 240, 260, 322, 353
새금파리 333-337, 339, 341
석유파리(헬라이오뮈아 페트롤라이) 56-57
세로뮈아 페모라타 280
세마포파리 275
세페도메루스 마크로푸스 261
소금물파리(에피드라) 130
소렌 토프트 316
소적성 파리 241-242
송곳파리 112

송자 168
쇠똥구리 92, 136-137, 157-158, 164, 273
쇠파리 18, 61, 154, 298-308, 329, 330
수면병 341
수시렁이 184
수일리아 팔리다 244
순록파리 214
쉬파리 18, 41-42, 90, 92-93, 166, 292
쉼플로카르푸스 포에티두스(앉은부채) 87
스미티아 웰루티나 84
스카프티아 무스쿨라 257
스키아라 229
스키아라 밀리타리스 229
스키아로이데아 248
스키오필라 오크라케아 232
스키오필라 포마케아 232
스테노마크루스 라리키스 255
스토목쉬스 333-339
스토목쉬스 오크로소마 337
스토목쉬스 칼키트란스 334-335
스튜어트 네프 260
스티브 마셜 16
스티븐 게어마리 238-240
스티븐 토머스 177
스틴 뒤퐁 246
스파이로케리다이 157
스필로고나 산크티파울리 86
시물리움 담노숨 325
시물리움 오르타눔 351
시물리움 포스티카툼 352
신세계피부쇠파리 306
신호파리 119, 213-214
쌍살벌 313

ㅇ

아가리쿠스 241
아가토뮈아 완코위크지 58-59, 240
아나스토에쿠스 멜라노할테랄리스 317
아나탈란타 159
아노펠레스 31, 40, 351, 355-356
아노펠레스 아라비엔시스 31
아노펠레스 코스타이 40
아라크노캄파 263-264
아르트로텔레스 키네레아 81
아리스토텔레스 165-166, 300
아모르포팔룸 티타눔(타이탄 아룸) 92
아서 브라이언트 176

아스코디프테론 321
아시아호랑이모기 344
아우크메로뮈아 세네갈렌시스 340
아이데스 솔리키탄스 349-350
아이데스 알보픽크투스 344
아이데스 콤무니스 86
아자나 232
아쿠미니세타 팔리디코르니스 158
아카아스 로트스킬디 212
아트리아도프시나이 75, 76
아포케팔루스 309
아포케팔루스 보레알리스 313
아퓌스토뮈아 114
악쉬뮈아 114
악쉬뮈드 114-115
악쉬필로모르파 115
안나 리네비치 121
안나 보츠포드 콤스톡 241
알락파리 119, 213
알란토인 176
알렉산터 먼스 169
알칼리파리 130
알프레드 러셀 월리스 18
애기각다귀 196
애슐리커크 스프리그스 151
앤틀라이언 256
앨런 토마스 275
앨버트 쾨벨 296
양수표식 46
어리모기각다귀붙이 70
어리상수리혹벌 17
어리재니등에 74-75, 78, 313
어빙 랭뮤어 301-302
얼룩날개모기 39, 48-50
얽힌무늬파리 74-75, 78, 82, 313-314
에드 존슨 267
에리스탈리스 테낙스 159-160
에리히 바스만 245
에밀 한스 빌리 헤니히 296
에우로스타 솔리다기니스 204
에우퀴코르뮈나이 238, 240
에우퀴코르뮈라 말레아 238
에우프로소피아 아노스티그마 214
에위코이다이 114
에팔푸스 292
에프라임 퍼트 218

에피드라 히안스 130
엑소리스타 라르와룸 294
엠피스 279
연기파리 242
염소파리 214
오그코데스 314
오레올로프티다이 114
오뤼그마 룩투오숨 156
오르미니 293
오르펠리아 60-61, 264
오르펠리아 풀토니 60-61
오이도파레나 글라우카 253
오퀴드로미아 글라브리쿨라 44
오토 스위지 197-198
오피오뮈아 파세올리 214
올리브파리 206-207
올빼미각다귀 105, 123
왈츠파리 181-182
왕모기(톡소르휜키테스) 50-51
요한 파브리치우스 23
울라 233, 234
울라믹스타 234
울리나이 233
원열이마무리(스키조포라) 17-18
윌루켈라 봄빌란스 73
월터 해크먼 222
웜뱃파리 153
위에오뮈아 스미티 258
윈스턴 처칠 19
윌리엄 소프 336
윌리에아 뮈다스 270-271
유리벌레(카오보루스 에둘리스) 253
유판류아집단 18
이언 맥클린 103-104
이케뮈아 푸르카시 295
인간구더기파리 330
인비오뮈다이 114
일본뇌염 344
잎굴크레인파리 199
잎굴파리 195
잎꾼개미 273
잎나방벌레 203, 214

ㅈ
자실체 222, 230, 241, 244-245
작은머리파리 313-314, 316-317
잔사식생물 99
잠봉사니파리 88, 166, 185, 188-189, 244-255, 309
장다리파리 273-274, 276, 281, 363, 364
장수각다귀 233
재니등에 41, 75, 78, 313
저스틴 슈미트 257
전두낭 18
전수표식 46
점균류 232
제임스 바벗 49
조세파트 부케비 150
조지 베럴 235
존 포니 자카리아스 175
주혈흡충증 259-260
쥐꼬리구더기 46, 48, 159, 161
쥐똥나무벌레 294, 295
지중해과실파리 206
지카 바이러스 344
진 펜스터 211
진균각다귀 46, 60-61, 70, 81, 115, 202, 223-227, 229-232, 242, 245, 255, 263-264
집모기 39, 48-50, 167
집파리 18-19, 44, 76, 85-86, 90, 137-138, 140, 167, 189, 288-290, 309, 330, 333-334, 337-338, 363-364
짙은날개진균각다귀 225-227 229, 255
짧은꼬리파리 146-147
짧은뿔파리류(브라퀴케라) 17, 44

ㅊ
찰스 V. 라일리 295
찰스 다윈 18, 25, 126, 290
찰스 다윈 재단 289
찰스 타운센드 301
천 영 309
청파리 19, 163, 167
체체파리 340, 341
초파리 13, 123-128, 152, 203-204, 213, 361
춤파리 85, 243, 273, 276

충영 58-59, 191, 194, 196, 204, 218, 219
충영파리 208, 218
치즈파리 85, 179-182, 230

ㅋ

카를 스틴버그 233
카타리나 프라도 에 카스트로 189
칼 린네 15, 49
칼리케라 스피놀라이 113
칼리포라 140, 169-170
칼리포라 비키나 169-170
캥거루쇠파리(트라케오뮈아 마크로피) 303
케라티티스 카피타타 206-207
케로플라티다이 223, 263
케로플라티드 264
케키도카레스 콘벡사 208
케팔로코누스 237, 238
케팔로코누스 테네브로수 237
케페네뷔아 프라티 301
켄 메리필드 234
켈프파리 127, 129
코니케라 티비알리스 185-186
코닐리어스 B. 필립 332
코레트렐라 344
코레트렐리다이 342
코르퀼로비아 안트로포파가 61-62
코볼디아 루사노비 304
코뿔소쇠파리(귀로스티그마 르히노케론티스) 305-306
코쇠파리(코딱지쇠파리) 299, 306
코엘로시스 273
콩고마루구더기 340
쿠테레브라 예마스쿨라토르(나무다람쥐쇠파리, 미국거세쇠파리) 283, 307-308
쿠테레브라 폰티넬라 307-308
쿨렉스 피피엔스 에프. 몰레스투스 52
쿨리코이데스 아노펠리스 355-356
퀴클롭시데아 하르튀 77
퀴클롭시데이나이 75-76
크레인파리(장님거미) 20-23, 32, 41, 47, 70, 110, 112, 196, 199-202, 233-234, 309, 352, 354
크로몰라이나 오도라타 208
크뤼소프스 331-332
크뤼소프스 카에쿠티엔스 331
크립토케롬 이케뮈아이 296-297
크립토케티다이 294

크테노포라 109-111
크테노포라 플라웨올라타 111
큰날개파리 237-238
클로그미아 알비푼크타타 108
클로드 누아탱 351
클루니오 56
클리브 에드워즈 104
클리포드 버그 260

ㅌ

타란툴라사냥벌 270-272
타나누스 36, 37
타우마토세나 248
타우마톡세니나이 247
탈라소뮈아 56
털눈크레인파리 233-234
털북숭이파리 133, 150-152
털파리 115
테르미토필로뮈아 짐브라운시아 247
테르미톡세니나이 247
테오브로마 카카오 10, 66
테타노케라 엘라타 262
토마스 파프 246
톡토기 104, 251, 270
톨미에아 멘지시 81
트리코프시데이나이 75-76
트리클로로에틸렌 129
티풀라 팔루도사 200

ㅍ

파라스트라티오스페코뮈아 스트라티오스페코뮈오이데스 367
파르도사 프라티와가 316
파리매 2, 251, 257, 264-270
파스키올라 기간티카 260
판고니나이아 80
판니아 스칼라리스 24-26
판토프탈무스 벨라르디 116-117
판토프탈미다이 116
퍼시 그림쇼 197, 198
페게시말루스 테라토데스 2
페르구소니나 191, 219
페르구소니다이 219
페르벨리아 (케토케라) 도르사타 261
페리스솜마 푸스쿰 236
페리스솜마토모르파 236

페리스솜마티다이 각다귀 235-236
페린구에요뮈나 바르나르디 70
페카 빌카마 226
펩시스 270-271
펩시스 포르모사 271
평발파리 58-59, 222, 240
포르키포뮈아 65-66, 69, 353-354
포르키포피아 에리오포라 353
포식 기생성 35-36, 285
포에비스 세나이 353
포에킬로보트루스 노빌리타투스 274-275
포플러떠돌이파리 113
폰토뮈아 56
폴뤼페딜룸 완데르플란키 57
푸른박새 195
풀리키포라 보린쿠에넨시스 186, 246, 247
퓌탈미아 119-120, 214
프란체스코 레디 165
프레이저 크로퍼드 296
프로니아 232-233
프로니아 비아르쿠아타 233
프로니아 스테누아 233
프로니아 안눌라타 233
프로마쿠스 루피페스 268
프로소에카 82
프로퀼리자 잔토스토마 181
프로토피오필라 리티가타 182-183
프리드리히 헤르만 뢰베 24
프릿파리 85, 298
프세우닥테온 309-310
프세우닥테온 쿠르와투스 310
프틸로케라 112
플라기오조펠마 277
플라탄테라 오브투사타 86
피오필라 85, 179-180, 182-184
피오필리아 카세이 180
피터 드와이어 146
피터 밀러 186
피터 챈들러 232, 242
피토뮈자 일리키스 195
피토템마 258
피푼쿨리다이 308
핀치 289-290
필로르니스 도운시 290
필로리케 82, 329
필터파리 108

ㅎ

하이랜드각다귀 66
하이마토보스카 337-338
하이마토보스카 알키스 338
하이마토비아 337, 339
하이마토비아 이리탄스 338
하이마토포타 331-332
함메르스키미드티아 페루기네아 113
해럴드 올드로이드 62, 157, 184, 302
해안파리 57, 98, 130, 152, 252
헤더딱정벌레 291
헤르메티아 일루켄스 141-142
헤시안파리 215-216
헬레오뮈자 보레알리스 87
헬무트 판 엠덴 337
현화식물 69
혈림프 18
호랑가시나무 195
호박벌 74, 267-269, 313
호박벌파리매 268-269
혹파리 87, 191, 196, 203-204, 215, 218, 223, 285, 365
홀코케팔라 251, 269
황금떠돌이파리 113
회색꿀벌파리 317
회색정원민달팽이 262
횡일성 85
후행 이명 197
휘보미트라 36, 303
휘보미트라 히네이 303
휘보티다이 44
흡혈구더기 340
흡혈실더듬이 102
흡혈파리 262, 326, 332
흰개미 148, 245-248
히르모네우라 안트라코이데스 79
히르모네우라이나이 75, 76
히포보스코이데아 341
힐라라 278

The Secret Life of Flies by Erica McAlister
The Secret Life of Flies was published in England in 2018 by the Natural History Museum, London.
Copyright © The Trustees of the Natural History Museum
This Edition is published by Marienme Publishing
by arrangement with the Natural History Museum, London, through Pop Agency, Korea.
KOREAN language edition © 2023 by Marienme Publishing Co.

이 책의 한국어판 저작권은 팝에이전시(POP AGENCY)를 통한 저작권사와의 독점 계약으로 도서출판 마리앤미가 소유합니다.
신 저작권법에 의하여 한국 내에서 보호를 받는 저작물이므로 무단전재와 무단복제를 금합니다.

위대한 파리
The Secret Life of Flies

1판 1쇄 인쇄 2023년 11월 15일
1판 1쇄 발행 2023년 11월 30일

지은이 맥 앨리스터 | **옮긴이** 이동훈
펴낸곳 마리앤미 | **펴낸이** 김가희 | **교정 및 교열** 유소영
전화 032-569-3293 | **팩스** 0303-3445-3293
주소 22698 인천 서구 승학로506번안길 84, 1-501
메일 marienmebook@naver.com | **인스타그램** @marienmebook
등록 2020년 12월 1일(제2020-000053호)

ISBN 979-11-979347-8-0 03490

* 잘못 만들어진 책은 바꾸어 드립니다.

sericata Meigen

sericata Meigen